RHS

园艺植物的拉丁名

超过3000个植物名称的解释和考究

[英] 洛兰·哈里森 著

何毅　杨容 译

刘全儒 审订

重庆大学出版社

RHS

LATIN

for

GARDENERS

Over 3,000 Plant Names
Explained and Explored

序

  拉丁语是古罗马的文字语言，到现在已经成了死文字，但是在生命科学中应用还很广泛，大量的生物学名词、医学名词等，都是由拉丁词来构成的。按照《国际藻类、菌物与植物命名法规》的规定，植物分类学界在 1935 至 2011 年还要遵循独特的拉丁文描述的强制性规则，这使得植物分类学工作者相比其他学者来说，往往要学习更多的拉丁文知识。尽管在 2011 年的墨尔本国际植物学大会上通过了废除拉丁文描述的强制性规则的提案，但是植物名称仍然是采用拉丁词或拉丁化的词来命名的。因此，理解和掌握植物名称中的拉丁词词义，有助于了解一些植物名称之外所包含诸如植物突出特征、产地或采集者等的信息，从而有助于拉丁学名的识记。

  本书是由英国皇家园艺学会编辑出版的一部介绍有关园林植物拉丁学名释义和词源的工具书，全书共收录了 3 000 多个园林植物的学名，这些植物经常出现在我们所生活的城市的各个角落，无论是休憩还是散步，都能经常能看到这些植物。因此本书对广大园林工作者、植物学工作者和植物爱好者都非常有用。

  这本书虽然不是一本植物学拉丁文的教材，也不是词汇收藏量大的词典，但是作者对拉丁文的知识也进行了较为全面系统的介绍，同时重点解释了在欧洲园林中常见植物的学名释义。全书包括前言、使用指南、植物学拉丁文简史、植物拉丁文入门、拉丁名词汇表等几个主要部分，此外还通过窗口式样穿插介绍了"植物档案""植物猎人""植物主题"以及"拉丁学名小贴士"等与植物拉丁学名相关的知识，使得全书内容形式多样；书中精美的植物插图也充满了强烈的历史感和艺术冲击力，很容易激发读者的读书兴趣。

  相信本书的出版会唤起更多的植物学及园林工作者、植物爱好者对植物的关注，引导他们更多地去观察植物，认识植物，懂得植物的学名，从而提高民众的科学素养，感受植物世界的独特魅力。

北京师范大学生命科学学院教授

2018 年 6 月于北京

目录

前言   6

如何使用本书   8

植物拉丁文简史   9

植物拉丁文入门   10

A—Z字母表简介   13

素馨属（116 页）
Jasminum

旱金莲（**207** 页）
Tropaeolum majus

滨海刺芹（**82** 页）
Eryngium maritimum

植物拉丁名Ａ—Ｚ词汇表

A	*a-~azureus*	14
B	*babylonicus~byzantinus*	37
C	*cacaliifolius~cytisoides*	45
D	*dactyliferus~dyerianum*	69
E	*e-~eyriesii*	79
F	*fabaceus~futilis*	85
G	*gaditanus~gymnocarpus*	94
H	*haastii~hystrix*	102
I	*ibericus~ixocarpus*	109
J	*jacobaeus~juvenilis*	115
K	*kamtschaticus~kurdicus*	117
L	*labiatus~lysimachioides*	118
M	*macedonicus~myrtifolius*	129
N	*nanellus~nymphoides*	141
O	*obconicus~oxyphyllus*	146
P	*pachy-~pyriformis*	150
Q	*quadr-~quinquevulnerus*	173
R	*racemiflorus~rutilans*	175
S	*sabatius~szechuanicus*	181
T	*tabularis~typhinus*	200
U	*ulicinus~uvaria*	208
V	*vacciniifolius~vulgatus*	212
W	*wagnerii~wulfenii*	218
X	*xanth-~xantholeucus*	220
Y	*yakushimanus~yunnanensis*	220
Z	*zabeliana~zonatus*	221

植物档案

老鼠簕属 15

菁属 16

庭荠属 23

毛地黄属 76

刺芹属 82

桉属 84

茴香属 91

老鹳草属 95

向日葵属 103

素馨属 116

番茄属 128

地锦属 153

西番莲属 154

白花丹属 163

肺草属 171

栎属 174

长生草属 188

海角苣苔属 195

旱金莲属 207

越桔属 213

约瑟夫·班克斯爵士，
1743—1820（40 页）

植物猎人

亚历山大·冯·洪堡男爵 26

约瑟夫·班克斯爵士 40

梅里韦瑟·刘易斯与威廉·克拉克 54

弗朗西斯·马森与卡尔·皮特·桑博格 72

约翰·巴特拉姆与威廉·巴特拉姆 98

大卫·道格拉斯 110

卡尔·林奈 132

简·科尔登与玛丽安·诺斯 158

约瑟夫·胡克爵士 182

安德烈·米修与弗朗索瓦·米修 210

植物主题

植物来自何方 32

植物的形状和形态 64

植物的颜色 86

植物的品质 120

植物的气味和味道 144

植物与数字 166

植物与动物 198

术语表 222

参考文献 223

图片来源 224

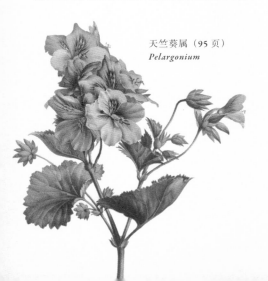

天竺葵属（95 页）
Pelargonium

前言

面对复杂的植物学拉丁学名时，许多经验丰富的园丁都会感到无可奈何，不由得在莎士比亚的作品中寻求慰藉。就像朱丽叶所说："名称意味着什么呢？那些被我们称为玫瑰的鲜花，换了其他的任何名称也一样芬芳诱人呀。"可惜的是，这个名称并不能轻易舍弃。毋庸置疑，任何知识丰富的园丁都不会允许自己将犬蔷薇（*Rosa canina*）错认为岩蔷薇（*Cistus ladanifer*），或把欧洲荚蒾（*Viburnum opulus*）与东方嚏根草（*Helleborus orientalis*）混为一谈。尽管有那么多与朱丽叶的芳香玫瑰相似的植物，其中也仅有一种能被称为犬蔷薇。而区分它们名字的线索就隐藏在拉丁学名中，拉丁学名能告诉我们它是蔷薇科（*Rosaceae*）蔷薇属（*Rosa*）的植物，而种加词 *canina* 是"犬"的意思。

许多人偏爱那些富有诗意、充满魅力的植物俗名，这很容易理解，毕竟谁能够拒绝像血之爱、勿忘我、雾中恋这样浪漫的花名呢？更何况这些美丽的俗名老枪谷（*Amaranthus caudatus*）、勿忘我（*Myosotis sylvatica*）和黑种草（*Nigella damascena*）比它们的学名更容易记忆和拼读。但是，这些诗意的俗名并不能告诉我们植物的起源、形状、颜色和大小等重要信息。当我们挑选植物时，拉丁学名却能告诉我们许多信息，如学名中含有"*repens*"一词的植物一般比较矮或是匍匐生长，相反名称里有"*columnaris*"一词的植物会向上长高。如果你事先知道"*noctiflorus*"是"夜间开花"的意思，那么在规划花园之初就会考虑这种植物在晚上的作用，而不会把它种在朝阳的苗圃里。由此可见，了解拉丁学名中的信息可以帮助园丁们避免很多失误。

在 18 世纪，由于植物是当时药物的主要来源，所以准确分辨并命名植物是医生和药剂师们必备的重要技能，为此卡尔·林奈（Carl Linnaeus）引入了一个简单的植物命名系统。拉丁语曾是科学界的通用语言，直到今天，林奈双名法依然是园丁们使用植物学名的基础。多亏了林奈和他的植物学家同行们的工作，才能让来自世界各地的园艺家们相互准确地交流，不会因俗名的差异而出现混淆。

当我们恰当使用植物学拉丁学名时，它绝不仅仅是一门古老难懂的语言，而是具有实用价值的工具，如同锋利的剪刀和做工精良的泥铲一样能够让花园变得更加美丽、高产、欣欣向荣。在这本书的帮助下，园丁们将不会再受到"名称意味着什么"这个问题的困扰。当他们发现了隐藏在神秘的拉丁学名背后的"财富"之后，他们和他们的花园都将受益匪浅。

"奖状"威廉姆斯杂交山茶
Camellia × *williamsii* 'Citation'
（219 页）

香豌豆
Lathyrus odoratus
（145 页）

如何使用本书

按字母顺序排列的词汇表（Alphabetical Listings）

拉丁词汇按字母顺序排列以便检索。更多信息详见 13 页对 A—Z 词汇表的介绍。

单词的三种性按阳性、阴性、中性顺序排列。有些词汇的三种性形式相同。

提供了发音指导，大写字母表示重音所在的位置。

abbreviatus *ab-bree-vee-AH-tus*
abbreviata, abbreviatum
简短的，缩短的，如短醉鱼草（*Buddleja abbreviata*）

列举了植物学拉丁名的例子。

植物档案（Plant Profile Pages）

贯穿全书，这一部分着眼于某些特定植物，重点关注那些有趣的拉丁学名，以及由它们衍生的故事和有时令人惊讶的关联。

拉丁学名小贴士（Latin in action）

这一部分配有插图，展现了植物拉丁学名背后暗藏的知识，并介绍了它们的生活习性和栽培技巧。

植物猎人（Plant Hunters）

阅读这些植物猎人们的生平事迹让我们意识到：多亏了他们无畏的探索发现，人类才能采集并熟识了如此之多的植物，让我们将花园装扮得如此美丽。

植物主题（Plant Themes）

在这一部分，植物的拉丁学名将按照原产地、颜色、外形以及气味等主题归类介绍。同时还将介绍它们是如何同数字和动物联系在一起的。

植物拉丁文简史

时至今日，科学家们所使用的植物拉丁文与经典的拉丁文已有较大区别。它在很大程度上吸收了希腊语和其他语言，同时也使用了很多会让像老普林尼（公元23—79年）这样的罗马植物学家觉得粗俗的外来词汇。尽管植物拉丁文的使用起始于那些早期植物学家描述性的语言，但它已经发展成为一门技术性的特殊语言，比经典拉丁文要简单许多，同时其词汇量仍然在随着科学的需求不断扩大。

直到18世纪，拉丁文一直是国际学术交流的通用语言。因为植物学家们的母语（在不同国家和地区之间）各不相同，所以他们自然而然地优先使用拉丁文命名植物。自16世纪以来，航海探险已经让很多不知名的植物进入了欧洲植物学家的研究视野当中。与此同时，光学技术的发展也让科学家们能够更精细地观察植物的细微结构。由于拉丁名的初衷是为了尽可能简略地表达出种与种之间的区别，因此早期的植物学名通常是由一长串的描述性词汇组成，这就使得名称变得十分冗长且难以看出互相之间的联系。到了18世纪中叶，林奈（详见132页）引入了他的双名法生物命名系统，一个种仅用一个单独的种加词与其同属其他物种相区别。

这一系统彻底改变了植物分类学。到了19世纪，植物学家们意识到需要出台一部国际公认的命名法规。经过19—20世纪的几次国际植物学大会，终于在1952年正式出版了《国际植物命名法规》（*International Code of Botani-cal Nomenclature, ICBN*），此后几经修订。这一法规确立了植物学名产生和确立的基本原则；所有主要植物学期刊和研究机构都应遵循其规则和建议。

在这一问题上，植物名称受制于如此多的改变似乎有些奇怪。园丁们对于不得不接受一个新名称可能会觉得尤其委屈：之前的名称不是也挺好的吗！但植物学家们并不总能对植物之间的亲缘关系达成一致，当分类意见发生冲突时，植物学名就会随之而变。例如，一旦证据支持升麻属（*Cimicifuga*）和类叶升麻属（*Actaea*）的亲缘关系要比之前认为的要更近，那么园丁们此前熟悉的升麻属物种就不得不重新归置到类叶升麻属中去。

之所以将升麻属并入类叶升麻属而不是相反，这是由《国际植物命名法规》的优先律原则规定的。该原则规定一旦两个分类实体被认定为相同，那么必须使用早先发表的名称。其他由分类学地位改变造成的后果也会同样让人迷惑。例如，当*Montbretia*属的植物被重新归置到雄黄兰属（*Crocosmia*）之后，这一植物的原名*Montbretia × crocosmiiflora*就会变成*Crocosmia × crocosmiiflora*。

随着来自DNA序列分析领域的研究越来越多，植物的分类变动变得越发频繁，大量的学名变动也随之而来。对园丁们而言，好处便是DNA序列分析的结果将揭示植物之间的亲缘关系，并最终建立起一个更加稳定、科学的植物分类系统，植物的学名就不会再频繁变化了。

植物拉丁文入门

当书写拉丁学名时，不同要素的排列顺序和印刷上的惯例都尤为值得注意。

科 Family

（如无患子科，*Sapindaceae*）

这里出现了字母的大小写之分，《国际植物命名法规》建议采用斜体*。科名通常容易识别，因为总以 -aceae 作为结尾。

属 Genus

（如槭属，*Acer*）

属名应斜体，首字母大写。属名应为名词，且有阳性、阴性和中性之分。当连续列举同属下的若干物种学名时，属名通常可以简写，如可爱槭（*Acer amoenum*）、髭脉槭（*A. barbinerve*）和三裂槭（*A. calcaratum*）。

紫花丹
Plumbago indica (syn. *P. rosea*)
（163 页）

种 Species

（如鸡爪槭，*Acer palmatum*）

种是属下的分类阶元，通常是指种加词的部分，采用斜体，小写。大部分种加词为形容词，也可为名词（如棱叶龙舌兰，*Agave potatorum*，其种加词义为酒徒）。形容词通常要与其属名保持性别一致，但名词做种加词则不需要变化。由属名和种加词共同组成了物种的双名法命名系统。

亚种 Subspecies

（如墨西哥梣叶槭，*Acer negundo* subsp. *mexicanum*）

亚种名为小写，斜体，紧跟小写正体的 subsp.（或 ssp.）之后。亚种与正种有明显的不同。

变种 Varietas

（如朝鲜鸡爪槭，*Acer palmatum* var. *coreanum*）

变种名为小写，斜体，紧跟小写正体的 var. 之后。变种体现了与正种之间在形态结构上细微的差异。

变型 Forma

（如五角枫，*Acer mono* f. *ambiguum*）

变型名为小写，斜体，紧跟小写正体的 f. 之后。变型常指植物体表现出的如花色这样微小的变异。

* 在国外，为了区别拉丁文和英文，通常会将拉丁文用斜体表示。而在中文体系中不存在这个问题，按照国内的惯例，科名为正体，属及属以下单位为斜体。但本书遵照原书，科名采用斜体。——编者注

栽培品种 Cultivar

（如"爱丽丝"丽江械，*Acer forrestii* 'Alice'）

栽培品种名使用带单引号的正体表示，首字母大写。品种名常用于人工栽培植物，现代品种名（1959 年以后）不必再使用拉丁文或拉丁化的词汇。

杂种 Hybrid

（如间型金缕梅，*Hamamelis × intermedia*）

杂种名的种加词使用小写的斜体表示，属名首字母大写，跟在非斜体的"×"之后（乘号，而非字母 x）。这种表示方法意为该种植物为同属不同物种杂交形成。如果它是由不同属的物种之间杂交形成的，就要把乘号放在属名之前。但如果一杂种是由嫁接而成，则需要用加号而非乘号表示。

异名 Synonyms

（如紫花丹，*Plumbago indica*，syn. *P. rosea*）

一种植物仅有一个正确的学名，但可能同时有多个非正确的名称，即异名（缩写为 syn.），其出现的原因可能是多个植物学家给同种植物起了不同的名称或由于植物以不同方式进行了分类处理。

俗名 Common names

当使用英文俗名时，应采用小写正体，除非它们源自如人或地点等专有名词。需要注意的是有些拉丁化的专有名词是不需要大写的，如 *forrestii* 或 *freemanii*。许多拉丁语中的属名也作为俗名使用，例如倒挂金钟（*Fuchsia*）的俗名为"fuchsia"，它们采用小写正体表示，也可使用复数形式。

岩玫瑰

Helianthemum cupreum

（67 页）

学名的性 Gender

拉丁文中，形容词必须与它修饰的名词保持性的一致；因此在植物学名中，种加词必须要与属名的性一致。但当种加词为名词时，则无须一致（如 *forrestii*，以福利斯特人名命名）。为了帮助读者们熟悉不同性的形式，在罗列种加词时会列出它们的阳、阴、中三性，如 *grandiflorus* (*grandiflora, grandiflorum*)。

上述只是对双名系统的简要概述，但需要注意该系统中仍然存在着大量的特例，结构也远远更为复杂。本书主要面向园艺工作者，而非植物学家，同时也并非拉丁文的入门读本，因此书中仅对一些基本原则进行了描述。本书的初衷也并非为了培养拉丁文学者，而是鼓励更多的园丁们提高自身水平。通过了解生物命名的相关知识，园丁们就可以选择更合适的植物，打造更美的花园：各种植物各居其位，能够在各自的条件下繁荣生长，其自身的外形、习性、颜色也能够在审美上与周围的植物相得益彰。

A—Z字母表简介

本表共收录了3 000多个植物拉丁文词汇，按字母顺序排列。首先是词汇及其读音，接着给出其阴性和中性形式（如果有的话），接下来是拉丁词的释义。同时还列出了带有这一词汇的植物学名的例子。

> abbreviatus *ab-bree-vee-AH-tus*
> abbreviata, abbreviatum
> 简短的，缩短的，如短醉鱼草（*Buddleja abbreviata*）

为了表达清晰一致，即使阴性形式同阳性形式相同，仍会将其列出来，如：

> baicalensis *by-kol-EN-sis*
> baicalensis, baicalense
> 来源于西伯利亚东部的贝加尔湖（Lake Baikal），如毛果银莲花（*Anemone baicalensis*）

当词汇拼写发生变化时，总是成组罗列，如：

> cashmerianus *kash-meer-ee-AH-nus*
> cashmeriana, cashmerianum
> cashmirianus *kash-meer-ee-AH-nus*
> cashmiriana, cashmirianum
> cashmiriensis *kash-meer-ee-EN-sis*
> cashmiriensis, cashmiriense
> 来自或分布于克什米尔地区的，如不丹柏木（*Cupressus cashmeriana*）

植物拉丁文的发音方式在不同国家和地区之间各有区别，书中所给出的发音实为指导而非无可争议。大写字母所处的位置即为应该重音的位置。具有多种性时，只给出阳性形式的发音。

大多数园丁都会遇到过这种情况：植物不仅有一大堆俗名，它们的拉丁学名也有许多变化。有些名称在过去广为流传但现在已经废弃不用，可能是由于植物的重新分类所致。但正如这些名称有时还会出现在一些老的园艺书上，它们在现在的书中会被作为异名处理，或是当浏览网络上各种资源时，出于完整性考虑也会被罗列出来。

要想搞清楚哪些名称是最新的并不容易，尤其是当不同来源的信息相左的时候。采用哪种分类处理往往是个人选择，但英国皇家园艺学会的相关书籍（如 *RHS Plant Finder*）提供了当前植物命名的一般指导建议。

卵黄章鱼兰，*Prosthechea vitellina*。其种加词（*vitellinus, vitellina, vitellinum*）意为卵黄色的，描述其唇瓣的颜色。
（217页）

西班牙栓皮栎
Quercus suber
（174页）

A

a-
用于复合词中，表示"无"或"与……相反"

abbreviatus *ab-bree-vee-AH-tus*
abbreviata, abbreviatum
简短的，缩短的，如短醉鱼草（*Buddleja abbreviata*）

abies *A-bees*
abietinus *ay-bee-TEE-nus*
abietina, abietinum
像冷杉（*Abies*）的，如欧洲云杉（*Picea abies*）

abortivus *a-bor-TEE-vus*
abortiva, abortivum
不完的，丢失了部分的，如小文心兰（*Oncidium abortivum*）

abrotanifolius *ab-ro-tan-ih-FOH-lee-us*
abrotanifolia, abrotanifolium
叶似青蒿（*Artemisia abrotanum*）的，如蒿叶梳黄菊（*Euryops abrotanifolius*）

abyssinicus *a-biss-IN-ih-kus*
abyssinica, abyssinicum
与阿比西尼亚（埃塞俄比亚）有关的，如阿比西尼亚水蕹（*Aponogeton abyssinicus*）

无茎龙胆
Gentiana acaulis

acanth-
用于复合词中，表示"多刺的，有刺的"

acanthifolius *a-kanth-ih-FOH-lee-us*
acanthifolia, acanthifolium
似老鼠筋（*Acanthus*）叶的，如老鼠筋叶刺苞菊（*Carlina acanthifolia*）

acaulis *a-KAW-lis*
acaulis, acaule
具短茎的，无茎的，如无茎龙胆（*Gentiana acaulis*）

-aceae
表示在"科"一等级

acer *AY-sa*
acris, acre
具辛辣味的，如苦景天（*Sedum acre*）

acerifolius *a-ser-ih-FOH-lee-us*
acerifolia, acerifolium
叶似枫（*Acer*）的，如枫叶栎（*Quercus acerifolia*）

acerosus *a-seh-ROH-sus*
acerosa, acerosum
针形的，如针叶千层树（*Melaleuca acerosa*）

acetosella *a-kee-TOE-sell-uh*
叶子微酸的，如山酢浆草（*Oxalis acetosella*）

achilleifolius *ah-key-lee-FOH-lee-us*
achilleifolia, achilleifolium
叶似蓍（*Achillea millefolium*）的，如蓍叶菊蒿（*Tanacetum achilleifolium*）

acicularis *ass-ik-yew-LAH-ris*
acicularis, aciculare
针状的，如刺蔷薇（*Rosa acicularis*）

acinaceus *a-sin-AY-see-us*
acinacea, acinaceum
弯刀形的，半月形的，如圆叶金合欢（*Acacia acinacea*）

acmopetala *ak-mo-PET-uh-la*
具尖花瓣的，如尖花贝母（*Fritillaria acmopetala*）

aconitifolius *a-kon-eye-tee-FOH-lee-us*
aconitifolia, aconitifolium
叶像乌头（*Aconitum*）的，如乌头叶毛茛（*Ranunculus aconitifolius*）

老鼠簕属

繁茂的叶片和高耸的花序让老鼠簕属（*Acanthus*）植物在任何一个花园中都会成为关注的焦点。本属植物隶属于爵床科（*Acanthaceae*），这一多年生亚灌木植物属的学名来自希腊语中的 *akantha*，意为刺。因此当你发现某一植物学名中带有 *acanth-* 这个前缀加上某一部位时可一定要当心了，因为它指的是这个部位会具有刺。例如，*acanthocomus*（*acanthocoma, acanthocomum*）表示植物的叶片上具有刺毛，*acanthifolius*（*acanthifolia, acanthifolium*）意为老鼠簕状的叶子。在希腊神话中，太阳神阿波罗对女神 Acantha 垂涎三尺，出于反抗阿

老鼠簕属植物
Acanthus

波罗的不轨行为，Acantha 抓伤了阿波罗的脸，恼羞成怒的阿波罗于是乎就把 Acantha 变成了一株带刺的植物。

老鼠簕属（*Acanthus*）植物的多刺还体现在其花上：高高的花序从巨大的叶丛中直直伸出，长出淡紫色和白色的相互重叠的萼片和管状的花瓣。最常见的栽培种是刺老鼠簕（*Acanthus spinosus*），它具有多刺的叶片和繁多的花，可以轻松长到 1.2 米高。此外，其他的种类还有八角筋（*Acanthus montanus*）。（*spinosus, spinosa, spinosum* 意为多刺的，*montanus, montana, montanum* 意为适合山区的）

老鼠簕属（*Acanthus*）植物在干旱且光照充足的地方长势良好，但由于它们长有很长的直根，不便从不适合的位置移栽，因此在种植之初就应注意。它们大都比较耐寒，但我们仍然建议在种植之后的头几个冬天对其地上的茎进行覆盖保温。

在传统建筑中，老鼠簕属植物风格鲜明的叶形在科林斯式和混合式的雕刻装饰中都有出现。

根据罗马诗人维吉尔（Virgil）所记载，特洛伊的海伦佩戴着绣有许多老鼠簕叶形的面纱。更近的例子还有 19 世纪的画家、设计师威廉·莫里斯（William Morris），老鼠簕的叶片是他笔下反复出现的主题。

蓍属

很少有其他植物的学名能同蓍属（*Achillea*）相比，因为它是以希腊神话中的战神阿喀琉斯命名。阿喀琉斯的母亲忒提斯将小阿喀琉斯浸在冥河中以使其免受将来的袭击。然而由于他的母亲是捏着他的脚后跟的，所以后脚跟就成了他唯一没有浸过冥河水的部位。不用说，他的敌人帕里斯正是一箭射中了这一部位，杀死了成年的阿喀琉斯。

在最后一战之前，阿喀琉斯已经领导了多场战役，他以善用药物为士兵们的伤口止血闻名，而这药物正是来自蓍草。长期以来，人们都认为蓍草有着金疮药般的功效，于是乎就给它起了好多有关药用功能的俗名，例如止血草、鼻血草等等。

在近代，开白色花的珠蓍（*Achillea ptarmica*）由于其有诱导打喷嚏的特性而被用作鼻烟，这也是其俗名喷嚏草的由来。同荨麻一样，蓍（*A. millefolium*）也被称为千叶草，其叶上裂出数目繁多的小裂片。（*Millefolius, millefolia, millefolium* 字面意思是一千片叶子，但实际仅指多片叶子。）

这些耐寒的多年生草本植物最近又开始

蓍
Achillea millefolium

玫红蓍（*Achillea millefolium* var. *rosea*）因其玫红色的花朵得名。

麝香蓍（*Achillea erba-rotta* subsp. *moschata*）；*erba-rotta* 是 *herba rota* 的笔误，*rota* 是轮子的意思。

蓍属植物的叶片具有强烈的刺激性气味，冷不防就会让园丁们打喷嚏。

重新流行起来。因为其形态挺拔、颜色美丽、多花且花期长的特点，它们非常适合与其他观赏草本搭配种植，用作花圃的边界。它们平整的花序由众多细小的单花组成，从酷似蕨类的叶片中伸出。它们最适合生长在光照充足且排水良好的位置。在深秋，一些长得比较高的品种应该贴地面重剪。

acraeus *ak-ra-EE-us*
acraea, acraeum
生于高处的，如高地梳黄菊（*Euryops acraeus*）

actinophyllus *ak-ten-oh-FIL-us*
actinophylla, actinophyllum
具辐射状叶的，如辐叶鹅掌柴（*Schefflera actinophylla*）

acu-
用于复合词中表示"尖锐的"

aculeatus *a-kew-lee-AH-tus*
aculeata, aculeatum
多刺的，如欧洲耳蕨（*Polystichum aculeatum*）

aculeolatus *a-kew-lee-oh-LAH-tus*
aculeolata, aculeolatum
具小刺的，如小刺南芥（*Arabis aculeolata*）

acuminatifolius *a-kew-min-at-ih-FOH-lee-us*
acuminatifolia, acuminatifolium
具渐尖叶的，如五叶黄精（*Polygonatum acuminatifolium*）

acuminatus *ah-kew-min-AH-tus*
acuminata, acuminatum
渐尖的，如渐尖木兰（*Magnolia acuminata*）

acutifolius *a-kew-ti-FOH-lee-us*
acutifolia, acutifolium
具锐尖叶的，如锐叶秋海棠（*Begonia acutifolia*）

acutilobus *a-KEW-ti-low-bus*
acutiloba, acutilobum
尖裂的，如尖裂獐耳细辛（*Hepatica acutiloba*）

acutissimus *ak-yoo-TISS-ee-mum*
acutissima, acutissimum
极尖的，如蜡子树（*Ligustrum acutissimum*）

acutus *a-KEW-tus*
acuta, acutum
尖锐的，如尖舌鹅绒藤（*Cynanchum acutum*）

ad-
用在复合词中表示"到"

aden-
用在复合词中表示植株部分具腺体

adenophorus *ad-eh-NO-for-us*
adenophora, adenophorum
具腺体的，常与花蜜相关，如蜜腺鼠尾草（*Salvia adenophora*）

adenophyllus *ad-en-oh-FIL-us*
adenophylla, adenophyllum
叶具腺体的，如腺叶酢浆草（*Oxalis adenophylla*）

adenopodus *a-den-OH-poh-dus*
adenopoda, adenopodum
花梗（小的茎）具腺体的，如腺梗秋海棠（*Begonia adenopoda*）

adiantifolius *ad-ee-an-tee-FOH-lee-us*
adiantifolia, adiantifolium
叶似铁线蕨（*Adiantum*）的，如铁线蕨叶双穗蕨（*Anemia adiantifolia*）

adlamii *ad-LAM-ee-eye*
以 18 世纪 90 年代邱园的英籍采集者理查德·威廉·阿德拉姆（Richard Wills Adlam，1853—1903）命名的

admirabilis *ad-mir-AH-bil-is*
admirabilis, admirabile
著名的，雅致的，如精致茅膏菜（*Drosera admirabilis*）

铁线蕨叶西番莲
Passiflora adiantifolia

adnatus *ad-NAH-tus*
adnata, adnatum
贴生的，如血满草（*Sambucus adnata*）

adpressus *ad-PRESS-us*
adpressa, adpressum
紧贴的，指像毛紧贴在茎上那样的方式，如匍匐栒子（*Coto-neaster adpressus*）

adscendens *ad-SEN-denz*
上升的，如升紫菀（*Aster adscendens*）

adsurgens *ad-SER-jenz*
向上升的，如林地夹竹桃（*Phlox adsurgens*）

aduncus *ad-UN-kus*
adunca, aduncum
钩状的，如钩唇堇菜（*Viola adunca*）

aegyptiacus *eh-jip-tee-AH-kus*
aegyptiaca, aegyptiacum
aegypticus *eh-JIP-tih-kus*
aegyptica, aegypticum
aegyptius *eh-JIP-tee-us*
aegyptia, aegyptium
与埃及相关的，如埃及蓍草（*Achillea aegyptiaca*）

aemulans *EM-yoo-lanz*
aemulus *EM-yoo-lus*
aemula, aemulum
模仿的；竞争的，如紫扇花（*Scaevola aemula*）

aequalis *ee-KWA-lis*
aequalis, aequale
相等的，如等避日花（*Phygelius aequalis*）

aequinoctialis *eek-wee-nok-tee-AH-lis*
aequinoctialis, aequinoctiale
赤道区的，如大蒜藤（*Cydista aequinoctialis*）

aequitrilobus *eek-wee-try-LOH-bus*
aequitriloba, aequitrilobum
具三等裂的，如三等裂蔓柳穿鱼（*Cymbalaria aequitriloba*）

aerius *ER-re-us*
aeria, aerium
来自高海拔的，如高山番红花（*Crocus aerius*）

aeruginosus *air-oo-jin-OH-sus*
aeruginosa, aeruginosum
锈色的，如锈色姜黄（*Curcuma aeruginosa*）

aesculifolius *es-kew-li-FOH-lee-us*
aesculifolia, aesculifolium
似七叶树（*Aesculus*）叶的，如七叶鬼灯檠（*Rodgersia aesculifolia*）

aestivalis *ee-stiv-AH-lis*
aestivalis, aestivale
夏季的，如夏葡萄（*Vitis aestivalis*）

aestivus *EE-stiv-us*
aestiva, aestivum
在夏季生长或成熟的，如夏雪片莲（*Leucojum aestivum*）

aethiopicus *ee-thee-OH-pih-kus*
aethiopica, aethiopicum
与非洲相关的，如马蹄莲（*Zantedeschia aethiopica*）

aethusifolius *e-thu-si-FOH-lee-us*
aethusifolia, aethusifolium
叶具毒欧芹属（*Aethusa*）一样的刺激性味道的，如芹叶假升麻（*Aruncus aethusifolius*）

小麦
Triticum aestivum

aetnensis *eet-NEN-sis*
aetnensis, aetnense
来自意大利的埃特纳山，如埃特纳染料木（*Genista aetnensis*）

aetolicus *eet-OH-lih-kus*
aetolica, aetolicum
与希腊埃托利亚有关的，如埃托利亚堇菜（*Viola aetolica*）

afer *a-fer*
afra, afrum
与北非沿海国家（如阿尔及利亚、突尼斯）有关的，如北非枸杞（*Lycium afrum*）

affinis *uh-FEE-nis*
affinis, affine
相似或相关的，如近亲鳞毛蕨（*Dryopteris affinis*）

afghanicus *af-GAN-ih-kus*
afghanica, afghanicum
afghanistanica *af-gan-is-STAN-ee-ka*
与阿富汗相关的，如阿富汗紫堇（*Corydalis afghanica*）

aflatunensis *a-flat-u-NEN-sis*
aflatunensis, aflatunense
来自吉尔吉斯斯坦的阿弗拉图，如阿弗拉图葱（*Allium aflatunense*）

africanus *af-ri-KAHN-us*
africana, africanum
非洲的，如非洲垂蕾树（*Sparrmannia africana*）

agastus *ag-AS-tus*
agasta, agastum
极具魅力的，如杂种迷人杜鹃（*Rhododendron × agastum*）

agavoides *ah-gav-OY-deez*
似龙舌兰的，如冬云（*Echeveria agavoides*）

ageratifolius *ad-jur-rat-ih-FOH-lee-us*
ageratifolia, ageratifolium
似藿香蓟叶的，如藿香蓟叶蓍（*Achillea ageratifolia*）

ageratoides *ad-jur-rat-OY-deez*
似藿香蓟的，如三脉紫菀（*Aster ageratoides*）

aggregatus *ag-gre-GAH-tus*
aggregata, aggregatum
表示有覆盆子或草莓一样的花或聚合果，如黑桉（*Eucalyptus aggregata*）

agnus-castus *AG-nus KAS-tus*
来自穗花牡荆（*Vitex agnus-castus*）的希腊名"agnus"和"castus"，如穗花牡荆（*Vitex agnus-castus*）

拉 丁 学 名 小 贴 士

尽管景天番杏状虎耳草（*Saxifraga aizoides*）又名黄虎耳草或黄山虎耳草，但它的花偶尔会为深红色或橘色。它原产于北美和欧洲，而且在凉爽、潮湿的多岩石地带长势喜人。它亮黄色花朵从肉质的叶间生出，很受昆虫的喜爱。

景天番杏状虎耳草
Saxifraga aizoides

agrarius *ag-RAH-ree-us*
agraria, agrarium
来自田地和耕地，如田地烟堇（*Fumaria agraria*）

agrestis *ag-RES-tis*
agrestis, agreste
生长在田地里的，如田园贝母（*Fritillaria agrestis*）

agrifolius *ag-rih-FOH-lee-us*
agrifolia, agrifolium
叶质地粗糙的，如海岸栎（*Quercus agrifolia*）

agrippinum *ag-rip-EE-num*
以尼禄大帝之母阿格里皮娜命名的，如阿格里皮娜秋水仙（*Colchicum agrippinum*）

aitchisonii *EYE-chi-soh-nee-eye*
以英国医生、在亚洲采集植物材料的植物学家 J.E.T. 艾奇逊（J. E. T. Aitchison，1836—1898）命名的，如艾奇逊紫堇（*Corydalis aitchisonii*）

aizoides *ay-ZOY-deez*
像景天番杏属植物（*Aizoon*）的，如景天番杏状虎耳草（*Saxifraga aizoides*）

ajacis *a-JAY-sis*
用于纪念希腊英雄阿亚克斯（Ajax）的植物名称，如飞燕草
（*Consolida ajacis*）

ajanensis *ah-yah-NEN-sis*
ajanensis, ajanense
来自西伯利亚海岸的阿耶湾，如东亚仙女木（*Dryas ajanensis*）

alabamensis *al-uh-bam-EN-sis*
alabamensis, alabamense
alabamicus *al-a-BAM-ih-kus*
alabamica, alabamicum
来自亚拉巴马州，如亚拉巴马杜鹃（*Rhododendron alabamense*）

alaternus *a-la-TER-nus*
意大利鼠李（*Rhamnus alaternus*）的罗马名

alatus *a-LAH-tus*
alata, alatum
具翅的，如卫矛（*Euonymus alatus*）

albanensis *al-ba-NEN-sis*
albanensis, albanense
来自英国赫特福德郡的圣阿尔本兹，如贝母兰（*Coelogyne ×
albanense*）

alberti *al-BER-tee*
albertianus *al-ber-tee-AH-nus*
albertiana, albertianum
albertii *al-BER-tee-eye*
以许多叫艾伯特的人命名的，比如植物采集家艾伯特·冯·雷
格尔（Albert von Regel，1845—1908），如艾伯特郁金香（*Tulipa
albertii*）

albescens *al-BES-enz*
变白色的，如变白火把莲（*Kniphofia albescens*）

albicans *AL-bih-kanz*
白色的，如白花长阶花（*Hebe albicans*）

albicaulis *al-bih-KAW-lis*
albicaulis, albicaule
具白色茎的，如白茎羽扇豆（*Lupinus albicaulis*）

albidus *AL-bi-dus*
albida, albidum
白色的，如白花延龄草（*Trillium albidum*）

albiflorus *al-BIH-flor-us*
albiflora, albiflorum
具白色花的，如巴东醉鱼草（*Buddleja albiflora*）

拉 丁 学 名 小 贴 士

鸢尾科（*Iridaceae*）鸢尾属（*Iris*）下有许多
种、变种及杂交种。它们大多艳丽多彩，所以园
丁们很可能就会忽略掉那些花朵不那么鲜艳且别
致的种类，自古代驯化而来的白鸢尾（*Iris albi-
cans*）就是其中之一。穆斯林有将它种在墓地的传
统，因此白鸢尾又名墓地鸢尾。它们原产于也门
和沙特阿拉伯，不喜寒，但能在土壤排水良好且
气候温暖的条件下茁壮生长并快速繁殖。种子不
育，依靠地下茎分株进行繁殖，高 40~60 厘米。
花期早，有芬芳气味，而且花色像它的种加词所
表示的一样，是优雅的白色。

白鸢尾
Iris albicans

albifrons *AL-by-fronz*
具白色叶的，如白叶番桫椤（*Cyathea albifrons*）

albomaculatus *al-boh-mak-yoo-LAH-tus*
albomaculata, albomaculatum
具白色斑点的，如白斑细辛（*Asarum albomaculatum*）

albomarginatus *AL-bow-mar-gin-AH-tus*
albomarginata, albomarginatum
具白色边缘的，如白边龙舌兰（*Agave albomarginata*）

albopictus *al-boh-PIK-tus*
albopicta, albopictum
具白色图斑的，如银星秋海棠（*Begonia albopicta*）

albosinensis *al-bo-sy-NEN-sis*
albosinensis, albosinense
表示白色且来自中国，如红桦（*Betula albosinensis*）

albovariegatus *al-bo-var-ee-GAH-tus*
albovariegata, albovariegatum
具白色斑的，如"白斑"德国绒毛草（*Holcus mollis* 'Albovariegatus'）

albulus *ALB-yoo-lus*
albula, albulum
颜色发白的，如微白苔草（*Carex albula*）

albus *AL-bus*
alba, album
白色的，如白藜芦（*Veratrum album*）

alcicornis *al-kee-KOR-nis*
alcicornis, alcicorne
具欧洲驼鹿（北美驼鹿）角状的掌状叶，如圆盾鹿角蕨（*Platycerium alcicorne*）

aleppensis *a-le-PEN-sis*
aleppensis aleppense
aleppicus *a-LEP-ih-kus*
aleppica, aleppicum
来自叙利亚的阿勒波，如阿勒波侧金盏花（*Adonis aleppica*）

aleuticus *a-LEW-tih-kus*
aleutica, aleuticum
与阿拉斯加州阿留申群岛相关的，如阿留申铁线蕨（*Adiantum aleuticum*）

alexandrae *al-ex-AN-dry*
以爱德华七世的妻子，亚历山德拉王后（Queen Alexandra, 1844—1925），命名的，如假槟榔（*Archontophoenix alexandrae*）

alexandrinus *al-ex-an-DREE-nus*
alexandrina, alexandrinum
与埃及的亚历山大港有关的，如尖叶番泻（*Senna alexandrina*）

algeriensis *al-jir-ee-EN-sis*
algeriensis, algeriense
来自阿尔及利亚的，如阿尔及利亚春慵花（*Ornithogalum algeriense*）

algidus *AL-gee-dus*
algida, algidum
冷的，高寒的，如寒地榄叶菊（*Olearia algida*）

alienus *a-LY-en-us*
aliena, alienum
来自外国的植物，如外来异鳞菊（*Heterolepis aliena*）

alkekengi *al-KEK-en-jee*
来自阿拉伯的酸浆，如酸浆（*Physalis alkekengi*）

alleghaniensis *al-leh-gay-nee-EN-sis*
alleghaniensis, alleghaniense
来自美国阿勒格尼山的，如黄桦树（*Betula alleghaniensis*）

alliaceus *al-lee-AY-see-us*
alliacea, alliacum
像葱属植物（*Allium*）洋葱或大蒜的，如葱叶紫娇花（*Tulbaghia alliacea*）

alliariifolius *al-ee-ar-ee-FOH-lee-us*
alliariifolia, alliariifolium
具葱芥属植物一样叶子的，如葱芥叶缬草（*Valeriana alliariifolia*）

allionii *al-ee-OH-nee-eye*
以意大利植物学家卡洛·阿廖尼（Carlo Allioni, 1728—1804）命名的，如阿廖尼报春（*Primula allionii*）

alnifolius *al-nee-FOH-lee-us*
alnifolia, alnifolium
似桤木（*Alnus*）叶的，如水榆花楸（*Sorbus alnifolia*）

aloides *al-OY-deez*
似芦荟的，如纳金花（*Lachenalia aloides*）

aloifolius *al-oh-ih-FOH-lee-us*
aloifolia, aloifolium
似芦荟叶的，如千手丝兰（*Yucca aloifolia*）

alopecuroides *al-oh-pek-yur-OY-deez*
似看麦娘属虎尾草的，如狼尾草（*Pennisetum alopecuroides*）

alpestris *al-PES-tris*
alpestris, alpestre
生于亚高山的，通常指木本植物，如亚高山水仙（*Narcissus alpestris*）

alpicola *al-PIH-koh-luhh*
生于高山的，如杂色钟报春（*Primula alpicola*）

alpigenus *AL-pi-GEE-nus*
alpigena, alpigenum
来源于高山地带的，如高原虎耳草（*Saxifraga alpigena*）

alpinus *al-PEE-nus*
alpina, alpinum
生于高山的，通常指岩石多的地方；来源于欧洲的阿尔卑斯山，如高山银莲花（*Pulsatilla alpina*）

altaclerensis *al-ta-cler-EN-sis*
altaclerensis, altaclerense
来自英国汉普郡的海克利尔城堡，如欧洲冬青（*Ilex × altaclerensis*）

altaicus *al-TAY-ih-kus*
altaica, altaicum
与亚洲中部的阿尔泰山脉有关的，如阿尔泰郁金香（*Tulipa altaica*）

高山白头翁
Pulsatilla alpina

alternans *al-TER-nans*
交互的，互生的，如互叶竹节椰（*Chamaedorea alternans*）

alternifolius *al-tern-ee-FOH-lee-us*
alternifolia, alternifolium
叶互生的，而非对生，如互叶醉鱼草（*Buddleja alternifolia*）

althaeoides *al-thay-OY-deez*
像蜀葵（曾用属名，*Althaea*）的，如蜀葵旋花（*Convolvulus althaeoides*）

altissimus *al-TISS-ih-mus*
altissima, altissimum
极高的，最高的，如臭椿（*Ailanthus altissima*）

altus *AHL-tus*
alta, altum
高的，如高长生草（*Sempervivum altum*）

amabilis *am-AH-bih-lis*
amabilis, amabile
可爱的，如倒提壶（*Cynoglossum amabile*）

amanus *a-MAH-nus*
amana, amanum
生于土耳其阿曼山脉的，如阿曼牛至（*Origanum amanum*）

amaranthoides *am-ar-anth-OY-deez*
像苋属植物（*Amaranthus*）的，如苋菊（*Calomeria amaranthoides*）

amarellus *a-mar-ELL-us*
amarella, amarellum
amarus *a-MAH-rus*
amara, amarum
具苦味的，如苦醋栗（*Ribes amarum*）

amaricaulis *am-ar-ee-KAW-lis*
amaricaulis, amaricaule
茎具苦味的，如苦心酒瓶椰（*Hyophorbe amaricaulis*）

amazonicus *am-uh-ZOH-nih-kus*
amazonica, amazonicum
与南美洲的亚马孙河有关的，如王莲（*Victoria amazonica*）

ambi-
用于复合词中表示"在周围的"

ambiguus *am-big-YOO-us*
ambigua, ambiguum
不确定的，可疑的，如黄花洋地黄（*Digitalis ambigua*）

庭荠属

英文中凡是俗名中有"wort"出现的植物往往都会认为具有药用价值。以前，庭荠属（*Alyssum*）植物被称为"madwort"，被认为可以防止发疯以及治疗疯狗咬伤。拉丁名源自希腊语，*a* 是"不"或"抗"的意思，*lyssa* 是"疯狂"的意思。*Alyssoides* 意为像庭荠的，例如木庭荠（*Alyssoides utriculata*），*utriculatus, utriculata, utriculatum* 意为像膀胱的。在花语中，庭荠代表超出美丽的优雅。

该属植物中有耐寒一年生草本、多年生草本以及常绿小灌木。它们需要阳光充足的场地和排水良好的土壤。如果长得好的话，它们可以开出好多花朵。为了让它们紧凑整洁，叶片应该在花后进行重剪，否则它们会变得凌乱不堪。开黄花的银雪球（*Alyssum argenteum*）长有美丽的灰绿色叶片，*argenteus, argentea, argenteum*

楔叶庭荠
Alyssum cuneifolium

岩生庭荠（*Aurinia saxatilis*）原产于东欧和俄罗斯的较寒冷地区，有时俗称金砂草。

意为银色的。许多种类开出有着令人炫目的纯白色花朵，有些品种名叫作"雪崩""雪毯"或"雪晶"。

庭荠属（*Alyssum*）植物尤其适合种植在岩石园中或是在干墙缝中。岩生庭荠（*Alyssum saxatile*）就是其中一例，从其异名 *Aurinia saxatilis* 便可见一斑，*saxatilis (saxatilis, saxatile)* 意为与岩石环境相关的，*saxicola* 意为岩生的，*saxosus (saxosa, saxosum)* 意为岩石遍布的。

香雪球（*Lobularia maritima*）曾一度被定为庭荠属植物，它们都是十字花科的一员，因此它也俗称甜庭荠或是喷雪花。这是一种长得非常矮小、苔藓状的植物，花白色、紫色或粉色。其名称来源于拉丁文 *lobulus*，意为小豆荚，意指其小豆荚状的果实。在植物名录中，这两属之间可能会产生混淆。

楔叶庭荠
Alyssum cuneifolium

amblyanthus *am-blee-AN-thus*
amblyantha, amblyanthum
具钝形花的，如多花木蓝（*Indigofera amblyantha*）

ambrosioides *am-bro-zhee-OY-deez*
像豚草属植物（*Ambrosia*）的，如豚草状刺头草（*Cephalaria ambrosioides*）

amelloides *am-el-OY-deez*
像少花紫菀（*Aster amellus*，来源于其罗马名）的，如蓝菊（*Felicia amelloides*）

americanus *a-mer-ih-KAH-nus*
americana, americanum
与北美洲或南美洲有关的，如沼芋（*Lysichiton americanus*）

amesianus *ame-see-AH-nus*
amesiana, amesianum
以园艺家、兰花种植家弗雷德里克·罗瑟洛·艾姆斯（Frederick Lothrop Ames，1835—1893）和阿诺德植物园园长、哈佛大学植物学教授奥克斯·艾姆斯（Oakes Ames，1874—1950）的名字命名的，如艾姆斯卷瓣兰（*Cirrhopetalum amesianum*）

amethystinus *am-eth-ih-STEE-nus*
amethystina, amethystinum
紫罗兰色的，如蓝晶花（*Brimeura amethystina*）

ammophilus *am-oh-FIL-us*
ammophila, ammophilum
生于沙地的，如沙地月见草（*Oenothera ammophila*）

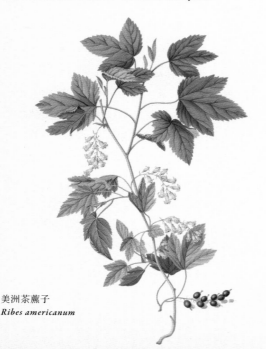

美洲茶藨子
Ribes americanum

amoenus *am-oh-EN-us*
amoena, amoenum
美丽的，悦人的，如玫红百合（*Lilium amoenum*）

amphibius *am-FIB-ee-us*
amphibia, amphibium
生于陆地和水中，如小黄药（*Persicaria amphibia*）

amplexicaulis *am-pleks-ih-KAW-lis*
amplexicaulis, amplexicaule
抱茎的，如抱茎蓼（*Persicaria amplexicaulis*）

amplexifolius *am-pleks-ih-FOH-lee-us*
amplexifolia, amplexifolium
叶抱茎的，如抱茎扭柄花（*Streptopus amplexifolius*）

ampliatus *am-pli-AH-tus*
ampliata, ampliatum
增大的，如大文心兰（*Oncidium ampliatum*）

amplissimus *am-PLIS-ih-mus*
amplissima, amplissimum
超大的，如巨大角柱兰（*Chelonistele amplissima*）

amplus *AMP-lus*
ampla, amplum
大的，如宽叶厚唇兰（*Epigeneium amplum*）

amurensis *am-or-EN-sis*
amurensis, amurense
起源于亚洲的黑龙江，如花楸树（*Sorbus amurensis*）

amygdaliformis *am-mig-dal-ih-FOR-mis*
amygdaliformis, amygdaliforme
形如扁桃树，如扁桃叶梨（*Pyrus amygdaliformis*）

amygdalinus *am-mig-duh-LEE-nus*
amygdalina, amygdalinum
与扁桃树有关的，如杏仁桉（*Eucalyptus amygdalina*）

amygdaloides *am-ig-duh-LOY-deez*
像扁桃树的，如扁桃叶大戟（*Euphorbia amygdaloides*）

ananassa *a-NAN-ass-uh*
ananassae *a-NAN-ass-uh-ee*
具凤梨芳香的，如草莓（*Fragaria* × *ananassa*）

anatolicus *an-ah-TOH-lih-kus*
anatolica, anatolicum
与土耳其的安纳托利亚有关的，如安纳托利亚蓝壶花（*Muscari anatolicum*）

anceps *AN-seps*
两边的，模棱两可的，如蕾丽兰（*Laelia anceps*）

ancyrensis *an-syr-EN-sis*
ancyrensis, ancyrense
起源于土耳其的安卡拉，如安卡拉番红花（*Crocus ancyrensis*）

andersonianus *an-der-soh-nee-AH-nus*
andersoniana, andersonianum
andersonii *an-der-SON-ee-eye*
以美国植物学家查尔斯·刘易斯·安德森（Charles Lewis Anderson，1827—1910）博士的名字命名的，如安氏熊果（*Arctostaphylos andersonii*）

andicola *an-DIH-koh-luh*
andinus *an-DEE-nus*
andina, andinum
与南美洲的安第斯山脉有关的，如安第斯荷包花（*Calceolaria andina*）

andrachne *an-DRAK-nee*
andrachnoides *an-drak-NOY-deez*
源于雀儿舌头属（*Andrachne*）的，如草莓树（*Arbutus × andrachnoides*）

andraeanus *an-dree-AH-nus*
andraeana, andraeanum
andreanus *an-dree-AH-nus*
andreana, andreanum
以法国探险家爱德华·弗朗索瓦·安德烈（Édouard François André，1840—1911）命名的，如安氏裸萼球（*Gymnocalycium andreae*）

androgynus *an-DROG-in-us*
androgyna, androgynum
雌花与雄花同花序的，如仙蔓（*Semele androgyna*）

androsaemifolius *an-dro-say-MEE-fol-ee-us*
androsaemifolia, androsaemifolium
具金丝桃属植物叶的，如披散罗布麻（*Apocynum androsaemifolium*）（注：*Androsaemum*现已并入金丝桃属，*Hypericum*）

androsaemus *an-dro-SAY-mus*
androsaema, androsaemum
具血色液体的，如浆果金丝桃（*Hypericum androsaemum*）

anglicus *AN-glih-kus*
anglica, anglicum
与英国有关的，如姬星美人（*Sedum anglicum*）

angularis *ang-yoo-LAH-ris*
angularis, angulare
angulatus *ang-yoo-LAH-tus*
angulata, angulatum
角状的，如细叶素馨（*Jasminum angulare*）

angulosus *an-gew-LOH-sus*
angulosa, angulosum
具棱角的，如棱苞柴胡（*Bupleurum angulosum*）

angustatus *an-gus-TAH-tus*
angustata, angustatum
变狭的，如狭叶南星（*Arisaema angustatum*）

angustifolius *an-gus-tee-FOH-lee-us*
angustifolia, angustifolium
具狭叶的，如狭叶肺草（*Pulmonaria angustifolia*）

亚历山大·冯·洪堡男爵

（1769—1859）

亚历山大·冯·洪堡（Alexander von Humboldt）男爵是自然科学史上一位重量级人物。他学识极其渊博，根据他对自然界生物、地理和气象严谨实证的观察，形成了所谓的"自然的统一"的开创性思想。

洪堡出生于当时普鲁士的首都——柏林。出身于军官家庭的他并没有如其父所愿同他的哥哥威廉一起进入政界，而是选择成为一名探险家。在其青年时代，德国博物学家和旅行作家格奥尔格·福斯特（Georg Forster，1754—1794）给他带来了很大影响，并对其后来的工作启发颇多。福斯特曾经参与了詹姆斯·库克（James Cook）船长的第二次探险之旅（1772—1775），乘坐皇家海军舰艇"决心号"（HMS Resolution）前往南非和南极地区。他与洪堡的足迹遍布整个欧洲。

洪堡下定决心做一名无畏的探险家，于是他做了大量准备，学习了解剖学、天文学、地理学和多门外语。随后他获得了西班牙统治者的许可，前往其位于南美洲的殖民地探险。他与法国植物学家、探险家埃梅·邦普兰（Aimé Bonpland，1773—1858）同行，并随后在其著作《赤道地区植物》（Plantes equinoxiales）中描述了采集的大量植物。五年来，他们先后考察了古巴、墨西哥，经过马格达莱纳河，穿过科迪勒拉山系到达基多和利马。随后，他们沿奥里诺科河前进，到达了亚马孙河的源头，由此确认了两条大河确实有水路相连，即卡西圭拉运河。他们大部分的旅程都是在广袤的荒野、人迹罕至且从未开发过的地带，因此他们的探险也险象环生。为了捕捉活的电鳗，洪堡和邦

达尔文、歌德、杰弗逊和席勒等显赫人物都是亚历山大·冯·洪堡男爵的崇拜者。

普兰都遭到了强烈的电击。但最终他们顺利地采集了众多的地质和动植物标本，仅植物样品就多达 12 000 余份。基于对各大陆地理的研究，洪堡提示了一个在当时十分大胆的假说：南美大陆和非洲大陆曾经是一块。在离开美洲之前，洪堡还北上华盛顿，到白宫会见了时任美国总统托马斯·杰弗逊（Thomas Jefferson）。

洪堡最终回到欧洲之后，定居巴黎，花了20多年时间将其在探险过程中积累的广博知识落于纸上。最终汇集成超过 30 卷的巨著，堪称南美洲第二伟大的科学发现。多个国家授予其各类荣誉。1845 年，在其 76 岁时，他出版了 5 卷本《宇宙》（*Cosmos: Draft of a Physical Description of the World*），致力于将当时已知的各领域的科学知识统一起来。其气象学研究基于严格的观察和精确的测量，被后人称为"洪堡式的科学"。在后人看来，亚历山大·冯·洪堡男爵还应被视为早期的环保主义者，他发展了一种相互关联的自然界整体观。早在 1799年，他就对南美洲大肆采伐金鸡纳树的行为提出警告。他还研究了海鸟粪的肥效，为其作为肥料引入欧洲做出了贡献。

许多植物以他命名，种加词为 *humboldtii*。如洪堡百合（*Lilium humboldtii*）、洪堡老鹳草（*Geranium humboldtii*）、洪堡乳突球（*Mammillaria humboldtii*）、南美栎（*Quercus humboldtii*）等。时至今日，位于德国波恩的亚历山大·冯·洪堡基金会仍然活跃。当年，洪堡本人就为同行

洪堡百合
Lilium humboldtii

原产于加利福尼亚州的丘陵地带，现在面临着生境破坏造成的威胁。

科学家们提供不少支持和赞助，现在他的基金会也秉承着他的精神，提供科研奖励和奖金，其获奖人被称为"洪堡人"（Humboldtians）。

"洪 堡 堪 称 世 上 最 伟 大 的 科 学 探 险 家。"

查尔斯·达尔文（Charles Darwin，1809—1882）

angustus *an-GUS-tus*
angusta, angustum
狭的，如长白红景天（*Rhodiola angusta*）

anisatus *an-ee-SAH-tus*
anisata, anisatum
anisodorus *an-ee-so-DOR-us*
anisodora, anisodorum
具茴芹（*Pimpinella anisum*）气味的，如日本莽草（*Illicium anisatum*）

anisophyllus *an-ee-so-FIL-us*
anisophylla, anisophyllum
有不同大小叶子的，如异叶马蓝（*Strobilanthes anisophylla*）

annamensis *an-a-MEN-sis*
annamensis, annamense
起源于亚洲的安南莱地区，如安南荚蒾（*Viburnum annamensis*）

annulatus *an-yoo-LAH-tus*
annulata, annulatum
具环的，如环斑叶秋海棠（*Begonia annulata*）

annuus *AN-yoo-us*
annua, annuum
一年生的，如向日葵（*Helianthus annuus*）

anomalus *ah-NOM-uh-lus*
anomala, anomalum
不正常的，如冠盖绣球（*Hydrangea anomala*）

anosmus *an-OS-mus*
anosma, anosmum
无香味的，如卓花石斛兰（*Dendrobium anosmum*）

antarcticus *ant-ARK-tih-kus*
antarctica, antarcticum
与南极有关的，如软树蕨（*Dicksonia antarctica*）

anthemoides *an-them-OY-deez*
像春黄菊（春黄菊属 *anthemis* 为希腊词）的，如纸鳞托菊（*Rhodanthe anthemoides*）

anthyllis *an-THILL-is*
像疗伤绒毛花（绒毛花属 *anthyllis* 为希腊词）的，如猬豆（*Erinacea anthyllis*）

antipodus *an-te-PO-dus*
antipoda, antipodum
antipodeum *an-te-PO-dee-um*
与新西兰和澳大利亚有关的，如新西兰白珠树（*Gaultheria antipoda*）

antiquorum *an-ti-KWOR-um*
古代的，如古老铁筷子（*Helleborus antiquorum*）

antiquus *an-TIK-yoo-us*
antiqua, antiquum
老的，古老的，如大鳞巢蕨（*Asplenium antiquum*）

antirrhiniflorus *an-tee-rin-IF-lor-us*
antirrhiniflora, antirrhiniflorum
花似金鱼草属植物（*Antirrhinum*）的，如攀缘金鱼草（*Maurandella antirrhiniflora*）

antirrhinoides *an-tee-ry-NOY-deez*
像金鱼草属植物（*Antirrhinum*）的，如金鱼草状钓钟柳（*Keckiella antirrhinoides*）

apenninus *ap-en-NEE-nus*
apennina, apenninum
与意大利的亚平宁山脉有关的，如亚平宁银莲花（*Anemone apennina*）

apertus *AP-ert-us*
aperta, apertum
开的，露出的，如开瓣豹子花（*Nomocharis aperta*）

apetalus *a-PET-uh-lus*
apetala, apetalum
无花瓣的，如无瓣漆姑草（*Sagina apetala*）

aphyllus *a-FIL-us*
aphylla, aphyllum
无叶或近无叶的，如无叶天门冬（*Asparagus aphyllus*）

apiculatus *uh-pik-yoo-LAH-tus*
apiculata, apiculatum
具短尖头的，如尖叶龙枹木（*Luma apiculata*）

apiferus *a-PIH-fer-us*
apifera, apiferum
生有蜜蜂形花的，如蜂兰（*Ophrys apifera*）

apiifolius *ap-ee-FOH-lee-us*
apiifolia, apiifolium
似芹属植物（*Apium*）叶的，如女萎（*Clematis apiifolia*）

apodus *a-POH-dus*
apoda, apodum
无梗的，如草原卷柏（*Selaginella apoda*）

appendiculatus *ap-pen-dik-yoo-LAH-tus*
appendiculata, appendiculatum
有附属物（如毛）的，如附叶驴蹄草（*Caltha appendiculata*）

applanatus *ap-PLAN-a-tus*
applanata, applanatum
扁平的，如宽蕊地榆（*Sanguisorba applanata*）

appressus *a-PRESS-us*
appressa, appressum
伏贴的，如高莎草（*Carex appressa*）

apricus *AP-rih-kus*
aprica, apricum
暴露或在阳光中的，如女娄菜（*Silene aprica*）

apterus *AP-ter-us*
aptera, apterum
无翅的，如无翅齿舌兰（*Odontoglossum apterum*）

aquaticus *a-KWA-tih-kus*
aquatica, aquaticum
aquatalis *ak-wa-TIL-is*
aquatalis, aquatale
水生或生于水边的，如水薄荷（*Mentha aquatica*）

aquifolius *a-kwee-FOH-lee-us*
aquifolia, aquifolium
冬青叶的（源于冬青树的拉丁名 *aquifolium*），如北美十大功劳（*Mahonia aquifolium*）

aquilegiifolius *ak-wil-egg-ee-FOH-lee-us*
aquilegiifolia, aquilegiifolium
似耧斗菜（*Aquilegia*）叶的，如欧洲唐松草（*Thalictrum aquilegiifolium*）

aquilinus *ak-will-LEE-nus*
aquilina, aquilinum
似鹰的，如欧洲蕨（*Pteridium aquilinum*）

arabicus *a-RAB-ih-kus*
arabica, arabicum
与阿拉伯有关的，如小粒咖啡（*Coffea arabica*）

arachnoides *a-rak-NOY-deez*
arachnoideus *a-rak-NOY-dee-us*
arachnoidea, arachnoideum
像蛛网的，如卷绢（*Sempervivum arachnoideum*）

aralioides *a-ray-lee-OY-deez*
像楤木属植物（*Aralia*）的，如昆栏树（*Trochodendron aralioides*）

araucana *air-ah-KAY-nuh*
与智利的阿劳科地区有关的，如智利南洋杉（*Araucaria araucana*）

arbor-tristis *ar-bor-TRIS-tis*
夜茉莉的拉丁名，如夜花（*Nyctanthes arbor-tristis*）

arborescens *ar-bo-RES-senz*
arboreus *ar-BOR-ee-us*
arborea, arboreum
木本植物或树状植物，如白欧石南（*Erica arborea*）

arboricola *ar-bor-IH-koh-luh*
生于树上的，如鹅掌藤（*Schefflera arboricola*）

arbusculus *ar-BUS-kyoo-lus*
arbuscula, arbusculum
像小树的，如树状瑞香（*Daphne arbuscula*）

arbutifolius *ar-bew-tih-FOH-lee-us*
arbutifolia, arbutifolium
叶像草莓树（*Arbutus*）的，如红涩石楠（*Aronia arbutifolia*）

archangelica *ark-an-JEL-ih-kuh*
关于大天使拉斐尔的，如挪威当归（*Angelica archangelica*）

枸骨叶冬青
Ilex aquifolium

archeri *ARCH-er-eye*
以澳大利亚植物学家威廉·阿切尔（William Archer，1820—1874）命名的，如阿切尔桉（*Eucalyptus archeri*）

arcticus *ARK-tih-kus*
arctica, arcticum
与北极地区有关的，如北极羽扇豆（*Lupinus arcticus*）

arcuatus *ark-yoo-AH-tus*
arcuata, arcuatum
弓形或弧形的，如弓形乌毛蕨（*Blechnum arcuatum*）

arenarius *ar-en-AH-ree-us*
arenaria, arenarium
arenicola *ar-en-IH-koh-luh*
arenosus *ar-en-OH-sus*
arenosa, arenosum
生于沙地的，如沙生赖草（*Leymus arenarius*）

arendsii *ar-END-see-eye*
以德国苗圃主格奥尔格·阿伦兹（Georg Arends，1862—1952）命名的，如阿兰兹落新妇（*Astilbe × arendsii*）

areolatus *ar-ee-oh-LAH-tus*
areolata, areolatum
网状的，具网眼的，如狭叶臭叶木（*Coprosma areolata*）

argentatus *ar-jen-TAH-tus*
argentata, argentatum
argenteus *ar-JEN-tee-us*
argentea, argenteum
银色的，如银鼠尾草（*Salvia argentea*）

argent-
用于复合词中表示"银色的"

argenteomarginatus *ar-gent-eoh-mar-gin-AH-tus*
argenteomarginata, argenteomarginatum
具银色边缘的，如银边秋海棠（*Begonia argenteomarginata*）

argentinus *ar-jen-TEE-nus*
argentina, argentinum
与阿根廷有关的，如阿根廷铁兰（*Tillandsia argentina*）

argophyllus *ar-go-FIL-us*
argophylla, argophyllum
银色叶的，如银叶苞蓼（*Eriogonum argophyllum*）

argutifolius *ar-gew-tih-FOH-lee-us*
argutifolia, argutifolium
叶具锐锯齿的，如尖叶铁筷子（*Helleborus argutifolius*）

argutus *ar-GOO-tus*
arguta, argutum
具尖齿的，如尖齿黑莓（*Rubus argutus*）

argyraeus *ar-jy-RAY-us*
argyraea, argyraeum
argyreus *ar-JY-ree-us*
argyrea, argyreum
银色的，如银花漏斗鸢尾（*Dierama argyreum*）

argyro-
用于复合词中表示"银色的"

argyrocomus *ar-g y-roh-KOH-mus*
argyrocoma, argyrocomum
具银色毛的，如银毛聚星草（*Astelia argyrocoma*）

argyroneurus *ar-ji-roh-NOOR-us*
argyroneura, argyroneurum
具银色叶脉的，如白网纹草（*Fittonia argyroneura*）

拉 丁 学 名 小 贴 士

双命名名称中的前缀（argent-）意为银色的，如 *argentatus*（银色的）和 *argenteus*（银白色的）。所以这种开绯红色、黄色或奶油色花的鸡冠花叫作百鸟朝王（*Celosia argentea* var. *cristata*）也就不足为奇了。

百鸟朝王
Celosia argentea var. *cristata*

argyrophyllus ar-ger-o-FIL-us
argyrophylla, argyrophyllum
具银色叶片的，如银叶杜鹃（*Rhododendron argyrophyllum*）

aria AR-ee-a
起源于希腊阿里亚（*aria*）的，可能是白面子树，如白花楸（*Sorbus aria*）

aridus AR-id-us
arida, aridum
生于干旱地的，如干旱沟酸浆（*Mimulus aridus*）

arietinus ar-ee-eh-TEEN-us
arietina, arietinum
像公羊头的，公羊角状的，如羊头杓兰（*Cypripedium arietinum*）

arifolius air-ih-FOH-lee-us
arifolia, arifolium
似疆南星叶的（疆南星属 *Arum*），如疆南星叶蓼（*Persicaria arifolia*）

aristatus a-ris-TAH-tus
aristata, aristatum
具芒的，如绫锦（*Aloe aristata*）

aristolochioides a-ris-toh-loh-kee-OY-deez
像马兜铃的（马兜铃属 *Aristolochia*），如马兜铃猪笼草（*Nepenthes aristolochioides*）

arizonicus ar-ih-ZON-ih-kus
arizonica, arizonicum
与美国亚利桑那州（Arizona）有关的，如亚利桑那丝兰（*Yucca arizonica*）

armandii ar-MOND-ee-eye
以法国博物学家和传教士阿曼德·大卫（Armand David，1826—1900）命名的，如华山松（*Pinus armandii*）

armatus arm-AH-tus
armata, armatum
具刺的，如多刺蓟序木（*Dryandra armata*）

armeniacus ar-men-ee-AH-kus
armeniaca, armeniacum
与亚美尼亚（Armenia）有关的，如亚美尼亚蓝壶花（*Muscari armeniacum*）

armenus ar-MEE-nus
armena, armenum
与亚美尼亚（Armenia）有关的，如亚美尼亚贝母（*Fritillaria armena*）

armillaris arm-il-LAH-ris
armillaris, armillare
似手镯的，如针叶白千层（*Melaleuca armillary*）

白花楸
Sorbus aria

arnoldianus ar-nold-ee-AH-nus
arnoldiana, arnoldianum
与马萨诸塞州波士顿的阿诺德植物园有关的，如阿诺德冷杉（*Abies × arnoldiana*）

aromaticus ar-oh-MAT-ih-kus
aromatica, aromaticum
具芳香气味的，如香甜薄叶兰（*Lycaste aromatica*）

artemisioides ar-tem-iss-ee-OY-deez
像蒿的（蒿属 *Artemisia*），如蒿叶决明（*Senna artemisioides*）

articulatus ar-tik-oo-LAH-tus
articulata, articulatum
具关节的，如七宝树（*Senecio articulatus*）

arundinaceus a-run-din-uh-KEE-us
arundinacea, arundinaceum
像芦苇的，如虉草（*Phalaris arundinacea*）

arvensis ar-VEN-sis
arvensis, arvense
生于耕地的，如法国野蔷薇（*Rosa arvensis*）

asarifolius as-ah-rih-FOH-lee-us
asarifolia, asarifolium
似细辛叶的（细辛属 *Asarum*），如细辛叶碎米荠（*Cardamine asarifolia*）

ascendens as-SEN-denz
上升的，如升新风轮菜（*Calamintha ascendens*）

asclepiadeus ass-cle-pee-AD-ee-us
asclepiadea, asclepiadeum
似马利筋的（马利筋属 *Asclepias*），如马利筋状龙胆（*Gentiana asclepiadea*）

植物来自何方

许多物种的学名可以为我们提供有关这一物种起源的有用信息。通常，学名会提及最初采集到该物种的大陆或国家，由此也就包含了其原生栖息地的一些信息。当掌握了某一植物原产地的一两个线索之后，园丁们就可以评估在自家花园中种植这种植物是否适宜了，进而避免了因一开始的选择失误而造成的不必要的损失和心痛。然而，由学名提供的信息各不相同，其中的细节和特征也会千差万别：有些可以详细到一个精确的产地，有些只是泛泛地给出一个大致的方位。

宽泛地看，*borealis*（或者 *borealis, boreale*）

加那利毛地黄
Digitalis canariensis

本种以大西洋上的加那利群岛命名。

代表北方；*australis*（或者 *australis, australe*）代表南方；*orientalis (orientalis, orientale)* 指东方，而 *occidentalis (occidentalis, occidentale)* 则指西方。此外诸如 *hyperborealis*（极北的）这样的词汇也会提供一些额外信息。大陆名常常出现在植物拉丁学名中，例如表示非洲大陆的 *africanus (africana, africanum)* 和代表欧洲的 *europaeus (europaea, europaeum)*。国家名也时常在学名中出现，例如西班牙的拉丁名 *hispanicus(hispanica, hispanicum)* 以及日本的拉丁名 *nipponicus (nipponica, nipponicum)*。遵循植物拉丁学名的规则，这些地名的首字母不能大写。州、市、镇的名字也经常用来给植物命名，例如 *missouriensis (missouriensis, missouriense)* 代表美国的密苏里州，*thebaicus (thebaica, thebaicum)* 代表古埃及城邦底比斯，即今卢克索。我们需要十分注意历史的变迁，因为有时地名的更迭会给植物产地的确认带来极大的混乱。一些跨越国界的广阔地理区域也时常出现在学名中，其好处就是避免了因边境线变更而引起的产地混乱，例如 *aegeus (aegea, aegeum)*，意为"爱琴海岸的"或"与爱琴海相连的"。

对园丁而言，最有用的莫过于那些能反映植物适宜生长条件的学名。一旦你知道 *ammophilus (ammophila, ammophilum)* 意味着该植物喜欢沙生环境，而 *salinus (salina, salinum)* 表

加拿大美女樱
Verbena canadensis

除了指加拿大以外，*canadensis* 还通常可以指
美国东北部。

蓝花赝靛
Baptisia australis

Australis 意为南方的，但也可指该种植物的分布区相比
同属其他物种更偏南。

明它们与盐碱地有关，你就一定可以给这些植物找到一个合适的位置。当你对这些拉丁词汇逐步熟悉之后，你便可以很容易地从中提取出有用的参考信息，诸如对某种植物而言最适的气候、外形或海拔高度。学名中的 *montanus*（*montana, montanum*）表明与山有关，而 *monticola* 告诉我们植物在野外生长在山区，这两个名词都反映了其抗性的程度。原产于像阿尔卑斯山那样的高海拔岩生环境中的植物通常会以 *alpinus*（*alpina, alpinum*）命名，例如高山紫菀（*Aster alpinus*）。然后海拔较低的山地森林生境则称为 *alpestris*（*alpestris, alpestre*）。如果你的花园在日间拥有持续的光照且排水状况良好，那么你一定要记得 *silva* 这个拉丁词汇，并且千万不要受到有着近似发音名字的其他植物的诱惑。*Sylvaticus*（*sylvatica, sylvaticum*），*sylvestris*（*sylvestris, sylvestre*）以及 *sylvicola*，这些词汇都表明此类植物适应于林地生境，均适宜在相似的条件下种植。

还有一些词汇只传达了模糊的地理信息，其用处就不大了。例如 *accola*，表示来自邻近的地区却不知道具体的方位。有时，一个单词还有不止一个含义，比如 *peregrinus*（*peregrina, peregrinum*），一层意思是指外来的、外国的，还可以指广布的、四处传播的，例如广布飞蓬（*Erigeron peregrinus*）。

花毛茛
Ranunculus asiaticus

aselliformis *ass-el-ee-FOR-mis*
aselliformis, aselliforme
土鳖状的，如精巧丸（*Pelecyphora aselliformis*）

asiaticus *a-see-AT-ih-kus*
asiatica, asiaticum
与亚洲有关的，如亚洲络石（*Trachelospermum asiaticum*）

asparagoides *as-par-a-GOY-deez*
像天门冬的，如天冬叶金合欢（*Acacia asparagoides*）

asper *AS-per*
aspera, asperum
asperatus *as-per-AH-tus*
asperata, asperatum
粗糙的，如马桑绣球（*Hydrangea aspera*）

asperifolius *as-per-ih-FOH-lee-us*
asperifolia, asperifolium
具粗糙叶的，如糙叶山茱萸（*Cornus asperifolia*）

asperrimus *as-PER-rih-mus*
asperrima, asperrimum
极粗糙的，如山丘龙舌兰（*Agave asperrima*）

asphodeloides *ass-fo-del-oy-deez*
像阿福花（*Asphodelus*）的，如日影老鹳草（*Geranium asphodeloides*）

asplenifolius *ass-plee-ni-FOH-lee-us*
asplenifolia, asplenifolium
aspleniifolius *ass-plee-ni-eye-FOH-lee-us*
aspleniifolia, aspleniifolium
具细小、柔软、蕨叶一样的叶子，如芹叶松（*Phyllocladus aspleniifolia*）

assa-foetida *ass-uh-FET-uh-duh*
源于波斯语中的乳香脂*aza*一词和拉丁语中的发恶臭的*foetidus*一词，如阿魏（*Ferula assa-foetida*）

assimilis *as-SIM-il-is*
assimilis, assimile
相似的，如长尾毛蕊茶（*Camellia assimilis*）

assurgentiflorus *as-sur-jen-tih-FLOR-us*
assurgentiflora, assurgentiflorum
上升花的，如皇家花葵（*Lavatera assurgentiflora*）

assyriacus *ass-see-re-AH-kus*
assyriaca, assyriacum
与亚述有关的，如亚述贝母（*Fritillaria assyriaca*）

asteroides *ass-ter-OY-deez*
像紫菀（*Aster*）的，如星舌非洲紫菀（*Amellus asteroides*）

astilboides *a-stil-BOY-deez*
像落新妇（*Astilbe*）的，如大叶落新妇（*Astilbe astilboides*）

asturiensis *ass-tur-ee-EN-sis*
asturiensis, asturiense
起源于西班牙阿斯图里亚斯（*Asturias*），如阿斯图里亚斯水仙（*Narcissus asturiensis*）

atkinsianus *at-kin-see-AH-nus*
atkinsiana, atkinsianum
atkinsii *at-KIN-see-eye*
以英国苗圃主詹姆斯·特金斯（James Atkins，1802—1884）命名的，如碧冬茄（*Petunia × atkinsiana*）

atlanticus *at-LAN-tih-kus*
atlantica, atlanticum
与大西洋海岸线地带有关的，或起源于阿特拉斯山脉（Atlas Mountains），如北非雪松（*Cedrus atlantica*）

atriplicifolius *at-ry-pliss-ih-FOH-lee-us*
atriplicifolia, atriplicifolium
叶像滨藜（*Atriplex*）的，如滨藜叶分药花（*Perovskia atriplicifolia*）

atro-
用于复合词中表示"深色的"

atrocarpus *at-ro-KAR-pus*
atrocarpa, atrocarpum
具黑色或颜色很深的果实，如黑果小檗（*Berberis atrocarpa*）

atropurpureus *at-ro-pur-PURR-ee-us*
atropurpurea, atropurpureum
深紫色的，如紫盆花（*Scabiosa atropurpurea*）

atrorubens *at-roh-ROO-benz*
暗红色的，如暗红铁筷子（*Helleborus atrorubens*）

atrosanguineus *at-ro-san-GWIN-ee-us*
atrosanguinea, atrosanguineum
暗血红色的，如紫钟藤（*Rhodochiton atrosanguineus*）

atroviolaceus *at-roh-vy-oh-LAH-see-us*
atroviolacea, atroviolaceum
暗蓝紫色的，如黑血色石斛兰（*Dendrobium atroviolaceum*）

atrovirens *at-ro-VY-renz*
暗绿色的，如暗绿竹节椰（*Chamaedorea atrovirens*）

attenuatus *at-ten-yoo-AH-tus*
attenuata, attenuatum
具尖的，如垂叶鹰爪草（*Haworthia attenuata*）

atticus *AT-tih-kus*
attica, atticum
与希腊阿卡地区（Attica）有关的，如阿提卡春慵花（*Ornithogalum atticum*）

aubrietioides *au-bre-teh-OY-deez*
aubrietiodes
像南庭荠（*Aubrieta*）的，如南庭荠状南芥（*Arabis aubrietioides*）

aucheri *aw-CHER-ee*
以法国药剂师和植物学家皮埃尔·马丁·雷米·奥谢-埃洛伊（Pierre Martin Rémi Aucher-Éloy，1792—1838）命名的，如埃洛伊鸢尾（*Iris aucheri*）

aucuparius *awk-yoo-PAH-ree-us*
aucuparia, aucuparium
捕鸟的，如欧亚花楸（*Sorbus aucuparia*）

augustinii *aw-gus-TIN-ee-eye*
augustinei
以爱尔兰花卉栽培者及植物学家奥古斯汀·亨利（Augustine Henry，1857—1930）博士命名的，如毛肋杜鹃（*Rhododendron augustinii*）

augustissimus *aw-gus-TIS-sih-mus*
augustissima, augustissimum
augustus *aw-GUS-tus*
augusta, augustum
庄严的，值得注目地，如昂天莲（*Abroma augusta*）

aurantiacus *aw-ran-ti-AH-kus*
aurantiaca, aurantiacum
aurantius *aw-RAN-tee-us*
aurantia, aurantium
橘色的，如橙黄山柳菊（*Pilosella aurantiaca*）

aurantiifolius *aw-ran-tee-FOH-lee-us*
aurantiifolia, aurantiifolium
似酸橙（*Citrus aurantium*）叶的，如柚（*Citrus aurantiifolia*）

auratus *aw-RAH-tus*
aurata, auratum
具金色线条的，如天香百合（*Lilium auratum*）

aureo-
用于复合词中表示"金色的"

aureosulcatus *aw-ree-oh-sul-KAH-tus*
aureosulcata, aureosulcatum
具黄色皱褶的，如黄槽竹（*Phyllostachys aureosulcata*）

aureus *AW-re-us*
aurea, aureum
金黄色的，如人面竹（*Phyllostachys aurea*）

拉 丁 学 名 小 贴 士

"Atrorubens"描述的是暗红铁筷子（*Helleborus atrorubens*）深紫红色的花，它能为晚冬花园增添魅力，因此又称圣诞玫瑰。最适合生长在部分遮阴、潮湿但排水良好的土壤中，一旦定植不宜再次移动。

暗红铁筷子
Helleborus atrorubens

auricomus *aw-RIK-oh-mus*

auricoma, auricomum

具金毛的，如金冠毛茛（*Ranunculus auricomus*）

auriculatus *aw-rik-yoo-LAH-tus*

auriculata, auriculatum

auriculus *aw-RIK-yoo-lus*

auricula, auriculum

auritus *aw-RY-tus*

aurita, auritum

具耳或耳形附属物的，如蓝花丹（*Plumbago auriculata*）

australiensis *aw-stra-li-EN-sis*

australiensis, australiense

起源于澳大利亚，如澳大利亚奇子树（*Idiospermum autraliense*）

australis *aw-STRAH-lis*

australis, australe

南方的，如澳洲朱蕉（*Cordyline australis*）

austriacus *oss-tree-AH-kus*

austriaca, austriacum

与奥地利有关的，如奥地利多榔菊（*Doronicum austriacum*）

austrinus *oss-TEE-nus*

austrina, austrinum

南方的，如南方黄杜鹃（*Rhododendron austrinum*）

autumnalis *aw-tum-NAH-lis*

autumnalis, autumnale

属于秋天的，如秋水仙（*Colchicum autumnale*）

avellanus *av-el-AH-nus*

avellana, avellanum

与意大利的阿韦拉（Avella）有关的，如欧榛（*Corylus avellana*）

avenaceus *a-vee-NAY-see-us*

avenacea, avenaceum

像燕麦（燕麦属 *Avena*）的，如类燕麦剪股颖（*Agrostis avenacea*）

avium *AY-ve-um*

与鸟有关的，如欧洲甜樱桃（*Prunus avium*）

axillaris *ax-ILL-ah-ris*

axillaris, axillare

叶腋生的，如腋生矮牵牛（*Petunia axillaris*）

azedarach *az-ee-duh-rak*

起源于波斯语，意为高贵的树，如楝（*Melia azedarach*）

azoricus *a-ZOR-ih-kus*

azorica, azoricum

与亚速尔群岛（Azores Islands）有关的，如柠檬香茉莉（*Jasminum azoricum*）

azureus *a-ZOOR-ee-us*

azurea, azureum

天蓝色的，如天蓝葡萄风信子（*Muscari azureum*）

拉 丁 学 名 小 贴 士

牛舌草属（*Anchusa*）隶属于紫草科（*Boraginaceae*），属下各种均是适合园丁们种植的非常好的蓝花植物。牛舌草（*Anchusa azurea*）受欢迎的栽培品种包括深蓝品种"雨滴"和龙胆蓝品种"皇家洛登"。本属植物原产于中亚和地中海地域，有耐寒的二年生种和多年生草本种，它们在光线充足且土壤排水良好的环境中能茁壮生长。此外，如果土壤较重，可以在移植时加入沙子。在年初，牛舌草很容易进行根插条，秋季即可移至室外，能长到超过1米的高度。如果要保证花色的纯度，那么只能通过分株繁殖，因为种子繁殖的结果并不稳定。体积小一些的种类很适合岩石园，在高山温室中也很常见。

牛舌草
Anchusa azurea

B

babylonicus *bab-il-LON-ih-kus*
babylonica, babylonicum
与美索不达米亚的巴比伦尼亚地区有关的，如垂柳（*Salix babylonica*），之前林奈错认为垂柳来源于西南亚地区

baccans *BAK-kanz*
bacciferus *bak-IH-fer-us*
baccifera, bacciferum
具浆果的，如浆果欧石楠（*Erica baccans*）

baccatus *BAK-ah-tus*
baccata, baccatum
具肉质浆果的，如山荆子（*Malus baccata*）

bacillaris *bak-ILL-ah-ris*
bacillaris, bacillare
像杆的，如杆状栒子（*Cotoneaster bacillaris*）

backhouseanus *bak-how-zee-AH-nus*
backhouseana, backhouseanum
backhousianus *bak-how-zee-AH-nus*
backhousiana, backhousianum
backhousei *bak-HOW-zee-eye*
以英国苗圃主杰姆斯·巴克豪斯（James Backhouse 1794—1869）命名的，如托斯马尼亚倒挂金钟（*Correa backhouseana*）

badius *bad-ee-AH-nus*
badia, badium
栗褐色的，如栗褐车轴草（*Trifolium badium*）

baicalensis *by-kol-EN-sis*
baicalensis, baicalense
起源于西伯利亚东部的贝加尔湖（Lake Baikal）的，如毛果银莲花（*Anemone baicalensis*）

baileyi *BAY-lee-eye*
baileyanus *bay-lee-AH-nus*
baileyana, baileyanum
以下列之一命名的：澳大利亚植物学家弗雷德里克·曼森·贝利（Frederick Manson Bailey，1827—1915）；自 1913 年起在西藏边界采集植物的印度陆军士兵弗雷德里克·马士曼·贝利（Frederick Marshman Bailey，1882—1967）中校；自 1900 年起采集仙人掌的美国陆军士兵弗农·贝利（Vernon Bailey，1864—1942）少校；康奈尔大学园艺学创始人及教授利伯蒂·海德·贝利（Liberty Hyde Bailey，1858—1954）。如辐花杜鹃（*Rhododendron baileyi*）是以弗雷德里克·马士曼·贝利中校命名的

bakeri *BAY-ker-eye*
bakerianus *bay-ker-ee-AH-nus*
bakeriana, bakerianum
通常用于纪念邱园的约翰·吉尔伯特·贝克（John Gilbert Baker，1834—1920），如贝氏芦荟（*Aloe bakeri*）；有时也用于纪念英国植物采集家乔治·珀西瓦尔·贝克（George Percival Baker，1856—1951）

baldensis *bald-EN-sis*
baldensis, baldense
baldianus *bald-ee-AN-ee-us*
baldiana, baldianum
起源于或生长于意大利的蒙巴杜地区，如绯花玉（*Gymnocalycium baldianum*）

baldschuanicus *bald-SHWAN-ih-kus*
baldschuanica, baldschuanicum
与土耳其斯坦的巴勒俊（Baljuan）地区有关的，如中亚木藤蓼（*Fallopia baldschuanica*）

balearicus *bal-AIR-ih-kus*
balearica, balearicum
与西班牙的巴利阿里群岛有关的，如巴利阿里黄杨（*Buxus balearica*）

balsameus *bal-SAM-ee-us*
balsamea, balsameum
像香脂的，如香脂冷杉（*Abies balsamea*）

balsamiferus *bal-sam-IH-fer-us*
balsamifera, balsamiferum
产香膏的，如香脂莲花掌（*Aeonium balsamiferum*）

balticus *BUL-tih-kus*
baltica, balticum
与波罗的海有关的，如波罗的海栒子（*Cotoneaster balticus*）

bambusoides *bam-BOO-soy-deez*
像箣竹（*Bambusa*）的，如桂竹（*Phyllostachys bambusoides*）

banaticus *ba-NAT-ih-kus*
banatica, banaticum
与中欧的巴纳特地区有关的，如罗马尼亚番红花（*Crocus banaticus*）

banksianus *banks-ee-AH-nus*
banksiana, banksianum
banksii *BANK-see-eye*
以英国植物学家和植物采集家约瑟夫·班克斯（Joseph Banks，1743—1820）爵士命名的，如班氏朱蕉（*Cordyline banksii*）

bannaticus *ban-AT-ih-kus*
bannatica, bannaticum
与位于中欧地区的巴纳特有关的，如欧亚蓝刺头（*Echinops bannaticus*）

barbarus *BAR-bar-rus*
barbara, barbarum
外来的，如宁夏枸杞（*Lycium barbarum*）

barbatulus *bar-BAT-yoo-lus*
barbatula, barbatulum
barbatus *bar-BAH-tus*
barbata, barbatum
具毛的；具长软毛的，如软毛金丝桃（*Hypericum barbatum*）

宁夏枸杞
Lycium barbarum

barbigerus *bar-BEE-ger-us*
barbigera, barbigerum
具髭毛或倒刺的，如毛唇石豆兰（*Bulbophyllum barbigerum*）

barbinervis *bar-bih-NER-vis*
barbinervis, barbinerve
叶脉具髭毛或倒刺的，如髭脉桤叶树（*Clethra barbinervis*）

barbinodis *bar-bin-OH-dis*
barbinodis, barbinode
节点或关节处具髭毛的，如毛节孔颖草（*Bothriochloa barbinodis*）

barbulatus *bar-bul-AH-tus*
barbulata, barbulatum
具小的或少量髭毛的，如小花草玉梅（*Anemone barbulata*）

barcinonensis *bar-sin-oh-NEN-sis*
barcinonensis, barcinonense
起源于西班牙巴塞罗纳地区的，如巴塞罗纳拉拉藤（*Galium × barcinonense*）

baselloides *bar-sell-OY-deez*
像落葵（*Basella*）的，如落葵薯（*Boussangaultia baselloides*）

basilaris *bas-il-LAH-ris*
basilaris, basilare
与基部或末端有关的，如褐毛掌（*Opuntia basilaris*）

basilicus *bass-IL-ih-kus*
basilica, basilicum
具有高贵特质的，如罗勒（*Ocimum basilicum*）

baueri *baw-WARE-eye*
bauerianus *baw-ware-ee-AH-nus*
baueriana, bauerianum
以澳大利亚弗林德斯考察队的澳大利亚植物艺术家费迪南德·鲍尔（Ferdinand Bauer，1760—1826）命名的，如蓝盒子桉（*Eucalyptus baueriana*）

baurii *BOUR-ee-eye*
以德国植物采集家格奥尔格·赫尔曼·卡尔·路德维希·鲍尔（Georg Herman Carl Ludwig Baur，1859—1898）博士命名的，如红金梅草（*Rhodohypoxis baurii*）

beesianus *bee-zee-AH-nus*
beesiana, beesianum
以英国切斯特的蜜蜂苗圃（Bees nursery）命名的，如蓝花韭（*Allium beesianum*）

belladonna *bel-uh-DON-nuh*
美女，如孤挺花（*Amaryllis belladonna*）

bellidifolius *bel-lid-ee-FOH-lee-us*
bellidifolia, bellidifolium
像雏菊（*Bellis*）的叶的，如雏菊叶紫茎泽兰（*Ageratina bellidifolia*）

bellidiformis *bel-id-EE-for-mis*

bellidiformis, bellidiforme

像雏菊（*Bellis*）的，如彩虹花（*Dorotheanthus bellidiformis*）

bellidioides *bell-id-ee-OY-deez*

像丽菊（*Bellium*）的，如丽菊状蝇子草（*Silene bellidioides*）

bellus *BELL-us*

bella, bellum

迷人的，俊俏的，如别露珠（*Graptopetalum bellum*）

benedictus *ben-uh-DICK-tus*

benedicta, benedictum

被祝福的植物，具美好意义的，如藏掖花（*Centaurea benedicta*）

benghalensis *ben-gal-EN-sis*

benghalensis, benghalense

同*bengalensis*；起源于印度孟加拉地区的，如孟加拉榕（*Ficus benghalensis*）

bermudianus *ber-myoo-dee-AH-nus*

bermudiana, bermudianum

与百慕大群岛有关的，如百慕大圆柏（*Juniperus bermudiana*）

berolinensis *ber-oh-lin-EN-sis*

berolinensis, berolinense

起源于德国柏林地区的，如中东杨（*Populus × berolinensis*）

berthelotii *berth-eh-LOT-ee-eye*

以法国博物学家萨班·贝特洛（Sabin Berthelot，1794—1880）命名的，如鹦鹉嘴百脉根（*Lotus berthelotii*）

betaceus *bet-uh-KEE-us*

betacea, betaceum

像甜菜（*Beta*）的，如树番茄（*Solanum betaceum*）

betonicifolius *bet-on-ih-see-FOH-lee-us*

betonicifolia, betonicifolium

像水苏（*Stachys*）的，如藿香叶绿绒蒿（*Meconopsis betonicifolia*）

betulifolius *bet-yoo-lee-FOH-lee-us*

betulifolia, betulifolium

像桦树（*Betula*）的叶的，如杜梨（*Pyrus betulifolia*）

betulinus *bet-yoo-LEE-nus*

betulina, betulinum

betuloides *bet-yoo-LOY-deez*

像桦树的（桦木属 *Betula*），如桦木状鹅耳枥（*Carpinus betulinus*）

孟加拉榕
Ficus benghalensis

bicolor *BY-kul-ur*

具两种颜色的，如五彩芋（*Caladium bicolor*）

bicornis *BY-korn-is*

bicornis, bicorne

bicornutus *by-kor-NOO-tus*

bicornuta, bicornutum

具两个角或角状刺的，如双角西番莲（*Passiflora bicornis*）

bidentatus *by-den-TAH-tus*

bidentata, bidentatum

具二齿的，如砂韭（*Allium bidentatum*）

biennis *by-EN-is*

biennis, bienne

两年生的，如月见草（*Oenothera biennis*）

bifidus *BIF-id-us*

bifida, bifidum

裂成两部分的，二裂的，如二裂小顶红（*Rhodophiala bifida*）

约瑟夫·班克斯爵士

（1743—1820）

约瑟夫·班克斯（Joseph Banks）爵士最为人瞩目的遗产就是当今遍布世界各地的许许多多以他名字命名的植物。佛塔树属（*Banksia*）植物就是其最广为人知的发现。其他以班克斯命名的植物种加词为 *banksii* 或 *banksianus*。

班克斯很早就表现出对自然界的兴趣。孩童时代他就已经在位于英国林肯郡维斯比修道院的自家庄园里进行植物采集了。在他父亲去世后，他随母亲搬到了伦敦，住在切尔西药用植物园附近。植物园里栽培的各种异国植物极大地激发了小班克斯的兴趣。他在牛津大学的基督教堂学院学习植物学，但还没完成学业就选择踏上了英国皇家海军"尼日尔号"，开启了一段更加刺激的发现之旅。1766—1767 年，他抵达了加拿大纽芬兰和拉布拉多地区，搜集了大量植物、岩石和动物标本，并把加拿大杜鹃（*Rhododendron canadense*）引入英国。有趣的是，班克斯将他在冰岛采集的火山熔岩赠予了切尔西药用植物园，正是这批岩石构成了欧洲第一座岩石园的基础。

班克斯回到英国之后，他又被邀请加入詹姆斯·库克船长的"奋力号"上，并于次年前往南太平洋探险。作为英国皇家学会的一员，班克斯得到了丹尼尔·索兰德（Daniel

班克斯在植物学界享有盛誉，不仅在野外考察，同时还担任英国皇家学会会长。他还是园艺学会——即今天的英国皇家园艺学会前身——的创始人之一。

Solander，1733—1782）的大力协助。他们历时三年，对南美洲、塔希提岛、新西兰、澳大利亚和爪哇岛等地进行了博物学研究和记录。仅此一趟行程，他就采回了多达 3 500 余份植物干燥标本，其中 1 400 种都是新发现的物种。这其中还包括了他引入欧洲的一些植物，如原产新西兰的松红梅（*Leptospermum scoparium*）、产自澳大利亚的伞房桉（*Eucalyptus gummifera*）和蓝山菅兰（*Dianella caerulea*）。当探索澳大利亚东海岸时，班克斯建议库克船长应该将一片物种特别丰富的区域命名为植物湾；从这里采集的种子中，锯齿佛塔树（*Banksia serrata*）被认为是最先在英国种植成功的。即使遭到了毛利人的攻击，班克斯还是设法从新西兰沿岸采集了近 400 种植物。班克斯最后一次探险之旅是 1772 年的冰岛，索兰德再一次作为助手同行。这次旅行引种回来的植物有冰岛蓼（*Koenigia islandica*）和越橘柳（*Salix myrtilloides*）。

尽管此后日子里班克斯绝大部分都在本土度过，约瑟夫·班克斯爵士还是为当时的植物学研究做出了巨大贡献，并对植物的全球运输产生了深远影响。从 18 世纪 70 年代早期开始，他就担任了伦敦皇家植物园邱园的非官方园长，这使他有能力发起了数次重要的植物采集探险，如派遣邱园的植物学家弗朗西斯·马森（Francis Masson）前往几大洲。还比如派遣阿奇博尔德·孟席斯（Archibald Menzies）于 1791年前往美国西北海岸的探险和威廉·克尔（William Kerr）的中国之旅。后者引入了美丽的玉兰（*Magnolia denudata*）。此类探险一直持续到 19 世纪，包括了 1814 年的阿兰·坎宁安（Allan Cunningham）和詹姆斯·鲍伊（James Bowie），他们在南美洲、澳大利亚和好望角进行了广泛的植物采集。

得益于班克斯对此类探险旅行的资助，众多新植物被引入英国。早期的澳大利亚移民对于哪些作物适合当地的气候并不了解，班克斯为此给出了不少建议，比如哪些植物可作为蔬菜、粮食、药材和水果等。班克斯还强烈地意识到，邱园应该成为"大英帝国伟大的植物学共享机构"，他积极鼓励知识的自由交流，同时也与位于锡兰（今斯里兰卡）、印度和牙买加的植物园进行种子互换。他还格外看重那些具有经济价值的植物。例如，他在塔希提岛上发现了可食用的面包树（*Artocarpus altilis*），随后将其引入西印度群岛，以养活饥饿的奴隶群体。

木香花（*Rosa banksiae*）以班克斯夫人命名，是威廉·克尔（William Kerr）在 1803 年的中国探险之旅中采集的。

卡尔·林奈曾评价约瑟夫·班克斯为

"一个无可匹敌的人"。

拉 丁 学 名 小 贴 士

种加词"*bifolia*"指的是这种兰花有两片具光泽的基生叶，大量花朵自其中长出。它的花朵白色中夹杂着黄绿色，在夜晚释放出芬芳气味，原生生境为草地和石南灌丛。

二叶舌唇兰
Platanthera bifolia

biflorus *BY-flo-rus*
biflora, biflorum
具两朵花的，如双花老鹳草（*Geranium biflorum*）

bifolius *by-FOH-lee-us*
bifolia, bifolium
具两片叶的，如蓝瑰花（*Scilla bifolia*）

bifurcatus *by-fur-KAH-tus*
bifurcata, bifurcatum
分成相等的茎或枝条的，如二歧鹿角蕨（*Platycerium bifurcatum*）

bignonioides *big-non-YOY-deez*
像号角藤（*Bignonia*）的，如南黄金树（*Catalpa bignonioides*）

bijugus *bih-JOO-gus*
bijuga, bijugum
两对结合在一起的，如对叶天竺葵（*Pelargonium bijugum*）

bilobatus *by-low-BAH-tus*
bilobata, bilobatum
bilobus *by-LOW-bus*
biloba, bilobum
二裂的，如银杏（*Ginkgo biloba*）

bipinnatus *by-pin-NAH-tus*
bipinnata, bipinnatum
叶二回羽状的，如秋英（*Cosmos bipinnatus*）

biserratus *by-ser-AH-tus*
biserrata, biserratum
叶有两重锯齿的，如长叶肾蕨（*Nephrolepis biserrata*）

biternatus *by-ter-NAH-tus*
biternata, biternatum
叶二回三出的，如裂叶类叶升麻（*Actaea biternata*）

bituminosus *by-tu-min-OH-sus*
bituminosa, bituminosum
像沥青的，黏的，如黏三叶草（*Bituminaria bituminosa*）

bivalvis *by-VAL-vis*
bivalvis, bivalve
具两个果瓣的，如二瓣春星韭（*Ipheion bivalve*）

blandus *BLAN-dus*
blanda, blandum
淡味的，迷人的，如希腊银莲花（*Anemone blanda*）

blepharophyllus *blef-ar-oh-FIL-us*
blepharophylla, blepharophyllum
叶具睫毛的，如毛叶南芥（*Arabis blepharophylla*）

bodinieri *boh-din-ee-ER-ee*
以在中国采集植物的法国传教士埃米尔－玛丽·博迪尼耶（Émile-Marie Bodinier，1842—1901）命名的，如紫珠（*Callicarpa bodinieri*）

bodnantense *bod-nan-TEN-see*
以威尔士的博德南特花园命名的，如博德荚蒾（*Viburnum × bodnantense*）

bonariensis *bon-ar-ee-EN-sis*
bonariensis, bonariense
源于布宜诺斯艾利斯的，如柳叶马鞭草（*Verbena bonariensis*）

bonus- *BOW-nus*
bona, bonum
用于复合词中表示"好的",如国王藜(*Chenopodium bonus-henricus*)

borbonicus *bor-BON-ih-kus*
borbonica, borbonicum
与位于印度洋的留尼汪岛有关的,之前被称为波旁岛(Île Bourbon),也可代指法国的波旁王,如波旁弯管鸢尾(*Watsonia borbonica*)

borealis *bor-ee-AH-lis*
borealis, boreale
北方的,如北方飞蓬(*Erigeron borealis*)

borinquenus *bor-in-KAH-nus*
borinquena, borinquenum
起源于波多黎各群岛的,如海地王棕(*Roystonea borinquena*)

borneensis *bor-nee-EN-sis*
borneensis, borneense
起源于婆罗洲的,如高山白珠(*Gaultheria borneensis*)

botryoides *bot-ROY-deez*
像一串葡萄的,如蓝壶花(*Muscari botryoides*)

bowdenii *bow-DEN-ee-eye*
以花卉栽培者阿瑟尔斯坦·康沃尔-鲍登(Athelstan Cornish-Bowden,1871—1942)命名的,如康沃尔百合(*Nerine bowdenii*)

brachiatus *brak-ee-AH-tus*
brachiata, brachiatum
具直角的分枝的,如葡萄叶铁线莲(*Clematis brachiata*)

brachy-
用于复合词中表示"短的"

brachybotrys *brak-ee-BOT-rees*
聚集成短簇的,如山紫藤(*Wisteria brachybotrys*)

brachycerus *brak-ee-SER-us*
brachycera, brachycerum
具短角的,如黄杨黑果木(*Gaylussacia brachycera*)

brachypetalus *brak-ee-PET-uh-lus*
brachypetala, brachypetalum
具短花瓣的,如灰色繁缕(*Cerastium brachypetalum*)

brachyphyllus *brak-ee-FIL-us*
brachyphylla, brachyphyllum
具短叶的,如短叶秋水仙(*Colchicum brachyphyllum*)

bracteatus *brak-tee-AH-tus*
bracteata, bracteatum
bracteosus *brak-tee-OO-tus*
bracteosa, bracteosum
bractescens *brak-TES-senz*
具苞片的,如具苞仙火花(*Veltheimia bracteata*)

brasilianus *bra-sill-ee-AHN-us*
brasiliana, brasilianum
brasiliensis *bra-sill-ee-EN-sis*
brasiliensis, brasiliense
源于巴西的,如巴西秋海棠(*Begonia brasiliensis*)

brevifolius *brev-ee-FOH-lee-us*
brevifolia, brevifolium
具短叶的,如短叶唐菖蒲(*Gladiolus brevifolius*)

brevipedunculatus *brev-ee-ped-un-kew-LAH-tus*
brevipedunculata, brevipedunculatum
具短花梗的,如短梗揽叶菊(*Olearia brevipedunculata*)

brevis *BREV-is*
brevis, breve
短的,矮的,如低矮点地梅(*Androsace brevis*)

硕苞蔷薇
Rosa bracteata

泡叶栒子
Cotoneaster bullatus

breviscapus *brev-ee-SKAY-pus*
breviscapa, breviscapum
具短花葶的，如短葶羽扇豆（*Lupinus breviscapus*）

bromoides *brom-OY-deez*
像雀麦（*Bromus*）的，如草针茅（*Stipa bromoides*）

bronchialis *bron-kee-AL-lis*
bronchialis, bronchiale
以前用于治疗支气管炎的药草，如刺虎耳草（*Saxifraga bronchialis*）

brunneus *BROO-nee-us*
brunnea, brunneum
深棕色的，如深棕臭叶木（*Coprosma brunnea*）

bryoides *bri-ROY-deez*
像苔藓的，如藓叶垫报春（*Dionysia bryoides*）

buckleyi *BUK-lee-eye*
用以纪念美国地质学家威廉·巴克利（William Buckley）等姓巴克利的人的，如蟹爪兰（*Schlumbergera* × *buckleyi*）

bufonius *buf-OH-nee-us*
bufonia, bufonium
与蟾蜍有关的，生于潮湿环境的，如小灯芯草（*Juncus bufonius*）

bulbiferus *bulb-IH-fer-us*
bulbifera, bulbiferum
bulbiliferus *bulb-il-IH-fer-us*
bulbilifera, bulbiliferum
具鳞茎的，通常指鳞芽，如鳞芽纳金花（*Lachenalia bulbifera*）

bulbocodium *bulb-oh-KOD-ee-um*
具毛状鳞茎的，如黄裙水仙（*Narcissus bulbocodium*）

bulbosus *bul-BOH-sus*
bulbosa, bulbosum
具球根（生于地下的肿胀的根）的，像鳞茎的，如金发毛茛（*Ranunculus bulbosus*）

bulgaricus *bul-GAR-ih-kus*
bulgarica, bulgaricum
与保加利亚有关的，如保加利亚卷耳（*Cerastium bulgaricum*）

bullatus *bul-LAH-tus*
bullata, bullatum
具泡状叶的，如泡叶栒子（*Cotoneaster bullatus*）

bulleyanus *bul-ee-YAH-nus*
bulleyana, bulleyanum
bulleyi *bul-ee-YAH-eye*
以英国柴郡的岬植物园创始人亚瑟·布利（Arthur Bulley，1861—1942）命名的，如橘红灯台报春（*Primula bulleyana*）

bungeanus *bun-jee-AH-nus*
bungeana, bungeanum
bungei *bun-jee-eye*
以俄国植物学家亚历山大·冯·邦吉（Alexander von Bunge，1803—1890）博士命名的，如白皮松（*Pinus bungeana*）

burkwoodii *berk-WOOD-ee-eye*
以 19 世纪的杂交培育者亚瑟·伯克伍德（Arthur Burkwood）和艾伯特·伯克伍德（Albert Burkwood）兄弟二人命名的，如刺莱莲（*Viburnum* × *burkwoodii*）

buxifolius *buks-ih-FOH-lee-us*
buxifolia, buxifolium
像黄杨（*Buxus*）叶的，如魔力花（*Cantua buxifolia*）

byzantinus *biz-an-TEE-nus*
byzantina, byzantinum
与土耳其的伊斯坦布尔（Istanbul，以前名为拜占庭）有关的，如拜占庭秋水仙（*Colchicum byzantinum*）

C

cacaliifolius *ka-KAY-see-eye-FOH-lee-us*
cacaliifolia, cacaliifolium
具蟹甲草（*Cacalia*）状叶的，如蟹甲草叶鼠尾草（*Salvia cacaliifolia*）

cachemiricus *kash-MI-rih-kus*
cachemirica, cachemiricum
与克什米尔有关的，如克什米尔龙胆（*Gentiana cachemirica*）

cadierei *kad-ee-AIR-eye*
以 20 世纪越南植物采集家拉卡迪埃（R.P. Cadière）命名的，如花叶冷水花（*Pilea cadierei*）

cadmicus *KAD-mih-kus*
cadmica, cadmicum
金属的，像锡的，如金属毛茛（*Ranunculus cadmicus*）

caerulescens *see-roo-LES-enz*
变成蓝色的，如天蓝大戟（*Euphorbia caerulescens*）

caeruleus *see-ROO-lee-us*
caerulea, caeruleum
深蓝色的，如西番莲（*Passiflora caerulea*）

caesius *KESS-ee-us*
caesia, caesium
蓝灰色的，如知母薤（*Allium caesium*）

caespitosus *kess-pi-TOH-sus*
caespitosa, caespitosum
簇生的，如山麓罂粟（*Eschscholzia caespitosa*）

caffer *KAF-er*
caffra, caffrum
caffrorum *kaf-ROR-um*
与南非有关的，如丛生欧石南（*Erica caffra*）

calabricus *ka-LA-brih-kus*
calabrica, calabricum
与意大利卡拉布利亚地区有关的，如卡拉布利亚唐松草（*Thalictrum calabricum*）

calamagrostis *ka-la-mo-GROSS-tis*
源于希腊语中的芦草，如芦草状针茅（*Stipa calamagrostis*）

calamus *KAL-uh-mus*
源于芦苇的希腊名，如菖蒲（*Acorus calamus*）

calandrinioides *ka-lan-DREEN-ee-oy-deez*
像红娘花（*Calandrinia*）的，如红娘花毛茛（*Ranunculus calandrinioides*）

calcaratus *kal-ka-RAH-tus*
calcarata, calcaratum
有距的，如山堇菜（*Viola calcarata*）

calcareus *kal-KAH-ree-us*
calcarea, calcareum
石灰质的，如天女玉（*Titanopsis calcarea*）

拉 丁 学 名 小 贴 士

菖蒲（*Acorus calamus*）的俗名很多，如苦辣根、香蒲等。*Calamus* 指植物的叶子像芦苇叶。在厨房里，它的根状茎晒干磨成粉之后可以代替肉桂和姜使用。

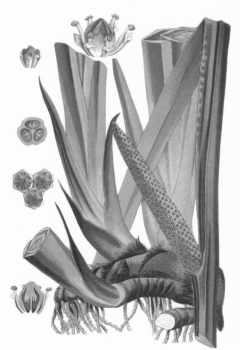

菖蒲
Acorus calamus

calendulaceus kal-en-dew-LAY-see-us
calendulacea, calendulaceum

花色像金盏花（Calendula officinalis）的，如火焰映山红（Rhododendron calendulaceum）

californicus kal-ih-FOR-nih-kus
californica, californicum

与加利福利亚有关的，如朱巧花（Zauschneria californica）

calleryanus kal-lee-ree-AH-nus
calleryana, calleryanum

以 19 世纪在法国进行植物采集的传教士约瑟夫－玛丽・卡勒里（Joseph-Marie Callery，1810—1862）命名的，如豆梨（Pyrus calleryana）

callianthus kal-lee-AN-thus
calliantha, callianthum

具美丽花朵的，如美花小檗（Berberis calliantha）

callicarpus kal-ee-KAR-pus
callicarpa, callicarpum

具美丽果实的，如果接骨木（Sambucus callicarpa）

callizonus kal-ih-ZOH-nus
callizona, callizonum

具美丽条带的，如美环石竹（Dianthus callizonus）

callosus kal-OH-sus
callosa, callosum

具厚外皮的，具老茧的，如厚皮虎耳草（Saxifraga callosa）

calophyllus kal-ee-FIL-us
calophylla, calophyllum

具美丽叶片的，如美叶青兰（Dracocephalum calophyllum）

calvus KAL-vus
calva, calvum

无毛的，光滑的，如蓝黑果荚蒾（Viburnum calvum）

calycinus ka-lih-KEE-nus
calycina, calycinum

像花萼的，如萼叶海蔷薇（Halimium calycinum）

calyptratus kal-lip-TRA-tus
calyptrata, calyptratum

具盖的，花或者果被盖状物遮盖的，如水花豌豆（Podalyria calyptrata）

cambricus KAM-brih-kus
cambrica, cambricum

与威尔士有关的，如威尔士罂粟（Meconopsis cambrica）

campanularius kam-pan-yoo-LAH-ri-us
campanularia, campanularium

具钟状花的，如钟状沙铃花（Phacelia campanularia）

campanulatus kam-pan-yoo-LAH-tus
campanulata, campanulatum

钟状的，如布纹吊钟花（Enkianthus campanulatus）

campbellii kam-BEL-ee-eye

以陪伴胡克去喜马拉雅的大吉岭负责人阿奇博尔德・坎贝尔（Archibald Campbell，1805—1874）医生命名的，如滇藏玉兰（Magnolia campbellii）

campestris kam-PES-tris
campestris, campestre

平原的，平地的，如田野槭（Acer campestre）

camphoratus kam-for-AH-tus
camphorata, camphoratum
camphora kam-for-AH

像樟脑的，如樟脑味百里香（Thymus camphoratus）

campylocarpus kam-plo-KAR-pus
campylocarpa, campylocarpum

具弯曲果实的，如弯果杜鹃（Rhododendron campylocarpum）

camtschatcensis kam-shat-KEN-sis
camtschatcensis, camtschatcense
camtschaticus kam-SHAY-tih-kus
camtschatica, camtschaticum

源于俄罗斯堪察加半岛的，如勘察加沼芋（Lysichiton camtschatcensis）

canadensis ka-na-DEN-sis
canadensis, canadense

来自加拿大的，有时可指美国东北部，如草茱萸（Cornus canadensis）

canaliculatus kan-uh-lik-yoo-LAH-tus
canaliculata, canaliculatum

具沟或细槽的，如圣诞欧石楠（Erica canaliculata）

canariensis kuh-nair-ee-EN-sis
canariensis, canariense

起源于加那利群岛的，如加拿利海枣（Phoenix canariensis）

canbyi KAN-bee-eye

以美国植物学家威廉・马里奥特・坎比（William Marriott Canby，1831—1904）命名的，如坎比栎（Quercus canbyi）

cancellatus *kan-sell-AH-tus*
cancellata, cancellatum
具横杆的，如网纹橙花糙苏（*Phlomis cancellata*）

candelabrum *kan-del-AH-brum*
分枝像烛台的，如烛台鼠尾草（*Salvia candelabrum*）

candicans *KAN-dee-kanz*
candidus *KAN-dee-dus*
candida, candidum
白亮的，如亮毛蓝蓟（*Echium candicans*）

canescens *kan-ESS-kenz*
具灰白色或灰色毛的，如河北杨（*Populus × canescens*）

caninus *kay-NEE-nus*
canina, caninum
与狗有关的，常指低人一等的，如犬蔷薇（*Rosa canina*）

cannabinus *kan-na-BEE-nus*
cannabina, cannabinum
像大麻的，如大麻叶泽兰（*Eupatorium cannabinum*）

cantabricus *kan-TAB-rih-kus*
cantabrica, cantabricum
与西班牙坎塔布里亚地区有关的，如白裙水仙（*Narcissus cantabricus*）

canus *kan-nus*
cana, canum
灰白色的，浅灰色的，如灰白叶荷包花（*Calceolaria cana*）

capensis *ka-PEN-sis*
capensis, capense
来自南非好望角，如南非避日花（*Phygelius capensis*）

capillaris *kap-ill-AH-ris*
capillaris, capillare
很细长的，像细绒毛的，如丝毛铁兰（*Tillandsia capillaris*）

capillatus *kap-ill-AH-tus*
capillata, capillatum
具细绒毛的，如针茅（*Stipa capillata*）

capillifolius *kap-ill-ih-FOH-lee-us*
capillifolia, capillifolium
具丝状叶的，如丝叶泽兰（*Eupatorium capillifolium*）

capilliformis *kap-il-ih-FOR-mis*
capilliformis, capilliforme
像毛发的，如丝叶薹草（*Carex capilliformis*）

capillipes *cap-ILL-ih-peez*
具细长柄的，如细柄枫（*Acer capillipes*）

capillus-veneris *KAP-il-is VEN-er-is*
维纳斯的头发，如铁线蕨（*Adiantum capillus-veneris*）

capitatus *kap-ih-TAH-tus*
capitata, capitatum
花、果或植株整体长成密集的头状，如头状四照花（*Cornus capitata*）

拉 丁 学 名 小 贴 士

　　美丽芬芳的圣母百合常常作为圣母玛利亚的专属花卉出现于宗教画中，其洁白的花朵象征着圣母玛利亚的纯洁。它的种加词"*candidum*"意为亮白色，准确而恰当地描述了它的花朵。

圣母百合
Lilium candidum

capitellatus *kap-ih-tel-AH-tus*
capitellata, capitellatum
capitellus *kap-ih-TELL-us*
capitella, capitellum
capitulatus *kap-ih-tu-LAH-tus*
capitulata, capitulatum
具小头的，如小头报春花（*Primula capitellata*）

cappadocicus *kap-puh-doh-SIH-kus*
cappadocica, cappadocicum
与卡帕多西亚的古域小亚细亚有关的，如卡帕多西亚琉璃草
（*Omphalodes cappadocica*）

capreolatus *kap-ree-oh-LAH-tus*
capreolata, capreolatum
具卷须的，如号角藤（*Bignonia capreolata*）

capreus *KAP-ray-us*
caprea, capreum
与山羊有关的，如黄花柳（*Salix caprea*）

红花山梗菜
Lobelia cardinalis

capricornis *kap-ree-KOR-nis*
capricornis, capricorne
在南半球南回归线上或线下，形状像山羊角的，如瑞凤玉
（*Astrophytum capricorne*）

caprifolius *kap-rih-FOH-lee-us*
caprifolia, caprifolium
叶具有某些山羊特性的，如羊叶忍冬（*Lonicera caprifolium*）

capsularis *kap-SYOO-lah-ris*
capsularis, capsulare
具蒴果的，如黄麻（*Corchorus capsularis*）

caracasanus *kar-ah-ka-SAH-nus*
caracasana, caracasanum
与委内瑞拉的加拉斯加有关的，如加拉斯加瓜瓶藤（*Serjania caracasana*）

cardinalis *kar-dih-NAH-lis*
cardinalis, cardinale
鲜红色的，如红花山梗菜（*Lobelia cardinalis*）

cardiopetalus *kar-dih-oh-PET-uh-lus*
cardiopetala, cardiopetalum
具心形花瓣的，如心瓣蝇子草（*Silene cardiopetala*）

carduaceus *kard-yoo-AY-see-us*
carduacea, carduaceum
像蓟的，如刺苞鼠尾草（*Salvia carduacea*）

cardunculus *kar-DUNK-yoo-lus*
carduncula, cardunculum
像小蓟的，如刺苞菜蓟（*Cynara cardunculus*）

caribaeus *kuh-RIB-ee-us*
caribaea, caribaeum
与加勒比海有关的，如加勒比松（*Pinus caribaea*）

caricinus *kar-ih-KEE-nus*
caricina, caricinum
caricosus *kar-ee-KOH-sus*
caricosa, caricosum
像薹草（*Carex*）的，如单穗草（*Dichanthium caricosum*）

carinatus *kar-IN-uh-tus*
carinata, carinatum
cariniferus *Kar-in-IH-fer-us*
carinifera, cariniferum
具龙骨的，如龙骨韭（*Allium carinatum*）

carinthiacus *kar-in-thee-AH-kus*
carinthiaca, carinthiacum
与奥地利的卡林西亚地区有关的，如卡林西亚石墙花（*Wulfe-nia carinthiaca*）

carlesii *KARLS-ee-eye*
以采集韩国植物的驻中国的英国领事威廉·理查德·卡尔斯（William Richard Carles，1848—1929）命名的，如红蕾荚蒾（*Viburnum carlesii*）

carminatus *kar-MIN-uh-tus*
carminata, carminatum
carmineus *kar-MIN-ee-us*
carminea, carmineum
洋红色的，深红色的，如深红铁心木（*Metrosideros carminea*）

carneus *KAR-nee-us*
carnea, carneum
肉色的，深粉色的，如粉花点地梅（*Androsace carnea*）

carnicus *KAR-nih-kus*
carnica, carnicum
像肉的，如波洛尼亚风铃草（*Campanula carnica*）

球兰
Hoya carnosa

carniolicus *kar-nee-OH-lih-kus*
carniolica, carniolicum
与卡尔尼奥拉历史地区有关的，现为斯洛文尼亚，如缝裂矢车菊（*Centaurea carniolica*）

carnosulus *karn-OH-syoo-lus*
carnosula, carnosulum
稍肉质的，如肉质长阶花（*Hebe carnosula*）

carnosus *kar-NOH-sus*
carnosa, carnosum
肉质的，如球兰（*Hoya carnosa*）

carolinianus *kair-oh-lin-ee-AH-nus*
caroliniana, carolinianum
carolinensis *kair-oh-lin-ee-EN-sis*
carolinensis, carolinense
carolinus *kar-oh-LEE-nus*
carolina, carolinum
起源于或生于南美南卡罗来纳州的，如北美银钟花（*Halesia carolina*）

carota *kar-OH-tuh*
胡萝卜，如野胡萝卜（*Daucus carota*）

carpaticus *kar-PAT-ih-kus*
carpatica, carpaticum
与喀尔巴阡山脉有关的，如东欧风铃草（*Campanula carpatica*）

carpinifolius *kar-pine-ih-FOH-lee-us*
carpinifolia, carpinifolium
叶像鹅耳枥（*Carpinus*）的，如高加索榉（*Zelkova carpinifolia*）

carthusianorum *kar-thoo-see-an-OR-um*
属于大查尔特勒，邻近法国格勒诺布尔的卡尔特修道院，如丹麦石竹（*Dianthus carthusianorum*）

cartilagineus *kart-ill-uh-GIN-ee-us*
cartilaginea, cartilagineum
像软骨的，如软骨泽丘蕨（*Blechnum cartilagineum*）

cartwrightianus *kart-RITE-ee-AH-nus*
以19世纪君士坦丁堡英国领事约翰·卡特赖特（John Cartwright）命名的，如卡莱番红花（*Crocus cartwrightianus*）

caryophyllus *kar-ee-oh-FIL-us*
caryophylla, caryophyllum
胡桃叶的；像丁香味的，后转为香石竹味的，如香石竹（*Dianthus caryophyllus*）

拉 丁 学 名 小 贴 士

　　凯茨比延龄草（*Trillium catesbyi*）又名三一花，以英国博物学家兼画家马克·凯茨比（Mark Catesby，1682—1749）的名字命名。凯茨比编写了描述卡罗来纳州、佛罗里达州和巴哈马群岛动植物自然史的著作《卡罗来纳州、佛罗里达州及巴哈马群岛博物志》（*Natural History of Carolina, Florida and the Bahama Islands*），并为此书绘制插图。

凯茨比延龄草
Trillium catesbyi

caryopteridifolius *kar-ee-op-ter-id-ih-FOH-lee-us*
caryopteridifolia, caryopteridifolium
像莸（*Caryopteris*）叶的，如莸叶醉鱼草（*Buddleja caryopteridifolia*）

caryotideus *kar-ee-oh-TID-ee-us*
caryotidea, caryotideum
像鱼尾葵（*Caryota*）的，如刺齿贯众（*Cyrtomium caryotideum*）

cashmerianus *kash-meer-ee-AH-nus*
cashmeriana, cashmerianum
cashmirianus *kash-meer-ee-AH-nus*
cashmiriana, cashmirianum
cashmiriensis *kash-meer-ee-EN-sis*
cashmiriensis, cashmiriense
来自或生于克什米尔地区，如不丹柏木（*Cupressus cashmeriana*）

caspicus *KAS-pih-kus*
caspica, caspicum
caspius *KAS-pee-us*
caspia, caspium
与里海有关的，如里海阿魏（*Ferula caspica*）

catalpifolius *ka-tal-pih-FOH-lee-us*
catalpifolia, catalpifolium
像梓（*Catalpa*）叶的，如楸叶泡桐（*Paulownia catalpifolia*）

cataria *kat-AR-ee-uh*
与猫有关的，如荆芥（*Nepeta cataria*）

catarractae *kat-uh-RAK-tay*
关于瀑布的，如拟长阶花（*Parahebe catarractae*）

catawbiensis *ka-taw-bee-EN-sis*
catawbiensis, catawbiense
来自北卡罗来纳州的卡托巴河，如椭圆叶杜鹃（*Rhododendron catawbiense*）

catesbyi *KAYTS-bee-eye*
以英国博物学家马克·凯茨比命名的，如凯茨比瓶子草（*Sarracenia × catesbyi*）

catharticus *kat-AR-tih-kus*
carthartica, catharticum
通便的，泻药，如药鼠李（*Rhamnus cathartica*）

cathayanus *kat-ay-YAH-nus*
cathayana, cathayanum
cathayensis *kat-ay-YEN-sis*
cathayensis, cathayense
来自或产于中国的，如荞麦叶大百合（*Cardiocrinum cathayanum*）

caucasicus *kaw-KAS-ih-kus*
caucasica, caucasicum
与高加索有关的，如高加索聚合草（*Symphytum caucasicum*）

caudatus *kaw-DAH-tus*
caudata, caudatum
具尾的，如长尾细辛（*Asarum caudatum*）

caulescens *kawl-ESS-kenz*
具茎的，如具茎火把莲（*Kniphofia caulescens*）

cauliflorus *kaw-lih-FLOR-us*
cauliflora, cauliflorum
茎或树干上生花的，如无忧花（*Saraca cauliflora*）

causticus *KAWS-tih-kus*
caustica, causticum
具腐蚀性或辛辣味道的，如腐蚀南美漆（*Lithraea caustica*）

cauticola *kaw-TIH-koh-luh*
生于悬崖峭壁的，如绝壁景天（*Sedum cauticola*）

cautleyoides *kawt-ley-OY-deez*
像距药姜（*Cautleya*）的，如早花象牙参（*Roscoea cautleyoides*）

cavus *KA-vus*
cava, cavum
空的，如凹陷紫堇（*Corydalis cava*）

cebennensis *kae-yen-EN-sis*
cebennensis, cebennense
来自法国塞文山脉的，如塞文山虎耳草（*Saxifraga cebennensis*）

celastrinus *seh-lass-TREE-nus*
celastrina, celastrinum
像南蛇藤（*Celastrus*）的，如南蛇藤叶金柞（*Azara celastrina*）

centifolius *sen-tih-FOH-lee-us*
centifolia, centifolium
多叶的，具上百片叶的，如洋蔷薇（*Rosa × centifolia*）

centralis *sen-tr-AH-lis*
centralis, centrale
中心的（比如分布中心），如中央流星兰（*Diplocaulobium centrale*）

centranthifolius *sen-tran-thih-FOH-lee-us*
centranthifolia, centranthifolium
像距缬草（*Centranthus*）叶的，如距缬草叶钓钟柳（*Penstemon centranthifolius*）

cepa *KEP-uh*
洋葱的罗马名，如洋葱（*Allium cepa*）

cephalonicus *kef-al-OH-nih-kus*
cephalonica, cephalonicum
与希腊法罗尼亚有关的，如希腊冷杉（*Abies cephalonica*）

cephalotes *sef-ah-LOH-tees*
像小头的，如膜苞石头花（*Gypsophila cephalotes*）

ceraceus *ke-ra-KEE-us*
ceracea, ceraceum
质地柔软的，如柔软蓝花参（*Wahlenbergia ceracea*）

ceramicus *ke-RA-mih-kus*
ceramica, ceramicum
像陶瓷的，如陶瓷果棒椰（*Rhopaloblaste ceramica*）

cerasiferus *ke-ra-SIH-fer-us*
cerasifera, cerasiferum
产樱桃或像樱桃的果实的，如樱桃李（*Prunus cerasifera*）

cerasiformis *see-ras-if-FOR-mis*
cerasiformis, cerasiforme
形状像樱桃的，如印第安李（*Oemleria cerasiformis*）

cerasinus *ker-ras-EE-nus*
cerasina, cerasinum
樱桃红的，如樱花杜鹃（*Rhododendron cerasinum*）

cerastiodes *ker-ras-tee-OY-deez*
cerastioides
像卷耳（*Cerastium*）的，如卷耳状无心菜（*Arenaria cerastioides*）

cerasus *KER-uh-sus*
樱桃的拉丁名，如欧洲酸樱桃（*Prunus cerasus*）

"美叶" 百叶蔷薇
Rosa × centifolia 'Foliacée'

cercidifolius *ser-uh-sid-ih-FOH-lee-us*
cercidifolia, cercidifolium
像紫荆（*Cercis*）叶的，如双花木（*Disanthus cercidifolius*）

cerealis *ser-ee-AH-lis*
cerealis, cereale
与农业有关的，来源于耕种女神刻瑞斯的，如黑麦（*Secale cereale*）

cerefolius *ker-ee-FOH-lee-us*
cerefolia, cerefolium
具柔软叶的，如蜡叶峨参（*Anthriscus cerefolium*）

cereus *ker-REE-us*
cerea, cereum
cerinus *ker-REE-nus*
cerina, cerinum
像蜡的，如蜡叶茶藨子（*Ribes cereum*）

扁鞘早熟禾
Poa chaixii

ceriferus *ker-IH-fer-us*
cerifera, ceriferum
产蜡的，如蜡杨梅（*Morella cerifera*）

cerinthoides *ser-in-THOY-deez*
像蜜蜡花（*Cerinthe*）的，如蜜蜡花状紫露草（*Tradescantia cerinthoides*）

cernuus *SER-new-us*
cernua, cernuum
下垂或点头的，如垂花吊钟花（*Enkianthus cernuus*）

ceterach *KET-er-ak*
源于阿拉伯词，用于铁角蕨属（*Asplenium*）中，如药蕨（*Asplenium ceterach*）

chaixii *kay-IKX-ee-eye*
以法国植物学家多米尼克·查克斯（Dominique Chaix，1730—1799）命名的，如疏毛毛蕊花（*Verbascum chaixii*）

chalcedonicus *kalk-ee-DON-ih-kus*
chalcedonica, chalcedonicum
与卡尔西登（土耳其伊斯坦布尔辖下一个地区的古名）有关的，如皱叶剪秋罗（*Lychnis chalcedonica*）

chamaebuxus *kam-ay-BUKS-us*
矮黄杨木，如香黄杨远志（*Polygala chamaebuxus*）

chamaecyparissus *kam-ee-ky-pah-RIS-us*
像扁柏（*Chamaecyparis*）的，如银香菊（*Santolina chamaecyparissus*）

chamaedrifolius *kam-ee-drih-FOH-lee-us*
chamaedrifolia, chamaedrifolium
chamaedryfolius
chamaedryfolia, chamaedryfolium
像香科科叶的，如香科科叶橙香木（*Aloysia chamaedrifolia*）
注：*Chamaedrys* 现在列入香科科属（*Teucrium*）中

chantrieri *shon-tree-ER-ee*
以法国苗圃主钱特里·弗里尔（Chantrier Frères）命名的，如箭根薯（*Tacca chantrieri*）

charianthus *kar-ee-AN-thus*
chariantha, charianthum
花朵优雅的，如淑花囊冠莓（*Ceratostema charianthum*）

chathamicus *chath-AM-ih-kus*
chathamica, chathamicum
与南太平洋查塔姆群岛有关的，如查塔姆阿思特丽（*Astelia chathamica*）

cheilanthus *kay-LAN-thus*
cheilantha, cheilanthum
花具唇的，如唇花翠雀花（*Delphinium cheilanthum*）

cheiri *kye-EE-ee*
可能来自希腊词 "*cheir*"，手掌，如桂竹香（*Erysimum cheiri*）

chelidonioides *kye-li-don-OY-deez*
像白屈菜（*Chelidonium*）的，如秘鲁荷包花（*Calceolaria chelidonioides*）

chilensis *chil-ee-EN-sis*
chilensis, chilense
来自智利的，如智利乌毛蕨（*Blechnum chilense*）

chiloensis *kye-loh-EN-sis*
chiloensis, chiloense
来自智利智鲁岛的，如草莓（*Fragaria chiloensis*）

chinensis *CHI-nen-sis*
chinensis, chinense
来自中国的，如中国旌节花（*Stachyurus chinensis*）

chionanthus *kee-on-AN-thus*
chionantha, chionanthum
具雪白花的，如紫花雪山报春（*Primula chionantha*）

chloranthus *klor-ah-AN-thus*
chlorantha, chloranthum
具绿色花的，如绿花贝母（*Fritillaria chlorantha*）

chlorochilon *klor-oh-KY-lon*
具绿色唇的，如绿鹅颈兰（*Cycnoches chlorochilon*）

chloropetalus *klo-ro-PET-al-lus*
chloropetala, chloropetalum
具绿色花瓣的，如绿瓣延龄草（*Trillium chloropetalum*）

chrysanthus *kris-AN-thus*
chrysantha, chrysanthum
具金色花的，如金黄番红花（*Crocus chrysanthus*）

chryseus *KRIS-ee-us*
chrysea, chryseum
金色的，如叠鞘石斛（*Dendrobium chryseum*）

chrysocarpus *kris-oh-KAR-pus*
chrysocarpa, chrysocarpum
具金色果实的，如金果山楂（*Crataegus chrysocarpa*）

chrysocomus *kris-oh-KOH-mus*
chrysocoma, chrysocomum
具金毛的，如金毛铁线莲（*Clematis chrysocoma*）

chrysographes *kris-oh-GRAF-ees*
具金色花纹的，如金脉鸢尾（*Iris chrysographes*）

chrysolepis *kris-SOL-ep-is*
chrysolepis, chrysolepe
具金色鳞片的，如峡谷栎（*Quercus chrysolepis*）

chrysoleucus *kris-roh-LEW-kus*
chrysoleuca, chrysoleucum
金色和白色的，如姜花（*Hedychium chrysoleucum*）

chrysophyllus *kris-oh-FIL-us*
chrysophylla, chrysophyllum
具金黄色叶片的，如金花糙苏（*Phlomis chrysophylla*）

梅里韦瑟·刘易斯

(1774—1809)

威廉·克拉克

(1770—1838)

梅里韦瑟·刘易斯（Meriwether Lewis）在美国陆军当中尉时结识了经验丰富的探险家威廉·克拉克（William Clark）。二人都参与了对抗英国人和北美土著的西北战役。刘易斯成为托马斯·杰弗逊总统的私人秘书助理并被委派领导一支探险队，寻找一条从密西西比河到太平洋的可行路线。在充分意识到克拉克的领导才能后，刘易斯选择了他此前的这位战友作为共同领导者，他深知这必然是一次艰难的任务。为了准备这次探险，刘易斯在明尼苏达大学学习了植物学，成了官方博物学家，而克莱克在学习了天文学和制图学知识后成了制图师。在路易斯安娜州的购买过程中，刘易斯和克拉克两人将要测绘的区域是美国人刚刚从法国人手中买下的，或多或少还是一片未知的领域。二人应杰弗逊总统的要求对该地进行考察，记录其地理信息，标注路线和地标，采集气候数据、分析土壤类型并观测当地的动植物类群。

整个旅程充满艰险：探险队员们要依靠独木舟穿过河流，而探索洛基山脉时不得不踏过深深的积雪。但最终他们于 1805 年秋抵达了太平洋沿岸。沿途他们采集了大量植物标本，并成功鉴定了 170 余种新发现的植物。在大草原地区，他们采集到野生的阿根索蔷薇（*Rosa arkansana*），在密苏里河大瀑布遇到了后来由大卫·道格拉斯（David Douglas）鉴定的花旗松（*Pseudotsuga menziesii*，见 111 页），还有香盐肤木（*Rhus aromatica*）等植物。他们注意到了该地区所产果实的丰富，如银叶麦根豆（*Pediomelum argophyllum*），并同当地的土著部落交易了谷物和瓜类作物。

刘易斯和克拉克开创性的探险为后来的定居者们扫清了障碍，回到华盛顿的他们成了民族英雄。杰弗逊对刘易斯的评价充满了赞美之

位于考察队的两位领袖性格迥异：刘易斯（左）天性内敛，而克拉克（右）是个性格外向的人。

情："以无畏的勇气，坚定不移的信念，让任何困难都难以动摇……诚实、公正、自由，他对科学事实的忠实严谨和透彻的理解让我们相信他报告的情况就如同我们亲眼所见一般。"刘易斯后来成了路易斯安那州的州长，在这一职位上也颇为成功，但在年仅35岁时就因不明原因离世。克拉克活到了60多岁，先后成了密苏里州州长和印第安事务主管，广受赞誉。后来，为纪念他们的无畏精神，有好几种植物以他们二人命名，如苦根露薇花（*Lewisia rediviva*）和爪瓣仙女扇（*Clarkia unguiculata*）。

由于探险途中的地势艰险，二人采集的许多标本都遗失了。有幸保留下来的标本被送给了德国植物学家弗雷德里克·珀什（Frederick Pursh）并进行研究。珀什于1799年抵达美国，定居费城。珀什后来遇到了威廉·巴特拉姆（William Bartram，见98页）并担任后者的管理者和收集员，在此期间得到了著名的植物学家本杰明·史密斯·巴顿（Benjamin Smith Barton）的资助，帮助他完成了美国各地的植物采集工作。以珀什命名的植物有珀氏裸芽鼠

路易斯山梅花
Philadelphus lewisii

这种植物源自刘易斯和克拉克二人在前往太平洋沿岸考察途中的发现。这其中以克拉克命名的植物为仙女扇（*Clarkia pulchella*）。

李（*Frangula purshiana*）。1807年，刘易斯雇佣珀什整理他和克拉克采回的植物标本。但直到1814年，珀什才在欧洲正式出版了其《北美植物的系统分类与描述》（*Flora Americae Septentrionalis; a Systematic Arrangement and Description of the Plants of North America*）一书。这一著作涵盖了由刘易斯和克拉克二人采集的超过130种植物，同时基于其发现还新拟了94个新名称，并有40个沿用至今。多亏了珀什做出的杰出贡献，刘易斯和克拉克两人的发现才能成为延续至今的宝贵遗产。

德国植物学家弗雷德里克·珀什记录了许多由刘易斯和克拉克二人采集的植物，如绘制于1814年的仙女扇（*Clarkia pulchella*）。

"（刘易斯有着）闪耀的，独树一帜的智慧。"

托马斯·杰弗逊（**Thombas Jefferson**，**1743—1826**）

chrysostoma *kris-oh-STO-muh*
具金黄色口的，如金口金原菊（*Lasthenia chrysostoma*）

cicutarius *kik-u-tah-ree-us*
cicutaria, cicutarium
像毒参（*Conium maculatum*，以前种加词为Cicuta）的，如芹叶牻牛儿苗（*Erodium cicutarium*）

ciliaris *sil-ee-AH-ris*
ciliaris, ciliare
ciliatus *sil-ee-ATE-us*
ciliata, ciliatum
叶或花瓣有缘毛的，如缘毛旱金莲（*Tropaeolum ciliatum*）

cilicicus *kil-LEE-kih-kus*
cilicica, cilicicum
与小亚美尼亚（以前称作西里西亚"Cilicia"）有关的，如奇里乞亚秋水仙（*Colchicum cilicicum*）

ciliicalyx *kil-LEE-kal-ux*
花萼具缘毛的，如缘毛萼璎珞杜鹃（*Menziesia ciliicalyx*）

ciliosus *sil-ee-OH-sus*
ciliosa, ciliosum
具小缘毛的，如芳春（*Sempervivum ciliosum*）

cinctus *SINK-tus*
cincta, cinctum
具腰带的，如湖北当归（*Angelica cincta*）

cinerariifolius *sin-uh-rar-ee-ay-FOH-lee-us*
cinerariifolia, cinerariifolium
叶像葵叶菊（*Cineraria*）的，如除虫菊（*Tanacetum cinerariifolium*）

cinerarius *sin-uh-RAH-ree-us*
cineraria, cinerarium
浅灰色的，如银叶菊（*Centaurea cineraria*）

cinerascens *sin-er-ASS-enz*
变为浅灰色的，如灰叶千里光（*Senecio cinerascens*）

cinereus *sin-EER-ee-us*
cinerea, cinereum
灰色的，如灰叶婆婆纳（*Veronica cinerea*）

cinnabarinus *sin-uh-bar-EE-nus*
cinnabarina, cinnabarinum
朱红色的，如龟甲丸（*Echinopsis cinnabarina*）

cinnamomeus *sin-uh-MOH-mee-us*
cinnamomea, cinnamomeum
肉桂棕色的，如分株紫萁（*Osmunda cinnamomea*）

cinnamomifolius *sin-nuh-mom-ih-FOH-lee-us*
cinnamomifolia, cinnamomifolium
叶像樟树（*Cinnamomum*）的，如樟叶荚蒾（*Viburnum cinnamomifolium*）

circinalis *kir-KIN-ah-lis*
circinalis, circinale
盘绕形的，如卷叶苏铁（*Cycas circinalis*）

circum-
用于复合词中表示"周围"

cirratus *sir-RAH-tus*
cirrata, cirratum
cirrhosus *sir-ROH-sus*
cirrhosa, cirrhosum
具卷须的，如冬铁线莲（*Clematis cirrhosa*）

拉 丁 学 名 小 贴 士

　　耐寒的紫花欧石楠（*Erica cinerea*）广泛分布于西欧并归化于美国东部，它的种加词描述的并不是其常为粉色、偶为白色的花朵，而是指浅灰色的树皮（浅灰色的，*cinereus, cinerea, cinereum*）。

紫花欧石楠
Erica cinerea

cissifolius *kiss-ih-FOH-lee-us*
cissifolia, cissifolium
叶像常春藤（来自希腊词 *kissos*）的，如白粉藤叶枫（*Acer cissifolium*）

cistena *sis-TEE-nuh*
矮的，来自"婴儿"的苏语词，如紫叶矮樱（*Prunus × cistena*）

citratus *sit-TRAH-tus*
citrata, citratum
像柑橘（*Citrus*）的，如柠檬留兰香（*Mentha citrata*）

citrinus *sit-REE-nus*
citrina, citrinum
柠檬黄的或像柑橘的，如美花红千层（*Callistemon citrinus*）

citriodorus *sit-ree-oh-DOR-us*
citriodora, citriodorum
具柠檬气味的，如柠檬百里香（*Thymus citriodorus*）

citrodora *sit-roh-DOR-uh*
具柠檬气味的，如柠檬马鞭草（*Aloysia citrodora*）

cladocalyx *kla-do-KAL-iks*
来自分枝的希腊词"*klados*"，指在无叶枝上开花，如甜叶桉（*Eucalyptus cladocalyx*）

clandestinus *klan-des-TEE-nus*
clandestina, clandestinum
隐藏的，隐蔽的，如隐匿齿鳞草（*Lathraea clandestina*）

clandonensis *klan-don-EN-sis*
来自英国克兰顿的，如蓝花莸（*Caryopteris × clandonensis*）

clarkei *KLAR-kee-eye*
纪念多个姓克拉克的名人，其中包括加尔各答植物园园长及林奈学会前任主席查尔斯·拜伦·克拉克（Charles Baron Clarke，1832—1906），如克氏老鹳草（*Geranium clarkei*）

clausus *KLAW-sus*
clausa, clausum
闭合的，关闭的，如沙松（*Pinus clausa*）

clavatus *KLAV-ah-tus*
clavata, clavatum
形状像棍棒的，如棒药仙灯（*Calochortus clavatus*）

claytonianus *klay-ton-ee-AH-nus*
claytoniana, claytonianum
以弗吉尼亚的植物采集家约翰·克雷登（John Clayton，1694—1773）命名的，如绒紫萁（*Osmunda claytoniana*）

clematideus *klem-AH-tee-dus*
clematidea, clematideum
像铁线莲（*Clematis*）的，如萝卜藤（*Agdestis clematidea*）

clethroides *klee-THROY-deez*
像凯叶树（*Clethra*）的，如矮桃（*Lysimachia clethroides*）

clevelandii *kleev-LAN-dee-eye*
以 19 世纪美国采集家及蕨类专家丹尼尔·克利夫兰（Daniel Cleveland）命名的，如克利夫兰金星韭（*Bloomeria clevelandii*）

clusianus *kloo-zee-AH-nus*
clusiana, clusianum
以佛兰德植物学家卡罗卢斯·克鲁西（Charles de l'Écluse，1526—1609）命名的，如克鲁西郁金香（*Tulipa clusiana*）

clypeatus *klye-pee-AH-tus*
clypeata, clypeatum
像圆罗马盾牌的，如圆盾单盾荠（*Fibigia clypeata*）

clypeolatus *klye-pee-OH-la-tus*
clypeolata, clypeolatum
形状稍像盾的，如盾状蓍草（*Achillea clypeolata*）

cneorum *suh-NOR-um*
来自可能是一种瑞香（*Daphne*）的像橄榄的小灌木的希腊名，如银旋花（*Convolvulus cneorum*）

coarctatus *koh-ARK-tah-tus*
coarctata, coarctatum
紧压的，或挤在一起的，如集花蓍（*Achillea coarctata*）

克鲁西郁金香
Tulipa clusiana

cocciferus *koh-KIH-fer-us*
coccifera, cocciferum
coccigerus *koh-KEE-ger-us*
coccigera, coccigerum
产浆果的，如浆果桉（*Eucalyptus coccifera*）

coccineus *kok-SIN-ee-us*
coccinea, coccineum
猩红色的，如红蕉（*Musa coccinea*）

cochlearis *kok-lee-AH-ris*
cochlearis, cochleare
形状像勺子的，如勺叶虎耳草（*Saxifraga cochlearis*）

cochleatus *kok-lee-AH-tus*
cochleata, cochleatum
形状像螺旋的，如螺旋状捧心兰（*Lycaste cochleata*）

cockburnianus *kok-burn-ee-AH-nus*
cockburniana, cockburnianum
以科克布恩（Cockburn）家族命名的，如华中悬钩子（*Rubus cockburnianus*）

coelestinus *koh-el-es-TEE-nus*
coelestina, coelestinum
coelestis *koh-el-ES-tis*
coelestis, coeleste
天蓝色的，如山地杯鸢尾（*Phalocallis coelestis*）

coeruleus *ko-er-OO-lee-us*
coerulea, coeruleum
蓝色的，如蓝花夏香草（*Satureja coerulea*）

cognatus *kog-NAH-tus*
cognata, cognatum
密切相关的，如近亲相思树（*Acacia cognata*）

colchicus *KOHL-chih-kus*
colchica, colchicum
与乔治亚州的黑海沿海区域有关的，如大叶常春藤（*Hedera colchica*）

colensoi *co-len-SO-ee*
以新西兰植物采集家威廉·科伦索（William Colenso，1811—1899）牧师命名的，如科氏海桐（*Pittosporum colensoi*）

collinus *kol-EE-nus*
collina, collinum
与丘陵有关的，如丘陵老鹳草（*Geranium collinum*）

colorans *kol-LOR-anz*
coloratus *kol-or-AH-tus*
colorata, coloratum
有色的，如蝇子草（*Silene colorata*）

colubrinus *kol-oo-BREE-nus*
colubrina, colubrinum
像蛇的，如蛇状仙人掌（*Opuntia colubrina*）

columbarius *kol-um-BAH-ree-us*
columbaria, columbarium
像鸽子的，如飞鸽蓝盆花（*Scabiosa columbaria*）

columbianus *kol-um-bee-AH-nus*
columbiana, columbianum
与加拿大不列颠哥伦比亚有关的，如哥伦比亚乌头（*Aconitum columbianum*）

columellaris *kol-um-EL-ah-ris*
columellaris, columellare
与小柱子或基架有关的，如北澳柏（*Callitris columellaris*）

columnaris *kol-um-nah-ris*
columnaris, columnare
呈圆柱状的，如柱状刺芹（*Eryngium columnare*）

colvillei *koh-VIL-ee-eye*
以加尔各答的苏格兰籍律师及法官詹姆斯·威廉·科韦尔（James William Colville，1801—1880）爵士命名的，或以19世纪苗圃主詹姆斯·科韦尔（James Colville）命名的，如柯氏唐菖蒲（*Gladiolus × colvillei*，以后者命名）

comans *KO-manz*
comatus *kom-MAH-tus*
comata, comatum
成簇状的，如发状薹草（*Carex comans*）

commixtus *kom-miks-tus*
commixta, commixtum
混合的，合在一起的，如七灶花楸（*Sorbus commixta*）

communis *KOM-yoo-nis*
communis, commune
成群生长的，普通的，如香桃木（*Myrtus communis*）

commutatus *kom-yoo-TAH-tus*
commutata, commutatum
改变的，比如在之前包含在另一个种中，如虞美人（*Papaver commutatum*）

西洋梨
Pyrus communis

comosus *kom-OH-sus*
comosa, comosum
具簇毛的，如凤梨百合（*Eucomis comosa*）

compactus *kom-PAK-tus*
compacta, compactum
紧凑的，稠密的，如密凤卵（*Pleiospilos compactus*）

complanatus *kom-plan-NAH-tus*
complanata, complanatum
平的，水平的，如扁枝石松（*Lycopodium complanatum*）

complexus *kom-PLEKS-us*
complexa, complexum
复杂的，环绕的，如千叶兰（*Muehlenbeckia complexa*）

complicatus *kom-plih-KAH-tus*
complicata, complicatum
复杂的，复合的，如折叶腺果豆（*Adenocarpus complicatus*）

compressus *kom-PRESS-us*
compressa, compressum
扁平的，平整的，如多肉植物少将（*Conophytum compressum*）

comptoniana *komp-toh-nee-AH-nuh*
以许多姓康普顿的人命名的，如一叶豆（*Hardenbergia comptoniana*）

concavus *kon-KAV-us*
concava, concavum
掏空的，如空卡佛（*Conophytum concavum*）

conchifolius *con-chee-FOH-lee-us*
conchifolia, conchifolium
叶像海贝壳的，如海贝叶秋海棠（*Begonia conchifolia*）

concinnus *KON-kin-us*
concinna, concinnum
外形整洁雅致的，如河内丸（*Parodia concinna*）

concolor *KON-kol-or*
一色的，如白冷杉（*Abies concolor*）

condensatus *kon-den-SAH-tus*
condensata, condensatum
condensus *kon-DEN-sus*
condensa, condensum
挤在一起的，如簇生庭荠（*Alyssum condensatum*）

confertiflorus *kon-fer-tih-FLOR-us*
confertiflora, confertiflorum
花聚集在一起的，如密花鼠尾草（*Salvia confertiflora*）

confertus *KON-fer-tus*
conferta, confertum
挤在一起的，如密花花葱（*Polemonium confertum*）

confusus *kon-FEW-sus*
confusa, confusum
混乱或不确定的，如美丽野扇花（*Sarcococca confusa*）

congestus *kon-JES-tus*
congesta, congestum
拥挤的，挤在一起的，如密花针叶芹（*Aciphylla congesta*）

conglomeratus *kon-glom-er-AH-tus*
conglomerata, conglomeratum
挤在一起的，如簇花莎草（*Cyperus conglomeratus*）

conicus *KON-ih-kus*
conica, conicum
圆锥形的，如锥花薹草（*Carex conica*）

coniferus *koh-NIH-fer-us*
conifera, coniferum
具圆锥状结构的，如桂南木莲（*Magnolia conifera*）

conjunctus *kon-JUNK-tus*
conjuncta, conjunctum
连接的，如山地羽衣草（*Alchemilla conjuncta*）

connatus *kon-NAH-tus*
connata, connatum
一致的，对生叶生在基部聚合的，如连叶鬼针草（*Bidens connata*）

conoideus *ko-NOY-dee-us*
conoidea, conoideum
像一个圆锥体的，如麦瓶草（*Silene conoidea*）

conopseus *kon-OP-see-us*
conopsea, conopseum
像小昆虫的，来自希腊词"konops"，如手参（*Gymnadenia conopsea*）

consanguineus *kon-san-GWIN-ee-us*
consanguinea, consanguineum
有关联的，如近亲越橘（*Vaccinium consanguineum*）

conspersus *kon-SPER-sus*
conspersa, conspersum
分散的，如散布报春（*Primula conspersa*）

conspicuus *kon-SPIK-yoo-us*
conspicua, conspicuum
显著的，如黄香岩桐（*Sinningia conspicua*）

锥花蝇子草
Silene conica

constrictus *kon-STRIK-tus*
constricta, constrictum
收缩的，如巴克尔丝兰（*Yucca constricta*）

contaminatus *kon-tam-in-AH-tus*
contaminata, contaminatum
受污染的，弄脏的，如野风信子（*Lachenalia contaminata*）

continentalis *kon-tin-en-TAH-lis*
continentalis, continentale
大陆生的，如东北土当归（*Aralia continentalis*）

contra-
用于复合词中表示"反"

contortus *kon-TOR-tus*
contorta, contortum
扭曲的，弯曲的，如扭叶松（*Pinus contorta*）

contractus *kon-TRAK-tus*
contracta, contractum
收缩的，聚集的，如带鞘箭竹（*Fargesia contracta*）

controversus *kon-troh-VER-sus*
controversa, controversum
有争议的，可疑的，如可疑山茱萸（*Cornus contraversa*）

convallarioides *kon-va-lar-ee-OY-deez*
像铃兰（*Convallaria*）的，如白穗花（*Speirantha convallari-oides*）

convolvulaceus *kon-vol-vu-la-SEE-us*
convolvulacea, convolvulaceum
稍像旋花（*Convolvulus*）的，如鸡蛋参（*Codonopsis convolvu-lacea*）

conyzoides *kon-ny-ZOY-deez*
像香丝草（*Conyza*）的，如藿香蓟（*Ageratum conyzoides*）

copallinus *kop-al-EE-nus*
copallina, copallinum
具树胶或树脂的，如脂盐肤木（*Rhus copallinum*）

coralliflorus *kaw-lih-FLOR-us*
coralliflora, coralliflorum
花珊瑚红色的，如珊瑚红花松叶菊（*Lampranthus coralliflorus*）

corallinus *kor-al-LEE-nus*
corallina, corallinum
珊瑚红的，如珊瑚冬青（*Ilex corallina*）

coralloides *kor-al-OY-deez*
像珊瑚的，如珊瑚状米花菊（*Ozothamnus coralloides*）

cordatus *kor-DAH-tus*
cordata, cordatum
心形的，如梭鱼草（*Pontederia cordata*）

cordifolius *kor-di-FOH-lee-us*
cordifolia, cordifolium
叶心形的，如心叶两行荠（*Crambe cordifolia*）

cordiformis *kord-ih-FOR-mis*
cordiformis, cordiforme
心形的，如苦味山核桃（*Carya cordiformis*）

coreanus *kor-ee-AH-nus*
coreana, coreanum
与朝鲜有关的，如黄花菜（*Hemerocallis coreana*）

coriaceus *kor-ee-uh-KEE-us*
coriacea, coriaceum
厚的、坚韧的、革质的，如革叶芍药（*Paeonia coriacea*）

coriarius *kor-i-AH-ree-us*
coriaria, coriarium
像皮革的，如鞣料云实（*Caesalpinia coriaria*）

coridifolius *kor-id-ee-FOH-lee-us*
coridifolia, coridifolium
coriophyllus *kor-ee-uh-FIL-us*
coriophylla, coriophyllum
叶像麝香草（*Coris*）的，如革叶欧石楠（*Erica corifolia*）

corifolius *kor-ee-FOH-lee-us*
corifolia, corifolium
coriifolius *kor-ee-eye-FOH-lee-us*
coriifolia, coriifolium
叶革质的，如革叶欧石楠（*Erica corifolia*）

corniculatus *korn-ee-ku-LAH-tus*
corniculata, corniculatum
具小角的，如百脉根（*Lotus corniculatus*）

corniferus *korn-IH-fer-us*
conifera, coniferum
corniger *korn-ee-ger*
cornigera, cornigerum
具角的，如黄顶花球（*Coryphantha cornifera*）

cornucopiae *korn-oo-KOP-ee-ay*
多角的，如多角非洲缅草（*Fedia cornucopiae*）

cornutus *kor-NOO-tus*
cornuta, cornutum
具角的或形状像角的，如角堇菜（*Viola cornuta*）

corollatus *kor-uh-LAH-tus*
corollata, corollatum
像花冠的，如冠萼倒挂金钟（*Fuchsia corollata*）

coronans *kor-OH-nanz*
coronatus *kor-oh-NAH-tus*
coronata, coronatum
加冠的，冠以……的，如剪春罗（*Lychnis coronata*）

coronarius *kor-oh-NAH-ree-us*
coronaria, coronarium
用于做花环的，如欧洲银莲花（*Anemone coronaria*）

coronopifolius *koh-ron-oh-pih-FOH-lee-us*
coronopifolia, coronopifolium
叶像臭荠（*Coronopus*）的，如臭荠叶半边莲（*Lobelia coronopifolia*）

corrugatus *kor-yoo-GAH-tus*
corrugata, corrugatum
起皱的，有皱纹的，如皱叶鼠尾草（*Salvia corrugata*）

百脉根
Lotus corniculatus

corsicus *KOR-sih-kus*
corsica, corsicum
与法国科西嘉岛有关的，如科西嘉番红花（*Crocus corsicus*）

cortusoides *kor-too-SOY-deez*
像假报春（*Cortusa*）的，如假报春状报春花（*Primula cortusoides*）

corylifolius *kor-ee-lee-FOH-lee-us*
corylifolia, corylifolium
叶像榛树（*Corylus*）的，如榛叶桦（*Betula corylifolia*）

corymbiferus *kor-im-BIH-fer-us*
corymbifera, corymbiferum
带有伞房状花序的，如伞序亚麻（*Linum corymbiferum*）

corymbiflorus *kor-im-BEE-flor-us*
corymbiflora, corymbiflorum
伞房状花序的，如伞花茄（*Solanum corymbiflorum*）

corymbosus *kor-rim-BOH-sus*
corymbosa, corymbosum
伞房状花序的，如蓝莓（*Vaccinium corymbosum*）

cosmophyllus *kor-mo-FIL-us*
cosmophylla, cosmophyllum
叶像秋英（*Cosmos*）的，如丽叶桉（*Eucalyptus cosmophylla*）

costatus *kos-TAH-tus*
costata, costatum
具肋的，如心叶粗肋草（*Aglaonema costatum*）

cotinifolius *kot-in-ih-FOH-lee-us*
cotinifolia, cotinifolium
叶像黄栌（*Cotinus*）的，如紫锦木（*Euphorbia cotinifolia*）

cotyledon *kot-EE-lee-don*
叶片小杯状的，如露薇花（*Lewisia cotyledon*）

coulteri *kol-TER-ee-eye*
以爱尔兰植物学家托马斯·库尔特（Thomas Coulter，1793—1843）博士命名的，如裂叶罂粟（*Romneya coulteri*）

coum *KOO-um*
与希腊科斯岛有关的，如小花仙客来（*Cyclamen coum*）

crassicaulis *krass-ih-KAW-lis*
crassicaulis, crassicaule
粗茎的，如粗茎秋海棠（*Begonia crassicaulis*）

crassifolius *krass-ih-FOH-lee-us*
crassifolia, crassifolium
厚叶的，如厚叶海桐（*Pittosporum crassifolium*）

拉 丁 学 名 小 贴 士

　　由于小花仙客来的种加词来源于希腊，与科斯岛有关，所以这种可爱的植物还以东方仙客来（eastern cyclamen）之名而闻名。其花开于深冬及初春，花色深粉色或紫色，与绿色或银灰色的叶片形成鲜明对比。

小花仙客来
Cyclamen coum

crassipes *KRASS-ih-peez*
粗柄或粗茎的，如粗梗栎（*Quercus crassipes*）

crassiusculus *krass-ih-US-kyoo-lus*
crassiuscula, crassiusculum
很厚的，如厚叶相思树（*Acacia crassiuscula*）

crassus *KRASS-us*
crassa, crassum
厚的，肉质的，如厚叶细辛（*Asarum crassum*）

植物的形状和形态

一株植物究竟该种在什么位置，其植株形状和习性应当是着重考量的关键因素。不论是种在花圃还是在窗台上的花盆里，植物的拉丁名都可以为园丁们提供诸多有用的信息，比如名称中带有"*scandens*"的植物擅长攀援，而"*repens*"表明该植物匍匐生长。同理，比如多年生的"直立"芒（*Miscanthus sinensis* 'Strictus'）可以长成笔直的高丛，高臭草（*Melica altissima*）可以长到一米多高。其中，*strictus, stricta, strictum* 意为竖直的，*altissima, altissimum* 意为最高。

明确植物最终能长到多大也很重要。如果想种植一些高大雄伟的植物，就请注意带有以下词汇的标签，例如 *altus* (*alta, altum,*)，*elatus* (*elata, elatum,*) 或者 *elatior*，*excelsus* (*excelsa, excelsum*)，它

们都代表高大的意思。与之相对，如 *brevis* (*brevis, breve*)，*jejunus* (*jejuna, jejunum*)，*minutus* (*minuta, minutum*)，*nanus* (*nana, nanum*) 以及 *nanellus* (*nanella, nanellum*) 这些词汇都是短或矮小的意思。这些词汇仅仅是植物拉丁文中与尺寸相关的很小一部分，但需要注意的是，有时这些词汇所描述的仅仅是植物体的某一部分，或者是与它们的近缘种类相比较而言，并不是形容植物整体。例如，前缀"*macro-*"是大或长的意思，比如 *macrophyllus* (*macrophylla, macrophyllum*) 就是大叶的意思，但它们的植株本身可能相对较小。与之相对的前缀"*micro-*"是小的意思，同样可以用于形容植物的多个部位，例如 *microcarpus* (*microcarpa, microcarpum*) 表示"小果的"，*micropetalus* (*micropetala, micropetalum*) 表示"小花瓣的"。有些形容词更加夸张，例如比较少见的"*cyclops*"和"*titanus*"是巨大或极大的意思。

同大小一样，形状往往也会通过名字表现出来，而这些词汇既可以指整个植株也可以仅形容植物体的某一部分。例如，*arctuatus* (*arctuata, arctuatum*) 意为弓状或弧状的，*cruciatus* (*cruciata, cruciatum*) 意为十字形的，*orbicularis* (*orbicularis, orbiculare*) 意为圆形的，类似圆盘。*Crenatus* (*crenata, crenatum*) 意为具扇贝形的缺刻或圆锯齿，如齿叶毛茛（*Ranunculus crenatus*），一种叶缘具圆锯齿的高山植物。类似地，名字中带有 *crenatiflorus* (*crenatiflora, crenatiflorum*) 的花朵通常会呈现波状浑圆

电灯花
Cobaea scandens

该植物在气候适宜的夏天可以轻松爬到 3 米多高。

沼垫草
Nardus stricta

该植物笔直向上的茎与其学名十分契合，其黄色的花药会逐渐变白。

毛蔷薇
Rosa tomentosa

Tomentosa 意为似羊毛的或乱蓬蓬的，因此毛蔷薇的俗名也名副其实。它同毛叶天竺葵（*Pelargonium tomentosum*）一样，长有可爱柔软的叶片。

的扇形，例如荷包花（*Calceolaria crenatiflora*）。

还有相当大一部分的词汇是有关植物毛被特征的。"eri-"和"lasi-"这两个前缀都表示具绒毛的。名字中带有 *eriantherus*（*erianthera,eriantherum*）的植物具有带绒毛的花药，*lasiacanthus*（*lasiacantha, lasiacanthum*）代表该植物具有多毛的刺。*Mollis*,（*mollis, molle*）意为柔软或具软毛的，通常形容植物的叶片柔软或具软毛，如软毛老鹳草（*Geranium molle*）和柔毛羽衣草（*Alchemilla mollis*）。对于软毛黄蓍（*Astragalus mollissimus*）而言，表示其花茎具软毛，*mollissimus, mollissima* 和 *mollissimum* 都表示非常柔软。

还有一些形容词相当地富有诗意，例如 *nebulosus*（*nebulosa, nebulosum*）意为云朵状的，*nubicola* 意为在云中长大的。但这并不是指这类植物具有直达云霄的高度，而是指它们生长在很高的海拔，例如云生丹参（*Salvia nubicola*）。有时植物的拉丁名会采取一种拟人的口吻，让其看起来非常生动形象，例如 *superciliaris*（*superciliare*）意为像眉毛的，大概是如同人傲慢时抬起的眉毛，如眉状杓兰（*Cypripedium × superciliare*）。

crataegifolius *krah-tee-gi-FOH-lee-us*
crataegifolia, crataegifolium
叶像山楂（*Crataegus*）的，如山楂叶枫（*Acer crataegifolium*）

crenatiflorus *kren-at-ih-FLOR-us*
crenatiflora, crenatiflorum
花具圆齿的，如荷包花（*Calceolaria crenatiflora*）

crenatus *kre-NAH-tus*
crenata, crenatum
圆齿状的，圆锯齿状的，如齿叶冬青（*Ilex crenata*）

crenulatus *kren-yoo-LAH-tus*
crenulata, crenulatum
小圆齿的，如小圆齿石南香（*Boronia crenulata*）

crepidatus *krep-id-AH-tus*
crepidata, crepidatum
形状像凉鞋或拖鞋的，如玫瑰石斛（*Dendrobium crepidatum*）

crepitans *KREP-ih-tanz*
沙沙的，发出爆裂声的，如响盒子（*Hura crepitans*）

cretaceus *kret-AY-see-us*
cretacea, cretaceum
与白垩土有关的，如白垩石竹（*Dianthus cretaceus*）

creticus *KRET-ih-kus*
cretica, creticum
与希腊克里特岛有关的，如欧洲凤尾蕨（*Pteris cretica*）

crinitus *krin-EE-tus*
crinita, crinitum
具长柔毛的，如大刺椰子（*Acanthophoenix crinita*）

crispatus *kriss-PAH-tus*
crispata, crispatum
crispus *KRISP-us*
crispa, crispum
近卷曲的，如皱叶薄荷（*Mentha crispa*）

cristatus *kris-TAH-tus*
cristata, cristatum
具流苏状尖端的，如饰冠鸢尾（*Iris cristata*）

crithmifolius *krith-mih-FOH-lee-us*
crithmifolia, crithmifolium
叶像海崖芹（*Crithmum*）的，如三叶蓍（*Achillea crithmifolia*）

crocatus *kroh-KAH-tus*
crocata, crocatum
croceus *KRO-kee-us*
crocea, croceum
橘黄色，如观音兰（*Tritonia crocata*）

crocosmiiflorus *kroh-koz-mee-eye-FLOR-us*
crocosmiiflora, crocosmiiflorum
花像雄黄兰（*Crocosmia*）的。雄黄兰（*Crocosmia* × *crocosmiiflora*）最初所在的属为 *Montbretia*，所以种加词的意思是花像雄黄兰的。

cruciatus *kruks-ee-AH-tus*
cruciata, crusiatum
交叉状的，如龙胆草（*Gentiana cruciata*）

cruentus *kroo-EN-tus*
cruenta, cruentum
血色的，诶红斑薄叶兰（*Lycaste cruenta*）

crus-galli *krus GAL-ee*
鸡距的，如鸡脚山楂（*Crataegus crus-galli*）

crustatus *krus-TAH-tus*
crustata, crustatum
具外壳的，如具壳虎耳草（*Saxifraga crustata*）

线缟华胄
Hippeastrum striatum (syn. H. crocatum)

拉 丁 学 名 小 贴 士

半日花（*Helianthemum*）俗称岩玫瑰，在开阔且阳光充足之地会绽放整个夏季。它们尤其适合岩石园，也可能成为入侵种。正如岩玫瑰（*Helianthemum cupreum*）的种加词所示，它具有略带红色的铜色花朵，而且花中部周围变为暗橙色。像许多半日花属植物一样，它有灰绿色耐晒的叶片。

半日花
Helianthemum
cupreum

crystallinus *kris-tal-EE-nus*
crystallina, crystallinum
水晶的，如水晶花烛（*Anthurium crystallinum*）

cucullatus *kuk-yoo-LAH-tus*
cucullata, cucullatum
像兜帽的，如兜叶堇菜（*Viola cucullata*）

cucumerifolius *ku-ku-mer-ee-FOH-lee-us*
cucumerifolia, cucumerifolium
叶像黄瓜的，如瓜叶白粉藤（*Cissus cucumerifolia*）

cucumerinus *ku-ku-mer-EE-nus*
cucumerina, cucumerinum
像黄瓜的，如瓜叶栝楼（*Trichosanthes cucumerina*）

cultorum *kult-OR-um*
与花园有关的，如全球花（*Trollius × cultorum*）

cultratus *kul-TRAH-tus*
cultrata, cultratum
cultriformis *kul-tre-FOR-mis*
cultriformis, cultriforme
形状像刀的，如刀状彗星兰（*Angraecum cultriforme*）

cuneatus *kew-nee-AH-tus*
cuneata, cuneatum
楔形的，如高山薄荷（*Prostanthera cuneata*）

cuneifolius *kew-nee-FOH-lee-us*
cuneifolia, cuneifolium
具楔形叶的，如楔叶报春（*Primula cuneifolia*）

cuneiformis *kew-nee-FOR-mis*
cuneiformis, cuneiforme
楔形的，如楔叶纽扣花（*Hibbertia cuneiformis*）

cunninghamianus *kun-ing-ham-ee-AH-nus*
cunninghamiana, cunninghamianum
cunninghamii *kun-ing-ham-eye*
纪念多个名为坎宁安（Cunningham）的人，其中包括英国植物采集家及植物学家阿兰·坎宁安（Alan Cunningham, 1791—1839），如阔叶假槟榔（*Archontophoenix cunninghamiana*）

cupreatus *kew-pree-AH-tus*
cupreata, cupreatum
cupreus *kew-pree-US*
cuprea, cupreum
铜色的，如龟甲草（*Alocasia cuprea*）

cupressinus *koo-pres-EE-nus*
cupressina, cupressinum
cupressoides *koo-press-OY-deez*
像柏树的，如智利乔柏（*Fitzroya cupressoides*）

curassavicus *ku-ra-SAV-ih-kus*
curassavica, curassavicum
来自小安地列斯群岛的库拉索岛的，如马利筋（*Asclepias curassavica*）

curtus *KUR-tus*
curta, curtum
缩短的，如短叶谷鸢尾（*Ixia curta*）

curvatus *KUR-va-tus*
curvata, curvatum
弯曲的，如曲叶铁线蕨（*Adiantum curvatum*）

curvifolius *kur-vi-FOH-lee-us*
curvifolia, curvifolium
叶弯曲的，如曲叶鸟舌兰（*Ascocentrum curvifolium*）

cuspidatus *kus-pi-DAH-tus*
cuspidata, cuspidatum
具硬点的，如东北红豆杉（*Taxus cuspidata*）

cuspidifolius *kus-pi-di-FOH-lee-us*
cuspidifolia, cuspidifolium
叶具硬点的，如尖叶西番莲（*Passiflora cuspidifolia*）

cynananthus *sy-an-NAN-thus*
cyanantha, cyananthum
具蓝色花的，如蓝花钓钟柳（*Penstemon cyananthus*）

cyaneus *sy-AN-ee-us*
cyanea, cyaneum
cyanus *sy-AH-nus*
蓝色的，如天蓝韭（*Allium cyaneum*）

cyanocarpus *sy-an-o-KAR-pus*
cyanocarpa, cyanocarpum
具蓝色果实的，如蓝果杜鹃（*Rhododendron cyanocarpum*）

cyatheoides *sigh-ath-ee-OY-deez*
像番桫椤（*Cyathea*）的，如萨德勒树蕨（*Sadleria cyatheoides*）

cyclamineus *SIGH-kluh-min-ee-us*
cyclaminea, cyclamineum
像仙客来（*Cyclamen*）的，如仙客来水仙（*Narcissus cyclamineus*）

cyclocarpus *sigh-klo-KAR-pus*
cyclocarpa, cyclocarpum
具围成圆圈的果的，如象耳豆（*Enterolobium cyclocarpum*）

cylindraceus *sil-in-DRA-see-us*
cylindracea, cylindraceum
cylindricus *sil-IN-drih-kus*
cylindrica, cylindricum
长圆柱形的，如亚速尔越橘（*Vaccinium cylindraceum*）

cylindrostachyus *sil-in-dro-STAK-ee-us*
cylindrostachya, cylindrostachyum
具圆筒形穗状花序的，如长穗桦（*Betula cylindrostachya*）

cymbalaria *sim-buh-LAR-ee-uh*
像蔓柳穿鱼（*Cymbalaria*）的，如圆叶碱毛茛（*Ranunculus cymbalaria*）

cymbiformis *sim-BIH-for-mis*
cymbiformis, cymbiforme
形状像船的，如京之华（*Haworthia cymbiformis*）

cymosus *sy-MOH-sus*
cymosa, cymosum
具聚伞花序的，如小果蔷薇（*Rosa cymosa*）

cynaroides *sin-nar-OY-deez*
像菜蓟（*Cynara*）的，如帝王花（*Protea cynaroides*）

cyparissias *sy-pah-RIS-ee-as*
一种大戟的拉丁名，如欧洲柏大戟（*Euphorbia cyparissias*）

cyprius *SIP-ree-us*
cypria, cyprium
与塞浦路斯岛有关的，如塞浦路斯岩蔷薇（*Cistus × cyprius*）

cytisoides *sit-iss-OY-deez*
像金雀儿（*Cytisus*）的，如金雀状百脉根（*Lotus cytisoides*）

D

dactyliferus *dak-ty-LIH-fer-us*
dactylifera, dactyliferum
具指的，指状的，如海枣（*Phoenix dactylifera*）

dactyloides *dak-ty-LOY-deez*
指状的，如指叶荣桦（*Hakea dactyloides*）

dahuricus *da-HYUR-ih-kus*
dahurica, dahuricum
与达乌里（西伯利亚和蒙古合并而成的外贝加尔山脉地区）有关的，如达乌里党参（*Codonopsis dahurica*）

dalhousiae *dal-HOO-zee-ay*
dalhousieae
以达尔豪西伯爵夫人苏珊·乔治安娜·拉姆塞（Susan Georgiana Ramsay，1817—1853）命名的，如长药杜鹃（*Rhododendron dalhousiae*）

dalmaticus *dal-MAT-ih-kus*
dalmatica, dalmaticum
与克罗地亚的达尔马提亚有关的，如达尔马提亚老鹳草（*Geranium dalmaticum*）

damascenus *dam-ASK-ee-nus*
damascena, damascenum
与叙利亚的大马士革有关的，如黑种草（*Nigella damascena*）

dammeri *DAM-mer-ee*
以德国植物学家卡尔·莱布雷希特·乌多·德默（Carl Lebrecht Udo Dammer，1860—1920）命名的，如矮生栒子（*Cotoneaster dammeri*）

danfordiae *dan-FORD-ee-ay*
以 19 世纪旅行家 G.G. 允修（C.G. Danford）夫人命名的，如矮小鸢尾（*Iris danfordiae*）

danicus *DAN-ih-kus*
danica, danicum
丹麦的，如芹叶牻牛儿苗（*Erodium danicum*）

daphnoides *daf-NOY-deez*
像瑞香的，如瑞香叶柳（*Salix daphnoides*）

darleyensis *dar-lee-EN-sis*
属于位于德比郡、由詹姆斯·史密斯及其儿子们打理的达尔利苗圃的，如达尔利欧石楠（*Erica × darleyensis*）

darwinii *dar-WIN-ee-eye*
以英国博物学家查尔斯·达尔文（Charles Darwin，1809—1882）命名的，如达尔文小檗（*Berberis darwinii*）

　　许多园艺大师都认为大马士革玫瑰是所有古典玫瑰中最香的。传统上，从大马士革玫瑰的花中可以提取出极香的玫瑰精油。早在 13 世纪，这种玫瑰就已从波斯引入欧洲大陆，但从罗马壁画来看，也许它更早就已经到达欧洲了。"美人"大马士革玫瑰的浅粉色花朵盛放成簇，煞是可爱。其灰绿色的叶片着生于有刚毛且多刺的茎干上。这种生机勃勃且更加坚韧的玫瑰相比其他种类都更容易种植。其中，夏大马士革玫瑰一年只开一次花，而秋大马士革玫瑰一年能开两次花。秋季，花后会结出细长的蔷薇果。

"美人"大马士革玫瑰
Rosa 'Bella Donna'

dasyacanthus *day-see-uh-KAN-thus*
dasyacantha, dasyacanthum
具粗毛刺的，如粗毛刺松笠球（*Escobaria dasyacantha*）

dasyanthus *day-see-AN-thus*
dasyantha, dasyanthum
花具粗毛的，如毛花绣线菊（*Spiraea dasyantha*）

dasycarpus *day-see-KAR-pus*
dasycarpa, dasycarpum
果具毛的，如毛果彗星兰（*Angraecum dasycarpum*）

dasyphyllus *das-ee-FIL-us*
dasyphylla, dasyphyllum
叶有毛的，如大型姬星美人（*Sedum dasyphyllum*）

dasystemon *day-see-STEE-mon*
雄蕊有毛的，像毛蕊郁金香（*Tulipa dasystemon*）

daucifolius *daw-ke-FOH-lee-us*
daucifolia, daucifolium
叶像胡萝卜（*Daucus*）的，如胡萝卜叶铁角蕨（*Asplenium daucifolium*）

拉 丁 学 名 小 贴 士

1753 年，林奈在《植物种志》（*Species Plan-tarum*）中最先命名了常绿兴安杜鹃。这种杜鹃原产于西伯利亚、中国北部和日本。它是一种生长密实的落叶灌木，但有部分叶片可以越冬，极耐寒（所以用 *sempervirens*，表示常绿的）。它的种加词 *dauricum* 指的是它起源于西伯利亚东南部的外贝加尔山脉（Dauria）。

常绿兴安杜鹃
Rhododendron ledebourii
（syn. *R. dauricum* var. *sempervirens*）

---

daucoides *do-KOY-deez*
像胡萝卜（*Daucus*）的，如胡萝卜叶牻牛儿苗（*Erodium daucoides*）

dauricus *DOR-ih-kus*
daurica, dauricum
与达乌里有关的，如毛百合（*Lilium dauricum*）

davidianus *duh-vid-ee-AH-nus*
davidiana, davidianum
davidii *duh-vid-ee-eye*
以法国博物学家兼传教士阿曼德·大卫（Armand David，1826—1900）命名的，如大叶醉鱼草（*Buddleja davidii*）

davuricus *dav-YUR-ih-kus*
davurica, davuricum
与达乌里有关的，如兴安苍柏（*Juniperus davurica*）

dawsonianus *daw-son-ee-AH-nus*
dawsoniana, dawsonianum
以美国波士顿的阿诺德植物园首位园长杰克逊·T.道森（Jackson T. Dawson，1841—1916）命名的，如道森苹果（*Malus × dawsoniana*）

dealbatus *day-al-BAH-tus*
dealbata, dealbatum
被白色粉末覆盖的，如银荆（*Acacia dealbata*）

debilis *deb-IL-is*
debilis, debile
柔弱的，如铜钱细辛（*Asarum debile*）

decaisneanus *de-kane-ee-AY-us*
decaisneana, decaisneanum
decaisnei *de-KANE-ee-eye*
以法国植物学家约瑟夫·德凯（Joseph Decaisne，1807—1882）纳命名的，如台湾毛楤木（*Aralia decaisneana*）

decandrus *dek-AN-drus*
decandra, decandrum
具十枚雄蕊的，如长蕊风车子（*Combretum decandrum*）

decapetalus *dek-uh-PET-uh-lus*
decapetala, decapetalum
具十枚花瓣的，如云实（*Caesalpinia decapetala*）

deciduus *dee-SID-yu-us*
decidua, deciduum
落叶的，如欧洲落叶松（*Larix decidua*）

decipiens *de-SIP-ee-enz*
迷惑的，不明显的，如迷惑花楸（*Sorbus decipiens*）

declinatus *dek-lin-AH-tus*
declinata, declinatum
向下弯曲的，如曲枝栒子（*Cotoneaster declinatus*）

decompositus *de-kom-POZ-ee-tus*
decomposita, decompostitum
多次分裂的，如四川牡丹（*Paeonia decomposita*）

decoratus *dek-kor-RAH-tus*
decorata, decoratum
decorus *dek-kor-RUS*
decora, decorum
装饰用的，如大白杜鹃（*Rhododendron decorum*）

decumanus *dek-yoo-MAH-nus*
decumana, decumanum
非常大的，如大金水龙骨（*Phlebodium decumanum*）

decumbens *de-KUM-benz*
具垂直尖端的，如垂花钟南香（*Correa decumbens*）

decurrens *de-KUR-enz*
下延至茎的，如北美翠柏（*Calocedrus decurrens*）

decussatus *de-KUSS-ah-tus*
decussata, decussatum
交互对生的，叶对生且相各对之间成直角的，如胡柏（*Microbiota decussata*）

deflexus *de-FLEKS-us*
deflexa, deflexum
突然下弯的，外折的，如毛叶吊钟花（*Enkianthus deflexus*）

deformis *de-FOR-mis*
deformis, deforme
变形的，畸形的，如阔叶眉毛刷（*Haemanthus deformis*）

degronianum *de-gron-ee-AH-num*
以横滨的法国邮政局1865—1880年的负责人亨利·约瑟夫·德荣（Henri Joseph Degron）命名的，如德荣杜鹃（*Rhododendron degronianum*）

dejectus *dee-JEK-tus*
dejecta, dejectum
品质低下的，如劣仙人掌（*Opuntia dejecta*）

delavayi *del-uh-VAY-ee*
以法国传教士、探险家及植物学家让·玛丽·特拉弗（Jean Marie Delavay，1834—1895）命名的，如山玉兰（*Magnolia delavayi*）

delicatus *del-ih-KAH-tus*
delicata, delicatum
好玩的，如大明交欧洲石斛兰（*Dendrobium × delicatum*）

金鱼藻
Ceratophyllum demersum

deliciosus *de-lis-ee-OH-sus*
deliciosa, deliciosum
美味的，如龟背竹（*Monstera deliciosa*）

delphiniifolius *del-fin-uh-FOH-lee-us*
delphiniifolia, delphiniifolium
像翠雀（*Delphinium*）叶的，如翠雀叶乌头（*Aconitum delphiniifolium*）

deltoides *del-TOY-deez*
deltoideus *el-TOY-dee-us*
deltoidea, deltoideum
正三角形的，如西洋石竹（*Dianthus deltoides*）

demersus *DEM-er-sus*
demersa, demersum
生长于水下的，如金鱼藻（*Ceratophyllum demersum*）

deminutus *dee-MIN-yoo-tus*
deminuta, deminutum
小的，减少的，如小子孙球（*Rebutia deminuta*）

demissus *dee-MISS-us*
demissa, demissum
下垂的，弱的，如垂弱金雀儿（*Cytisus demissus*）

dendroides *den-DROY-deez*
dendroideus *den-DROY-dee-us*
dendroidea, dendroideum
树状的，如树状景天（*Sedum dendroideum*）

弗朗西斯·马森

(1741—1805)

卡尔·皮特·桑博格

(1743—1828)

出生于苏格兰的弗朗西斯·马森（Francis Masson）从伦敦邱园的一位低级园丁通过努力一步步地成了首席官方植物采集家。在约瑟夫·班克斯爵士（见 40 页）的指导下，马森于 1772 年搭乘库克船长的"决心号"前往好望角。在南非开普敦一经靠岸，马森就离开了原本前往南极洲的"决心号"，在接下来的三年里为邱园采集植物和种子。

在马森第一次涉足大陆内部期间，他穿过开普平原到达帕阿尔、斯泰伦博斯、荷兰山，然后继续前进到达了位于斯瓦特博格和斯维尔林登的温泉。在一位武装雇佣兵的保护下，马森坐着一辆牛车四处周游，发现了一个令人激动的充满了未知植物种类的地区。当平安回到开普敦之后，他就马上将这些新发现的宝贝发回给邱园的班克斯。在下一次探险出发之前，马森遇到了瑞典植物学家卡尔·皮特·桑博格（Carl Peter Thunberg），二人决定一同探险，这次他们是骑马出行，跟随着装载补给的货车和四名助手。他们探索的这个国家总是充满危险，但也收获了巨大的回报，那就是发现了数目庞大、种类繁多的植物。例如铁咖啡（*Brabejum stellatifolium*）、荫桃木（*Kiggelaria africana*）、狭叶铁心木（*Metrosideros angustifolia*）等，以及众多此前未被描述过的山地植物。尽管马森几乎没有接受过正规教育，他还是在 1796 年出版了包括描述和插图的《豹皮花属新发现》（*Stapeli-ae novae*）。

如今装点花园和温室的许多植物都要归

鹤望兰（*Strelitzia reginae*）是马森从南非引入英国的众多植物的一个代表，它以英国夏洛特王后命名，长得很像有异国情调的天堂鸟。秋花火炬花（*Kniphofia rooperi*）以及许多天竺葵属植物都是得益于他的发现。

功于马森的无畏旅程。他在好望角的采集中，带回来了孤挺花属（*Amaryllis*）、欧石楠属（*Erica*）、酢浆草属（*Oxalis*）、天竺葵属（*Pelargonium*）和帝王花属（*Protea*）植物，以及许多肉质植物和唐菖蒲属（*Gladiolus*）植物的鳞茎。长着两片叶子的具香味的白玉凤属（*Massonia*）植物就是马森的名字命名的。他还曾去过亚速尔群岛、马德拉群岛、北非、特内里费岛以及西印度群岛等地。他有过许多惊险的经历，曾在南非桌山当过逃犯，也在格林纳达岛上被法国远征军关押过，还在大西洋上遭遇了法国海盗。但最终，马森成功地将 1 000 余种新植物引入了英国。在漫长且令人钦佩的职业生涯中，他的最后一次探险选择了北美洲。大多数旅行都是跟随西北公司的贸易商们沿渥太华河和苏必利尔湖沿岸。他采集活植物，包括一些水生植物和种子，随后寄回英国。他于 1805 年在加拿大蒙特利尔逝世。

卡尔·皮特·桑博格（Carl Peter Thunberg），这位马森第二次好望角探险中的同伴，曾在乌普萨拉大学学习药学，并且曾是林奈（见 132 页）的学生，很喜欢植物学采集的工作。1770 年，他前往巴黎准备深入药物研究。他受邀前往日本为丹麦采集家约翰尼斯·伯曼（Johannes Burman）采集植物标本，但在当时外国人要想进入日本十分困难。其中的一个解决办法就是成为荷兰东印度公司的一名员工；在他出发之前，为了提高荷兰语水平，公司安排他前往开

Huernia campanulata

《豹皮花属新发现》中的插图，示钟花剑龙角（*Huernia campanulata*, syn. *Stapelia campanulata*）

普敦待了一段时间。就是在这三年里他遇到了马森。山牵牛属（*Thunbergia*）就以他命名。桑博格最终抵达了日本，采集到许多植物新种。桑博格私下里以其药学知识作为交换，巧妙地避开了日本当局为外国人设下的种种限制。他的日本标本都收录在了 1784 年的《日本植物志》（*Flora Japonica*）上；他一共发表了 21 个新属和数百个新种，因此得名"日本林奈"。他与德国植物学家约瑟夫·舒尔特斯（Joseph Schultes）共著的《好望角植物志》（*Flora Capensis*），记载了他在好望角地区所见的多种花卉。回到瑞典之后，桑博格继承了林奈的儿子小卡尔·冯·林奈（Carl von Linné the Younger，1741—1783）的职位，成了乌普萨拉大学的植物学教授。

"在异乡偶遇他的旅行者们……了解他对植物学贡献以及能够评价他的才能的科学家们，都会对其功绩做出公正的评价，他们的评价毋庸置疑地证实了马森不同寻常的成就。"

弗朗西斯·马森的讣告，蒙特利尔公报

齿叶倒挂金钟
Fuchsia
denticulata

dendrophilus *den-dro-FIL-us*
dendrophila, dendrophilum
喜树的，如南洋凌霄（*Tecomanthe dendrophila*）

dens-canis *denz KAN-is*
狗的牙齿，如犬齿赤莲（*Erythronium dens-canis*）

densatus *den-SA-tus*
densata, densatum
densus *den-SUS*
densa, densum
紧密的，密集的，如紫晃星（*Trichodiadema densum*）

densiflorus *den-see-FLOR-us*
densiflora, densiflorum
花朵密集的，如密花毛蕊草（*Verbascum densiflorum*）

densifolius *den-see-FOH-lee-us*
densifolia, densifolium
密叶的，如密叶唐菖蒲（*Gladiolus densifolilus*）

dentatus *den-TAH-tus*
dentata, dentatum
具牙齿的，如齿叶橐吾（*Ligularia dentata*）

denticulatus *den-tik-yoo-LAH-tus*
denticulata, denticulatum
具小牙齿的，如球花报春（*Primula denticulata*）

denudatus *dee-noo-DAH-tus*
denudata, denudatum
裸露的，如白玉兰（*Magnolia denudate*）

deodara *dee-oh-DAR-uh*
源于印度语中的雪松（deodar），如雪松（*Cedrus deodara*）

depauperatus *de-por-per-AH-tus*
depauperata, depauperatum
非正常发育的，矮小的，如矮小苔草（*Carex depauperata*）

dependens *de-PEN-denz*
下垂的，如灯油藤（*Celastrus dependens*）

deppeanus *dep-ee-AH-nus*
deppeana, deppeanum
以德国植物学家费迪南德·德佩（Ferdinand Deppe，1794—1861）命名的，如鳄皮圆柏（*Juniperus deppeana*）

depressus *de-PRESS-us*
depressa, depressum
平扁的，下压的，如平龙胆（*Gentiana depressa*）

deserti *DES-er-tee*
与沙漠有关的，如沙漠龙舌兰（*Agave deserti*）

desertorum *de-zert-OR-um*
沙漠的，如庭荠（*Alyssum desertorum*）

detonsus *de-TON-sus*
detonsa, detonsum
裸露的，被修剪的，如裸扁蕾（*Gentianopsis detonsa*）

deustus *dee-US-tus*
deusta, deustum
烧焦的，如焦色观音兰（*Tritonia deusta*）

diabolicus *dy-oh-BOL-ih-kus*
diabolica, diabolicum
魔鬼似的，如魔鬼槭（*Acer diabolicum*）

diacanthus *dy-ah-KAN-thus*
diacantha, diacanthum
具两根刺的，如双刺茶藨子（*Ribes diacanthum*）

diadema *dy-uh-DEE-ma*
王冠，如冠叶秋海棠（*Begonia diadema*）

diandrus *dy-AN-drus*
diandra, diandrum
具两枚雄蕊的，如双雄雀麦（*Bromus diandrus*）

dianthiflorus *die-AN-thuh-flor-us*
dianthiflora, dianthiflorum
花像石竹（*Dianthus*）的，如缎花蔓（*Episcia dianthiflora*）

diaphanus *dy-AF-a-nus*
diaphana, diaphanum
透明的，如鲜黄小檗（*Berberis diaphana*）

dichotomus *dy-KAW-toh-mus*
dichotoma, dichotomum
二叉的，二歧的，如野鸢尾（*Iris dichotoma*）

dichroanthus *dy-kroh-AN-thus*
dichroantha, dichroanthum
具二色花的，如两色杜鹃（*Rhododendron dichroanthum*）

dichromus *dy-Kroh-mus*
dichroma, dichromum
dichrous *dy-KRUS*
dichroa, dichroum
具两种不同颜色的，如异色唐菖蒲（*Gladiolus dichrous*）

dictyophyllus *dik-tee-oh-FIL-us*
dictyophylla, dictyophyllum
具网纹叶的，如刺红珠（*Berberis dictyophylla*）

didymus *DID-ih-mus*
didyma, didymum
成对的，如美国薄荷（*Monarda didyma*）

difformis *dif-FOR-mis*
difformis, difforme
形态特殊的，与同属其他植物不一样的，如异蔓长春花（*Vinca difformis*）

diffusus *dy-FEW-sus*
diffusa, diffusum
铺散的，如铺散莎草（*Cyperus diffusus*）

digitalis *dij-ee-TAH-lis*
digitalis, digitale
像手指的，如毛地黄钓钟柳（*Penstemon digitalis*）

digitatus *dig-ee-TAH-tus*
digitata, digitatum
像手张开的形状的，如七指树（*Schefera digitata*）

dilatatus *di-la-TAH-tus*
dilatata, dilatatum
展开的，如广布鳞毛蕨（*Dryopteris dilatata*）

dilutus *di-LOO-tus*
diluta, dilutum
淡的，苍白的，如浅淡六出花（*Alstroemeria diluta*）

dimidiatus *dim-id-ee-AH-tus*
dimidiata, dimidiatum
分成不同或不等的两部分，如异半细辛（*Asarum dimidiatum*）

dimorphus *dy-MOR-fus*
dimorpha, dimorphum
具两种形态的叶、花或果实的，如异果吊灯花（*Ceropegia dimorpha*）

dioicus *dy-OY-kus*
dioica, dioicum
雌花和雄花长在不同植株上的，如假升麻（*Aruncus dioicus*）

dipetalus *dy-PET-uh-lus*
dipetala, dipetalum
具两枚花瓣的，如二瓣秋海棠（*Begonia dipetala*）

拉 丁 学 名 小 贴 士

　　紫堇属是罂粟科的多年生耐寒草本植物，花长且呈管状，其异名 *digitata* 意思是"像手张开的形状"，也许最初指的是它像蕨类植物一样的叶片。

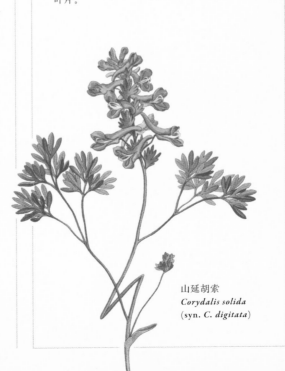

山延胡索
Corydalis solida
(syn. *C. digitata*)

毛地黄属

　　毛地黄的英文俗名是"foxglove"，这一植物为何会有一个如此狡猾的名字？在众多可疑的猜测中，一个童话故事讲到精灵们会把毛地黄手指形状的花朵缝成手套送给友善的狐狸们，于是它们就不会在鸡窝门前留下脚印罪证。另一个故事认为它应该是来源于"'folks' gloves"，辩论中的人会变成戴花作为手套的精灵。在故事中常出现的森林中的精灵很可能源自毛地黄属植物（*Digitalis*）所喜爱的林地生境。其学名源自拉丁词 *digitus*，意为指头，意指本属植物生于高高的花序上的手指状花朵。法国人称之为"*gant de Notre Dame*"，意为淑女的手套，而爱尔兰人将其称为精灵的帽子。

　　毛地黄属隶属于车前草科，通常可以长到 1.5 米高。在花园中，最好把它们当成二年生植物，尤其是当对颜色要求比较高时，因为时间长了它们往往会退化变回常见的紫色品系。虽然名字中带有紫色，但除此之外毛地黄（*D. purpurea*）还有开白色、乳白色或粉色花的品种。如果你想要一株开纯白色花的毛地黄，那就请认准"卡米洛特白"和"达尔马西亚白"（*D. purpurea* f. *albiflora* 'Camelot White' / 'Dalmatian White'）这两个品种，它们在薄暮的阳光里尤为美

黄花毛地黄
Digitalis lutea

毛地黄
Digitalis purpurea

丽（*purpureus, purpurea, purpureum*，意为紫色，*albiflorus, albiflora, albiflorum*，意为开白花的）。

　　几百年来，毛地黄都被用来治疗心脏疾病，但如果用量不当很可能会致人中毒，这也让它有了"死神之钟"的称号。

　　名字与手指有关的植物还有不少。*Digitatus, digitata, digitatum* 都表示五指，字面上理解就是一只张开手掌的形状。非洲的猴面包树（*Adansonia digitata*）具五小叶，看起来就像一只展开的手掌。掌状扁枝石松（*Diphasiastrum digitatum*）长有掌状的侧枝。

　　长小穗莎草（*Cyperus digitatus*）还有一个俗名叫指穗莎草。

diphyllus dy-FIL-us
diphylla, diphyllum
具两片叶的，如二叶须尾草（*Bulbine diphylla*）

dipsaceus dip-SAK-ee-us
dipsacea, dipsaceum
像川续断（*Dipsacus*）的，如起绒苔草（*Carex dipsacea*）

dipterocarpus dip-ter-oh-KAR-pus
dipterocarpa, dipterocarpum
果实具双翅的，如偏翅唐松草（*Thalictrum dipterocarpum*）

dipterus DIP-ter-us
diptera, dipterum
具二翅的，如二翅银钟花（*Halesia diptera*）

dipyrenus dy-pie-REE-nus
dipyrena, dipyrenum
具两粒种子或核的，如双核枸骨（*Ilex dipyrena*）

disciformis disk-ee-FOR-mis
disciformis, disciforme
盘状的，如盘果苜蓿（*Medicago disciformis*）

discoideus dis-KOY-dee-us
discoidea, discoideum
非辐射状的，如同花母菊（*Matricaria discoidea*）

discolor DIS-kol-or
具两种截然不同的颜色的，如一支箭（*Salvia discolor*）

dispar DIS-par
不同的，在同属中显得与众不同的，如异形帚灯草（*Restio dispar*）

dispersus dis-PER-sus
dispersa, dispersum
分散的，如散序权杖木（*Paranomus dispersus*）

dissectus dy-SEK-tus
dissecta, dissectum
分离的，如草原蓟（*Cirsium dissectum*）

dissimilis dis-SIM-il-is
dissimilis, dissimile
与属的常规特征不一样的，不同的，如异形鲸鱼花（*Columnea dissimilis*）

distachyus dy-STAK-yus
distachya, distachyum
具两个穗状花序的，如双穗水塔花（*Billbergia distachya*）

distans DIS-tanz
分离甚远的，如远花弯管鸢尾（*Watsonia distans*）

distichophyllus dis-ti-koh-FIL-us
distichophylla, distichophyllum
叶排成两列的，如北美米面蓊（*Buckleya distichophylla*）

distichus DIS-tih-kus
disticha, distichum
排列成两行的，如落羽杉（*Taxodium distichum*）

distortus DIS-tor-tus
distorta, distortum
形状怪异的，如怪异侧金盏花（*Adonis distorta*）

distylus DIS-sty-lus
distyla, distylum
具两枚花柱的，如二柱槭（*Acer distylum*）

diurnus dy-YUR-nus
diurna, diurnum
在白天开花的，如日花夜香树（*Cestrum diurnum*）

divaricatus dy-vair-ih-KAH-tus
divaricata, divaricatum
长得开展且分叉的，如歧生福禄考（*Phlox divaricate*）

花毛茛
Ranunculus asiaticus
var. *discolor*

divergens *div-VER-jenz*
展至远离中心的位置的，如歧生美洲茶（*Ceanothus divergens*）

diversifolius *dy-ver-sih-FOH-lee-us*
diversifolia, diversifolium
具不同形态的叶的，如沼泽芙蓉（*Hibiscus diversifolius*）

diversiformis *dy-ver-sih-FOR-mis*
diversiformis, diversiforme
具不同形态的，如异形沙红花（*Romulea diversiformis*）

divisus *div-EE-sus*
divisa, divisum
具分歧的，如全裂狼尾草（*Pennisetum divisum*）

dodecandrus *doh-DEK-an-drus*
dodecandra, dodecandrum
具12枚雄蕊的，如十二蕊破布木（*Cordia dodecandra*）

doerfleri *DOOR-fleur-eye*
以德国植物学家伊格纳兹·罗芙（Ignaz Dörfler，1866—1950）命名的，如罗芙秋水仙（*Colchicum doerfleri*）

dolabratus *dol-uh-BRAH-tus*
dolabrata, dolabratum
dolabriformis *doh-la-brih-FOR-mis*
dolabriformis, dolabriforme
形状像短柄斧的，如罗汉柏（*Thujopsis dolabrata*）

dolosus *do-LOH-sus*
dolosa, dolosum
欺骗的，看着像另一种植物的，如拟花卡特兰（*Cattleya × dolosa*）

dombeyi *DOM-bee-eye*
以法国植物学家约瑟夫·董贝（Joseph Dombey，1742—1794）命名的，如魁伟南青冈（*Nothofagus dombeyi*）

domesticus *doh-MESS-tih-kus*
domestica, domesticum
驯养的，如苹果（*Malus domestica*）

douglasianus *dug-lus-ee-AH-nus*
douglasiana, douglasianum
douglasii *dug-lus-ee-eye*
以苏格兰植物采集家大卫·道格拉斯（David Douglas，1799—1834）命名的，如沼沫花（*Limnanthes douglasii*）

drabifolius *dra-by-FOH-lee-us*
drabifolia, drabifolium
叶像葶苈的，如葶苈叶疆矢车菊（*Centaurea drabifolia*）

draco *DRAY-koh*
龙，如龙血树（*Dracaena draco*）

dracunculus *dra-KUN-kyoo-lus*
小龙，如龙蒿（*Artemisia dracunculus*）

drummondianus *drum-mond-ee-AH-nus*
drummondiana, drummondianum
drummondii *drum-mond-EE-eye*
以分别在澳大利亚和北美采集植物的詹姆斯·德拉蒙德（James Drummond）或托马斯·德拉蒙德（Tomas Drummond）兄弟中的一人命名的，如小天蓝绣球（*Phlox drummondii*）

drupaceus *droo-PAY-see-us*
drupacea, drupaceum
drupiferus *droo-PIH-fer-us*
drupifera, drupiferum
核果状的，如桃或樱桃，如甜荣桦（*Hakea drupacea*）

drynarioides *dri-nar-ee-OY-deez*
像槲蕨的，如槲蕨状连珠蕨（*Aglaomorpha drynarioides*）

dubius *DOO-bee-us*
dubia, dubium
可疑的，不像同属其他植物的，如橙花虎眼万年青（*Ornithogalum dubium*）

dulcis *DUL-sis*
dulcis, dulce
甜的，如巴旦杏（*Prunus dulcis*）

dumetorum *doo-met-OR-um*
来自树篱或灌丛的，如蔾首乌（*Fallopia dumetorum*）

dumosus *doo-MOH-sus*
dumosa, dumosum
浓密的，灌木的，如荒野龙（*Alluaudia dumosa*）

duplicatus *doo-plih-KAH-tus*
duplicata, duplicatum
两倍的，加倍的，如加倍润肺草（*Brachystelma duplicatum*）

durus *DUR-us*
dura, durum
硬的，如硬质泽丘蕨（*Blechnum durum*）

dyeri *DY-er-eye*
dyerianus *dy-er-ee-AH-nus*
dyeriana, dyerianum
以英国植物学家及英国伦敦邱园园长威廉·特纳·缇斯顿-戴尔（William Turner Tiselton-Dyer，1843—1928）爵士命名的，如红背耳叶马蓝（*Strobilanthes dyeriana*）

E

e-, ex-
用于复合词中表示"没有"，不包括的

ebeneus *eb-en-NAY-us*
ebenea, ebeneum
ebenus *eb-en-US*
ebena, ebenum
乌木的，如乌木薹草（*Carex ebenea*）

ebracteatus *e-brak-tee-AH-tus*
ebracteata, ebracteatum
无苞片的，如无苞刺芹（*Eryngium ebracteatum*）

eburneus *eb-URN-ee-us*
eburnea, eburneum
乳白色的，如乳白彗星兰（*Angraecum eburneum*）

echinatus *ek-in-AH-tus*
echinata, echinatum
具刺猬样的刺的，如刺茎天竺葵（*Pelargonium echinatum*）

echinosepalus *ek-in-oh-SEP-uh-lus*
echinosepala, echinosepalum
具多刺苞片的，如刺苞秋海棠（*Begonia echinosepala*）

echioides *ek-ee-OY-deez*
像蓝蓟（*Echium*）的，如刺缘毛莲菜（*Picris echioides*）

ecornutus *ek-kor-NOO-tus*
ecornuta, ecornutum
没有角的，如无角螳臂兰（*Stanhopea ecornuta*）

edgeworthianus *edj-wor-thee-AH-nus*
edgeworthiana, edgeworthianum
edgeworthii *edj-WOR-thee-eye*
以东印度公司的迈克尔·帕克南·埃奇沃思（Michael Paken-ham Edgeworth，1812—1881）命名的，如泡泡叶杜鹃（*Rhodo-dendron edgeworthii*）

edulis *ED-yew-lis*
edulis, edule
可食用的，如双子铁（*Dioon edule*）

effusus *eff-YOO-sus*
effusa, effusum
松散扩展的，如灯心草（*Juncus effusus*）

elaeagnifolius *el-ee-ag-ne-FOH-lee-us*
elaeagnifolia, elaeagnifolium
具胡颓子（*Elaeagnus*）一样的叶子，如胡颓子叶常春菊（*Brachy-glottis elaeagnifolia*）

elasticus *ee-LASS-tih-kus*
elastica, elasticum
有弹性的，产乳液的，如印度榕（*Ficus elastica*）

elatus *el-AH-tus*
elata, elatum
高的，如楤木（*Aralia elata*）

elegans *el-ee-GANS*
elegantulus *el-eh-GAN-tyoo-lus*
elegantula, elegantulum
优雅的，如圆锥山蚂蝗（*Desmodium elegans*）

elegantissimus *el-ee-gan-TISS-ih-mus*
elegantissima, elegantissimum
极优雅的，如孔雀木（*Schefflera elegantissima*）

拉 丁 学 名 小 贴 士

　　高翠雀花，这种耐寒的多年生植物可谓名副其实。它植株高大，坚韧且笔直，美丽的长花穗可长到 2 米高，其硕大的花朵常重瓣或半重瓣。

高翠雀花
Delphinium elatum

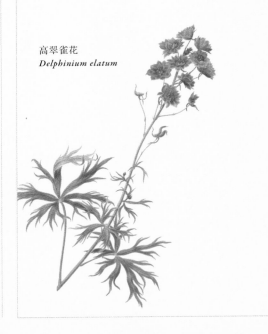

elephantipes *ell-uh-fan-TY-peez*
像大象脚的, 如象腿丝兰 (*Yucca elephantipes*)

elliottianus *el-ee-ot-ee-AH-nus*
elliottiana, elliottianum
以乔治·亨利·艾略特 (George Henry Elliott, 1813—1892)
船长命名的, 如黄花马蹄莲 (*Zantedeschia elliottiana*)

elliottii *el-ee-ot-EE-eye*
以美国植物学家斯蒂芬·艾略特 (Stephen Elliott, 1771—
1830) 命名的, 如艾氏画眉草 (*Eragrostis elliottii*)

ellipsoidalis *e-lip-soy-DAH-lis*
ellipsoidalis, ellipsoidale
椭圆体形的, 如椭圆栎 (*Quercus ellipsoidalis*)

ellipticus *ee-LIP-tih-kus*
elliptica, ellipticum
形状像椭圆形的, 如丝樱花 (*Garrya elliptica*)

elongatus *ee-long-GAH-tus*
elongata, elongatum
延长的, 伸长的, 如金手指 (*Mammillaria elongata*)

elwesii *el-WEZ-ee-eye*
以第一个皇家园艺学会维多利亚勋章获得者、英国植物采集
家亨利·约翰·埃尔韦斯 (Henry John Elwes, 1846—1922)
命名的, 如大雪滴花 (*Galanthus elwesii*)

emarginatus *e-mar-jin-NAH-tus*
emarginata, emarginatum
微缺的 (常指顶端), 如凹瓣捕虫堇 (*Pinguicula emarginata*)

eminens *EM-in-enz*
突出的, 显著的, 如显果花楸 (*Sorbus eminens*)

empetrifolius *em-pet-rih-FOH-lee-us*
empetrifolia, empetrifolium
叶像岩高兰的, 如岩高兰小檗 (*Berberis empetrifolia*)

encliandrus *en-klee-AN-drus*
encliandra, encliandrum
一半的雄蕊藏在花冠筒内的, 如半藏蕊倒挂金钟 (*Fuchsia encliandra*)

endresii *en-DRESS-ee-eye*
endressii
以德国植物采集家菲利普·克里斯托夫·恩德雷斯 (Philip
Anton Christoph Endress, 1806—1831) 命名的, 如恩德雷斯
老鹳草 (*Geranium endresii*)

engelmannii *en-gel-MAH-nee-eye*
以德裔医生兼植物学家格奥尔格·恩格尔曼 (Georg Engel-
mann, 1809—1884) 命名的, 如银云杉 (*Picea engelmannii*)

椭圆叶番樱桃
Eugenia elliptica

enneacanthus *en-nee-uh-KAN-thus*
enneacantha, enneacanthum
具九根刺的, 如九刺虾 (*Echinocereus enneacanthus*)

enneaphyllus *en-nee-a-FIL-us*
enneaphylla, ennephyllum
具九片叶子或小叶的, 如高山酢酱草 (*Oxalis enneaphylla*)

ensatus *en-SA-tus*
ensata, ensatum
剑形的, 如玉蝉花 (*Iris ensata*)

ensifolius *en-see-FOH-lee-us*
ensifolia, ensifolium
具剑形叶的, 如剑叶火炬花 (*Kniphofia ensifolia*)

ensiformis *en-see-FOR-mis*
ensiformis, ensiforme
剑形的, 如剑叶凤尾蕨 (*Pteris ensiformis*)

epipactis *ep-ih-PAK-tis*
希腊语中一种能凝固牛奶的植物，如瓣苞芹（*Hacquetia epipactis*）

epiphyllus *ep-ih-FIL-us*
epiphylla, epiphyllum
长在叶上面的，比如花朵，如卵心叶虎耳草（*Saxifraga epiphylla*）

epiphyticus *ep-ih-FIT-ih-kus*
epiphytica, epiphyticum
附生的，如附生垂筒花（*Cyrtanthus epiphyticus*）

equestris *e-KWES-tris*
equestris, equestre
equinus *e-KWEE-nus*
equina, equinum
与马有关的，马的，如小兰屿蝴蝶兰（*Phalaenopsis equestris*）

equisetifolius *ek-wih-set-ih-FOH-lee-us*
equisetifolia, equisetifolium
equisetiformis *eck-kwiss-ee-tih-FOR-mis*
equisetiformis, equisetiforme
像木贼（*Equisetum*）的，如爆仗竹（*Russelia equisetiformis*）

erectus *ee-RECK-tus*
erecta, erectum
直立的，垂直的，如直立延龄草（*Trillium erectum*）

eri-
用于复合词中表示"似羊毛"的

eriantherus *er-ee-AN-ther-uz*
erianthera, eriantherum
花药具绒毛的，如毛药钓钟柳（*Penstemon eriantherus*）

erianthus *er-ee-AN-thus*
eriantha, erianthum
花具绒毛的，如毛花艳斑岩桐（*Kohleria eriantha*）

ericifolius *er-ik-ih-FOH-lee-us*
ericifolia, ericifolium
叶像欧石南（*Erica*）的，如小叶佛塔树（*Banksia ericifolia*）

ericoides *er-ik-OY-deez*
像欧石南（*Erica*）的，如柳叶白菀（*Aster ericoides*）

erinaceus *er-in-uh-SEE-us*
erinacea, erinaceum
像刺猬的，如粉刺石竹（*Dianthus erinaceus*）

erinus *er-EE-nus*
希腊语中一种疑似罗勒属植物，如六倍利（*Lobelia erinus*）

eriocarpus *er-ee-oh-KAR-pus*
eriocarpa, eriocarpum
果具绒毛的，如毛果海桐（*Pittosporum eriocarpum*）

eriocephalus *er-ri-oh-SEF-uh-lus*
eriocephala, eriocephalum
顶部具绒毛的，如毛叶野芝麻（*Lamium eriocephalum*）

eriostemon *er-ree-oh-STEE-mon*
雄蕊具绒毛的，如毛蕊老鹳草（*Geranium eriostemon*）

erosus *e-ROH-sus*
erosa, erosum
齿蚀状的，如蚀齿白粉藤（*Cissus erosa*）

erubescens *er-oo-BESS-enz*
变红的，如红苞喜林芋（*Philodendron erubescens*）

erythro-
用于复合词中表示"红色的"

erythrocarpus *er-ee-throw-KAR-pus*
erythrocarpa, erythrocarpum
具红色果实的，如红果猕猴桃（*Actinidia erythrocarpa*）

erythropodus *er-ee-THROW-pod-us*
erythropoda, erythropodum
具红色茎的，如红柄羽衣草（*Alchemilla erythropoda*）

erythrosorus *er-rith-roh-SOR-us*
erythrosora, erythrosorum
具红色孢子囊的，如红盖鳞毛蕨（*Dryopteris erythrosora*）

esculentus *es-kew-LEN-tus*
esculenta, esculentum
可食用的，如芋（*Colocasia esculenta*）

etruscus *ee-TRUSS-kus*
estrusca, estruscum
与意大利的托斯卡纳地区有关的，如意大利番红花（*Crocus etruscus*）

eucalyptifolius *yoo-kuh-lip-tih-FOH-lee-us*
eucalyptifolia, eucalyptifolium
叶像桉属植物（*Eucalyptus*）的，如桉叶木百合（*Leucadendron eucalyptifolium*）

euchlorus *YOO-klor-us*
euchlora, euchlorum
深绿色的，如美绿椴（*Tilia* × *euchlora*）

eugenioides *yoo-jee-nee-OY-deez*
像番樱桃属植物（*Eugenia*）的，如橙香海桐（*Pittosporum eugenioides*）

刺芹属

"草"如其名的滨海刺芹（*Eryngium mari-timum*）适合生长在向阳处排水良好的沙质土壤中。*Maritimus (maritima, maritimum)* 意为与海有关的。它们可以长到 30 厘米高，叶片是漂亮的银灰色，从中优雅地伸出带金属光泽的蓝色花朵。这使得它成为适合海边花园的完美植物。高耸的巨刺芹（*E. gigantean*）可以长到1~1.2 米高，英国园艺家艾伦·维尔莫特（Ellen Willmott，1858—1934）格外喜爱它，甚至会在口袋中装满它的种子，然后随意地撒在不知情的朋友的花园边，于是它就有了"维尔莫特小姐的幽灵"的称号。

除此之外，维尔莫特还在她家乡，位于埃塞克斯郡的沃利园（Warley Place）建设了大量的花园。她还资助了许多植物猎人，如欧内斯特·亨利·威尔逊（Ernest Henry Wilson）。据说她曾经同时雇了一百名园丁为她工作。正因如此，她对园艺的狂热追求影响传到了法国和意大利，却也终将其家族财富挥霍殆尽，并在身后欠下巨债。有数种植物以她命名，如"维尔莫特小姐"尼泊尔委陵菜（*Potentilla nepalensis* 'Miss Willmott'）、兰州百合（*Lilium davidii* var. *willmottiae*）。

滨海刺芹
Eryngium maritimum

18 世纪前，滨海刺芹的根部由于很甜且有香气，被当作糖源植物食用。除了好吃以外还被认为有催情的功效。

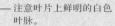

—— 注意叶片上鲜明的白色叶脉。

作为伞形科的一员，刺芹属植物为二年生或多年生草本。大多数耐寒，花序被具刺齿的苞片包围。巨刺芹在其第一年会长出许多肉质的绿叶；在第二年花序伸出时就会变得坚硬且多刺。这种植物会在开花后死亡，在它们的花褪色之前可以将花枝剪下，干后也很漂亮，可以长时间作为室内的装饰摆放。

eupatorioides *yoo-puh-TOR-ee-oy-deez*
像泽兰属植物（*Eupatorium*）的，如欧洲龙芽草（*Agrimonia eupatoria*）

euphorbioides *yoo-for-bee-OY-deez*
像大戟属植物（*Euphorbia*）的，如勇凤（*Neobuxbaumia euphorbioides*）

europaeus *yoo-ROH-pay-us*
europaea, europaeum
与欧洲有关的，如欧洲卫矛（*Euonymus europaeus*）

evansianus *eh-vanz-ee-AH-nus*
evansiana, evansianum
evansii *eh-VANS-ee-eye*
以许多名为埃文斯的人命名的，包括托马斯·埃文斯（Tomas Evans，1751—1814），如秋海棠（*Begonia grandis* subsp. *evansiana*）

exaltatus *eks-all-TAH-tus*
exaltata, exaltatum
极高的，如高大肾蕨（*Nephrolepis exaltata*）

exaratus *ex-a-RAH-tus*
exarata, exaratum
具沟槽的，如穗状剪股颖（*Agrostis exarata*）

excavatus *ek-ska-VAH-tus*
excavata, excavatum
中空的，如因约花仙灯（*Calochortus excavatus*）

excellens *ek-SEL-lenz*
最好的，如美瓶子草（*Sarracenia* × *excellens*）

excelsior *eks-SEL-see-or*
更高的，如欧梣（*Fraxinus excelsior*）

excelsus *ek-SEL-sus*
excelsa, excelsum
高的，如柱状南洋杉（*Araucaria excelsa*）

excisus *eks-SIZE-us*
excisa, excisum
切掉的，切断的，如截叶铁线蕨（*Adiantum excisum*）

excorticatus *eks-kor-tih-KAH-tus*
excorticata, excorticatum
无皮的或剥皮的，如树倒挂金钟（*Fuchsia excorticata*）

exiguus *eks-IG-yoo-us*
exigua, exiguum
极少的，贫乏的，如黄线柳（*Salix exigua*）

eximius *eks-IM-mee-us*
eximia, eximium
出类拔萃的，如黄血木（*Eucalyptus eximia*）

exoniensis *eks-oh-nee-EN-sis*
exoniensis, exoniense
源于英国埃克赛特地区的，如埃克赛特西番莲（*Passiflora* × *exoniensis*）

expansus *ek-SPAN-sus*
expansa, expansum
展开的，如开展龙须兰（*Catasetum expansum*）

exsertus *ek-SER-tus*
exserta, exsertum
伸出的，如大蚊子兰（*Acianthus exsertus*）

extensus *eks-TEN-sus*
extensa, extensum
延长的，如瘦长金合欢（*Acacia extensa*）

eyriesii *eye-REE-see-eye*
以19世纪法国仙人掌采集家亚历山大·艾瑞斯（Alexander Eyries）命名的，如短毛丸（*Echinopsis eyriesii*）

欧洲卫矛
Euonymus europaeus

桉属

作为桃金娘科（Myrtaceae）的一员，桉属（Eucalyptus）植物的名称源于希腊语，eu 是好的意思，kalypto 意为覆盖，暗指其萼片包在其独特的花朵上，看起来就像一顶帽子。大多数桉属植物原产于澳大利亚和塔斯马尼亚岛，但现已在世界范围内广为种植。本属包含了数百余个种，其中有些种类在高度上堪称植物之最。蓝桉（Eucalyptus globulus）又称塔斯马尼亚桉，最早由法国植物学家雅克-朱利安·霍图·德·拉毕拉赫迪埃赫（Jacques- Julien Houtou de Labillardière）于 18 世纪 90 年代采集自塔斯马尼亚岛东南岸，现已成为该岛的岛树。

桉属植物的观赏性很强，其

银叶山桉（Eucalyptus pulverulenta），其种加词义为似被灰尘覆盖的。

花朵美丽且叶片芳香。许多种类还有引人注目的树皮，尤其是山桉（E. dalrympleana）。其幼时树皮为白色或米白色，长大后变成粉色或浅棕色。树皮长条状剥落也是本属植物的特征之一。赤桉（E. camaldulensis）又名雀嘴桉，十分耐旱，而且同大多数桉属植物一样生长格外迅速。桉寄生（Muellerina eucalyptoides）长着同桉属植物外形相近的叶子，可以寄生在赤桉树上（eucalyptoides 意为像桉树的）。在温和的气候条件下，人们可以种植柠檬桉（E. citriodora），它可以发出诱人的香气（citriodorus, citriodora, citriodorum 意为柠檬味的）。樟叶桉（E. camphora）微红色的叶片富含精油，闻起来略带樟脑味（camphorus, camphora, camphorum 意为带有樟脑味的）。

桉属植物喜欢大太阳以及排水良好的土壤。由于其原产地的生境，它们大多十分耐旱，但在湿冷的土壤中长势不佳。要避免在风口种植桉树，因为这些高大的树干很容易被吹倒。桉树不宜移栽，因此谨慎的选址尤为重要。

帽状的萼片是桉属（Eucalyptus）学名的来源。

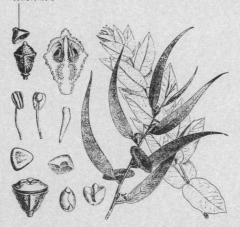

蓝桉
Eucalyptus globulus

F

fabaceus *fab-AY-see-us*
fabacea, fabaceum
像蚕豆的，如蚕豆状壮臂瓜（*Marah fabacea*）

facetus *fa-CEE-tus*
faceta, facetum
高雅的，如棉毛房杜鹃（*Rhododendron facetum*）

fagifolius *fag-ih-FOH-lee-us*
fagifolia, fagifolium
叶像水青冈（*Fagus*）的，如青冈叶桤叶树（*Clethra fagifolia*）

falcatus *fal-KAH-tus*
falcata, falcatum
镰刀状的，如镰形曲管花（*Cyrtanthus falcatus*）

falcifolius *fal-sih-FOH-lee-us*
falcifolia, falcifolium
叶镰刀状的，如镰叶韭（*Allium falcifolium*）

falciformis *fal-sif-FOR-mis*
falciformis, falciforme
镰刀状的，如镰叶杉（*Falcatifolium falciforme*）

falcinellus *fal-sin-NELL-us*
falcinella, falcinellum
小镰刀状的，如镰叶耳蕨（*Polystichum falcinellum*）

fallax *FAL-laks*
具有欺骗性的；假性的，如多肉植物 *Crassula fallax*

farinaceus *far-ih-NAH-kee-us*
farinacea, farinaceum
产淀粉、面粉一样的粉状物的，如蓝花鼠尾草（*Salvia farinacea*）

farinosus *far-ih-NOH-sus*
farinosa, farinosum
粉状的，如钝头杜鹃（*Rhododendron farinosum*）

farnesianus *far-nee-zee-AH-nus*
farnesiana, farnesianum
与意大利罗马的法尔内塞花园有关的，如金合欢（*Acacia farnesiana*）

farreri *far-REY-ree*
以英国植物采集家及植物学家雷金纳德·法雷尔（Reginald Farrer，1880—1920）命名的，如香荚蒾（*Viburnum farreri*）

fasciatus *fash-ee-AH-tus*
fasciata, fasciatum
连在一起的，如美叶光萼荷（*Aechmea fasciata*）

fascicularis *fas-sik-yoo-LAH-ris*
fascicularis, fasciculare
fasciculatus *fas-sik-yoo-LAH-tus*
fasciculata, fasciculatum
聚集成束状的，如簇花茶藨子（*Ribes fasciculatum*）

fastigiatus *fas-tij-ee-AH-tus*
fastigiata, fastigiatum
具笔直分枝的，常展形成柱状，如直枝枸子（*Cotoneaster fastigiatus*）

fastuosus *fast-yoo-OH-sus*
fastuosa, fastuosum
骄傲的，如傲花腊肠树（*Cassia fastuosa*）

fatuus *FAT-yoo-us*
fatua, fatuum
无味的，低质量的，如野燕麦（*Avena fatua*）

febrifugus *feb-ri-FEW-gus*
febrifuga, febrifugum
可以退热的，如常山（*Dichroa febrifuga*）

fecundus *feh-KUN-dus*
fecunda, fecundum
富饶的，多产的，如多产芒毛苣苔（*Aeschynanthus fecundus*）

fejeensis *fee-jee-EN-sis*
fejeensis, fejeense
源于南太平洋斐济群岛的，如斐济骨碎补（*Davallia fejeensis*）

线叶龙胆
Gentiana farreri

植物的颜色

植物学名中有相当多的拉丁词汇是用来描述颜色的。古罗马人利用诸如植物、动物、海洋生物以及昆虫等自然原料制作染料。对于红色和黄色等容易提取的颜色，自然是有着大量听起来更有内涵的名字，然而像很难生产的蓝色和绿色染料，形容它们的词汇就不多，同理如灰色和棕色也很少见。如今，传统的词汇已经远远不能满足现代科学的需要了，植物学家们继而引入了许多新的颜色单词，有些来自德

文词源，例如 *brunneus*，棕色。当然，像颜色这样的性状通常并不能完全相信拉丁名的描述，毕竟这些名字是根据早年最初发现的一批植物命名的，而且对于颜色这种微妙性状的描述势必会带有命名人的主观因素。比如一位植物学家眼中的玫红色在另一位学者眼中可能就会是肉红色，这些难免都会带来误差。通常情况下，植物名中所用的颜色词汇实际上更多是一种近似。

拉丁词汇中有一大批单词都有黄色的意思。为了便于识记，园丁们只需记住带有前缀"*flav-*"的词汇往往都跟黄色相关，例如淡黄楼斗菜（*Aquilegia flavescens*）。但要想记清楚这些颜色词汇可不是件容易的事情，例如 *flavens, flaveolus (flaveola, flaveolum), flavescens, flavidus (flavida, flavidum)* 都是淡黄色的意思，而 *flavus (flava, flavum)* 意为正黄色。与此同时，*luteus (lutea, luteum)* 也是黄色的意思，*luridus (lurida, luridum)* 意为发白的黄色，而 *luteolus (luteola, luteolum)* 也是浅黄色的意思。更为复杂的是，前缀"*xanth-*"也指黄色，比如黄色果实的 *xanthocarpus (xanthocarpa, xanthocarpum)*，黄色叶脉的 *xanthonervis (xanthonervis, xanthonerve)*，以及黄色根的 *xanthorrhizus (xanthorrhiza, xanthorrhizum)*。

还有一些描述绿色的词汇，例如以"*Viri-*"开头的单词通常都与绿色相关，例如绿色（*virens*），浅绿色（*virescens*），呈绿色的（*viridescens*）等。绿花水仙（*Narcissus viridiflorus*）具有独特的绿色花朵，*viridiflorus, viridiflora, viridiflorum* 就是具绿花的意思。*Viridifuscus (viridifusca, vir-*

二色天竺葵
Pelargonium bicolor

草如其名，二色天竺葵是开双色花植物的典型代表。

绿花谷鸢尾
Ixia viridiflora

开绿花的植物在花园中可能不那么显眼，绿花谷鸢尾是该属中最美丽的品种之一。

白睡莲
Nymphaea alba

意为白色，正如水中洁白的白睡莲。

idifuscum) 意为绿褐色。也有一些词汇专门用于形容蓝绿色，*glaucescens* 就是具白霜或蓝绿色的意思。当叶片呈现蓝绿色或具白霜时就称为 "*glaucophyllus (glaucophylla, glaucophyllum)*"，例如白叶铁线莲（*Clematis glaucophylla*）。

　　某些颜色的描述有着十分微妙的差别，最典型的当属白色和银色。例如 *albidus (albida, albidum)* 和 *albus (alba, album)* 意为白色，*nivalis (nivalis, nivale)*, *niveus (nivea, niveum)* 和 *nivosus (nivosa, nivosum)* 表示植物呈雪白色或生长在雪旁。前缀 "*argent-*" 和 "*argyro-*" 意为银色的，*argenteoguttatus (argenteoguttata, argenteoguttatum)* 用于形容植物具有银色的斑点，而 *argyroneurus (argyroneura, argyroneurum)* 形容植物具有银色

的叶脉。这些词汇也出现在一些栽培品种的名字中，例如'银斑'木本秋海棠（*Begonia arborescens* var. *arborescens* 'Argenteoguttata'），该植物长有独特的具白色斑点的叶子。

　　还有一些与颜色相关的概述性的词汇。例如 *bicolor*，表示植物具两种颜色，如'二色'异味蔷薇（*Rosa foetida* 'Bicolor'），具有红黄相间的花朵。类似地，*discolor* 意为植物的某一部分具两种颜色，如青紫葛（*Cissus discolor*），具有银色和绿色相间的叶脉，叶背红色。与之相反，*concolor* 意为同色的，如白冷杉（*Abies concolor*）。*Tinctorius (tinctoria, tinctorium)* 与染料相关，例如红花（*Carthamus tinctorius*）的干花常常用于制作天然的黄色染料。

fenestralis *fen-ESS-tra-lis*
fenestralis, fenestrale
具窗户一样的开口，如网纹凤梨（*Vriesea fenestralis*）

fennicus *FEN-nih-kus*
fennica, fennicum
与芬兰有关的，如芬兰云杉（*Picea fennica*）

ferax *FER-aks*
果实多的，如丰实箭竹（*Fargesia ferax*）

ferox *FER-oks*
惊人的，多刺的，如多刺曼陀罗（*Datura ferox*）

ferreus *FER-ee-us*
ferrea, ferreum
与铁有关的，像铁一样坚硬的，如铁云实（*Caesalpinia ferrea*）

ferrugineus *fer-oo-GIN-ee-us*
ferruginea, ferrugineum
铁锈色的，如绣点毛地黄（*Digitalis ferruginea*）

fertilis *fer-TIL-is*
fertilis, fertile
具大量果实的，有许多种子的，如毛刺槐（*Robinia fertilis*）

festalis *FES-tuh-lis*
festalis, festale
festivus *fes-TEE-vus*
festiva, festivum
欢乐的，欢快的，如秘鲁蜘蛛百合（*Hymenocallis* × *festalis*）

fibrillosus *fy-BRIL-oh-sus*
fibrillosa, fibrillosum
fibrosus *fy-BROH-sus*
fibrosa, fibrosum
纤维的，纤维状的，如金树蕨（*Dicksonia fibrosa*）

ficifolius *fik-ee-FOH-lee-us*
ficifolia, ficifolium
叶像榕树状的，如榕叶黄瓜（*Cucumis ficifolius*）

ficoides *fy-KOY-deez*
ficoideus *fy-KOY-dee-us*
ficoidea, ficoideum
像无花果（*Ficus*）的，如榕状仙人笔（*Senecio ficoides*）

filamentosus *fil-uh-men-TOH-sus*
filamentosa, filamentosum
filarius *fil-AH-ree-us*
filaria, filarium
具细丝或线的，如柔软丝兰（*Yucca filamentosa*）

filicifolius *fil-ee-kee-FOH-lee-us*
filicifolia, filicifolium
叶似蕨类的，如蕨叶南洋森（*Polyscias filicifolia*）

filicinus *fil-ih-SEE-nus*
filicina, filicinum
filiculoides *fil-ih-kyu-LOY-deez*
蕨状的，如羊齿天门冬（*Asparagus filicinus*）

fili-
用于复合词中，表示"线状的"

filicaulis *fil-ee-KAW-lis*
filicaulis, filicaule
具细长茎的，如丝茎羽衣草（*Alchemilla filicaulis*）

filipendulus *fil-ih-PEN-dyoo-lus*
filipendula, filipendulum
像蚊子草（*Filipendula*）的，如蚊子草样水芹（*Oenanthe fili-pendula*）

filipes *fil-EE-pays*
具细长茎的，如腺梗蔷薇（*Rosa filipes*）

fimbriatus *fim-bry-AH-tus*
fimbriata, fimbriatum
流苏状的，如流苏蝇子草（*Silene fimbriata*）

firmatus *fir-MAH-tus*
firmata, firmatum
firmus *fir-MUS*
firma, firmum
强壮的，如日本冷杉（*Abies firma*）

fissilis *FISS-ill-is*
fissilis, fissile
fissus *FISS-us*
fissa, fissum
fissuratus *fis-zhur-RAH-tus*
fissurata, fissuratum
分裂的，如裂叶羽衣草（*Alchemilla fissa*）

fistulosus *fist-yoo-LOH-sus*
fistulosa, fistulosum
中空的，如小管状金穗花（*Asphodelus fistulosus*）

flabellatus *fla-bel-AH-tus*
flabellata, flabellatum
像一个张开的风扇，如洋牡丹（*Aquilegia flabellata*）

flabellifer *fla-BEL-lif-er*
flabellifera, flabelliferum
扇状结构的，如扇叶树头椰（*borassus flabellifer*）

flabelliformis *fla-bel-ih-FOR-mis*
flabelliformis, flabelliforme
扇状的，如扇叶刺桐（*Erythrina flabelliformis*）

flaccidus *FLA-sih-dus*
flaccida, flaccidum
虚弱的，柔软的，无力的，如柔弱丝兰（*Yucca flaccida*）

flagellaris *fla-gel-AH-ris*
flagellaris, flagellare
flagelliformis *fla-gel-ih-FOR-mis*
flagelliformis, flagelliforme
像鞭子的，有长而细的嫩枝的，如刺苞南蛇藤（*Celastrus flagellaris*）

flammeus *FLAM-ee-us*
flammea, flammeum
火红色的，像火焰的，如火焰虎皮兰（*Tigridia flammea*）

flavens *flav-ENZ*
flaveolus *fla-VEE-oh-lus*
flaveola, flaveolum
flavescens *flav-ES-enz*
flavidus *FLA-vid-us*
flavida, flavidum
各种各样的黄色（见 86 页），如袋鼠爪（*Anigozanthos flavidus*）

flavicomus *flay-vih-KOH-mus*
flavicoma, flavicomum
具黄毛的，如黄冠大戟（*Euphorbia flavicoma*）

flavissimus *flav-ISS-ih-mus*
flavissima, flavissimum
暗黄色的，如暗黄葱莲（*Zephyranthes flavissima*）

flavovirens *fla-voh-VY-renz*
青黄色的，如黄绿花红千层（*Callistemon flavovirens*）

flavus *FLA-vus*
flava, flavum
纯黄色的，如黄花番红花（*Crocus flavus*）

flexicaulis *fleks-ih-KAW-lis*
flexicaulis, flexicaule
具柔软的茎的，如曲茎马蓝（*Strobilanthes flexicaulis*）

flexilis *FLEKS-il-is*
flexilis, flexile
易弯的，如柔枝松（*Pinus flexilis*）

flexuosus *fleks-yoo-OH-sus*
flexuosa, flexuosum
间接地，如穆坪紫堇（*Corydalis flexuosa*）

拉 丁 学 名 小 贴 士

　　fistulosum 意为中空的，作为种加词时与植物的茎有关。水芹属的属名 *Oenanthe* 源于希腊词，意为红酒花，茎压碎后会散发出类似于红酒的香味。其伞形花序紧密，从远处看就像山萝卜。管茎水芹（*Oenanthe fistulosa*）是原产不列颠群岛的一种耐寒常绿的野花，其自然生境是沼泽、浅水区或似沼泽的地区。它的叶片灰绿色，形似胡萝卜，整个植株可以长到 60 厘米高。管茎水芹很适合种植在池塘边，但是得当心，几乎所有水芹属植物都是有毒的，其中藏红花色水芹（*O. crocata*）对人的危害最大。

管茎水芹
Oenanthe fistulosa

floccigerus *flok-KEE-jer-us*
floccigera, floccigerum
floccosus *flok-KOH-sus*
floccosa, floccosum
具丛卷毛的，如丛卷丝苇（*Rhipsalis floccosa*）

florentinus *flor-en-TEE-nus*
florentina, florentinum
与意大利的佛罗伦萨有关的，如佛罗伦萨海棠（*Malus florentina*）

flore-pleno *FLOR-ee PLEE-no*
具重瓣花的，如重瓣欧楼斗菜（*Aquilegia vulgaris* var. *flore-pleno*）

floribundus *flor-ih-BUN-dus*
floribunda, floribunium
floridus *flor-IH-dus*
florida, floridum
繁花的，多花的，如多花紫藤（*Wisteria floribunda*）

美丽灌丛豆
Pultenaea flexilis

floridanus *flor-ih-DAH-nus*
floridana, floridanum
与佛罗里达有关的，如佛罗里达八角（*Illicium floridanum*）

floriferus *flor-IH-fer-us*
florifera, floriferum
有花的，带花的，如丰花孤菀（*Townsendia florifera*）

flos *flos*
用于复合词中表示"花"，如布谷鸟剪秋罗（*Lychnis flos-cuculi*）

fluitans *FLOO-ih-tanz*
漂浮的，如漂浮甜茅（*Glyceria fluitans*）

fluminensis *floo-min-EN-sis*
fluminensis, fluminense
来自巴西的里约热内卢地区，如白花紫露草（*Tradescantia fluminensis*）

fluvialis *floo-vee-AHL-is*
fluvialis, fluviale
fluviatilis *floo-vee-uh-TIL-is*
fluviatilis, fluviatile
生长在河流或流水中，如水生长星花（*Isotoma fluviatilis*）

foeniculaceus *fen-ee-kul-ah-KEE-us*
foeniculacea, foeniculaceum
像茴香（*Foeniculum*）的，如茴香叶木茼蒿（*Argyranthemum foeniculaceum*）

foetidus *FET-uh-dus*
foetida, foetidum
臭的，如垂管花（*Vestia foetida*）

foetidissimus *fet-uh-DISS-ih-mus*
foetidissima, foetidissimum
极难闻的，如怪味鸢尾（*Iris foetidissima*）

foliaceus *foh-lee-uh-SEE-us*
foliacea, foliaceum
叶质的，叶状的，如叶状紫菀（*Aster foliaceus*）

foliatus *fol-ee-AH-tus*
foliata, foliatum
具叶的，如具叶肺筋草（*Aletris foliata*）

foliolotus *foh-lee-oh-LOH-tus*
foliolota, foliolotum
foliolosus *foh-lee-oh-LOH-sus*
foliolosa, foliolosum
具小叶的，如多叶唐松草（*Thalictrum foliolosum*）

茴香属

当同属下的不同物种共用同一俗名时，就很容易引起混淆，茴香属就是这样一个例子。球茎茴香（*Foeniculum vulgare* var. *dulce*）是具球茎的一年生低矮草本，常还被称为甘茴香，在意大利菜中非常常用。（*Vulgaris, vulgaris, vulgare* 意为常见的，*dulcis, dulcis, dulce* 意为甜的。）茴香（*F. vulgare* var. *sativum*）是高挑优雅的多年生草本，叶和种子可用做调料。它既有绿色又有青铜色的品种，复伞形花序往往较晚开放。这种美丽的植物在花园和药草园中都很常见。为了避免变种之间的交叉授粉，应确保隔开一定距离种植。茴香是一种高效的"自助播种机"，种苗可以迅速地长出强壮的直根，所以一旦长出都应该尽快清除。

茴香的希腊语是 *marathon*，马拉松。公元前 490 年，当希腊军队在马拉松击败波斯军队时，一位希腊士兵跑完了 26 英里到雅典宣布这一消息。这场战斗在一片茴香田中展开（具体为何种已不可考），于是茴香的属名便跟马拉松永远地联系在了一起。而另一种说法就没有这么英雄主义了，相传把茴香籽放在钥匙孔里可以防鬼。*Foeniculaceus (foeniculacea, foeniculaceum)* 意为像茴香的，如茴藿香（*Agastache foeniculum*）、茴香饼根芹（*Lomatium foeniculaceum*）等。但是英文中被叫作"茴香花（fennel

茴香的叶片和种子都有一种特殊的香气。实际上，它的叶片可以用作草药，种子可作为调料。

flower)"的植物实际上与茴香并无关系，而是西班牙黑种草（*Nigella hispanica*）。

为了使球茎膨胀变得 ——————————
肉质，需要浇很多水。

栽培球茎茴香时如果温度不够，就容易促使它们开花。

foliosus *foh-lee-OH-sus*
foliosa, foliosum
多叶的，如马德拉掌根兰（*Dactylorhiza foliosa*）

follicularis *fol-lik-yoo-LAY-ris*
follicularis, folliculare
具小囊的，如土瓶草（*Cephalotus follicularis*）

fontanus *FON-tah-nus*
fontana, fontanum
生长在活水中，如喜泉卷耳（*Cerastium fontanum*）

formosanus *for-MOH-sa-nus*
formosana, formosanum
与台湾有关的，如台湾独蒜兰（*Pleione formosana*）

formosus *for-MOH-sus*
formosa, formosum
美丽的，俊美的，如美丽马醉木（*Pieris formosa*）

forrestianus *for-rest-ee-AH-nus*
forrestiana, forrestianum
forrestii *for-rest-EE-eye*
以苏格兰植物采集家乔治·福雷斯特（George Forrest，1873—1932）命名的，如川滇金丝桃（*Hypericum forrestii*）

fortunei *for-TOO-nee-eye*
以苏格兰植物采集家及园艺家罗伯特·福琼（Robert Fortune，1812—1880）命名的，如棕榈（*Trachycarpus fortunei*）

美丽马醉木
Pieris formosa

foveolatus *foh-vee-oh-LAH-tus*
foveolata, foveolatum
具少量凹痕的，如凹叶流苏树（*Chionanthus foveolatus*）

fragarioides *fray-gare-ee-OY-deez*
像草莓的，如莓状林石草（*Waldsteinia fragarioides*）

fragilis *FRAJ-ih-lis*
fragilis, fragile
脆弱的，很快枯萎的，如爆竹柳（*Salix fragilis*）

fragantissimus *fray-gran-TISS-ih-mus*
fragrantissima, fragrantissimum
很香的，如郁香忍冬（*Lonicera fragrantissima*）

fragrans *FRAY-granz*
芬芳的，如木犀（*Osmanthus fragrans*）

fraseri *FRAY-zer-ee*
以苏格兰植物采集家和苗圃主约翰·福来瑟（John Fraser，1750—1811）命名的，如福来氏木兰（*Magnolia fraseri*）

fraxineus *FRAK-si-nus*
fraxinea, fraxineum
像白蜡的，如白蜡叶泽丘蕨（*Blechnum fraxineum*）

fraxinifolius *fraks-in-ee-FOH-lee-us*
fraxinifolia, fraxinifolium
具白蜡状叶的，如高加索枫杨（*Pterocarya fraxinifolia*）

frigidus *FRIH-jih-dus*
frigida, frigidum
生长在寒冷地区的，如冷蒿（*Artemisia frigida*）

frondosus *frond-OH-sus*
frondosa, frondosum
多叶的，如多叶报春花（*Primula frondosa*）

frutescens *froo-TESS-enz*
fruticans *FROO-tih-kanz*
fruticosus *froo-tih-KOH-sus*
fruticosa, fruticosum
灌木的，浓密的，如木茼蒿（*Argyranthemum frutescens*）

fruticola *froo-TIH-koh-luh*
生长在灌木丛中，如灌丛唇柱苣苔（*Chirita fruticola*）

fruticulosus *froo-tih-koh-LOH-sus*
fruticulosa, fruticulosum
矮小的，灌木状的，如灌木紫罗兰（*Matthiola fruticulosa*）

fucatus *few-KAH-tus*
fucata, fucatum
着色的，被染色的，如赤色雄黄兰（*Crocosmia fucata*）

拉 丁 学 名 小 贴 士

黑莓耐寒，株型铺散，是一种深受无核水果种植者喜爱的灌木（*fruticosus* 意为灌木的）。为了提高产量，园丁们可以在结实后不久剪断老的果枝，这样可以释放空间，让新枝可以在冬季之前长出并成熟。

黑莓
Rubus fruticosus

fuchsioides *few-shee-OY-deez*
像倒挂金钟的，如倒挂紫玲花（*Iochroma fuchsioides*）

fugax *FOO-gaks*
快速枯萎的，飞逝的，如易萎海葱（*Urginea fugax*）

fulgens *FUL-jenz*
fulgidus *FUL-jih-dus*
fulgida, fulgidum
华丽的，闪耀的，如全缘金光菊（*Rudbeckia fulgida*）

fuliginosus *few-lih-gin-OH-sus*
fuliginosa, fuliginosum
脏棕色或煤烟色的，如煤烟色薹草（*Carex fuliginosa*）

fulvescens *ful-VES-enz*
变为茶色的，如茶色尾萼兰（*Masdevallia fulvescens*）

fulvidus *FUL-vee-dus*
fulvida, fulvidum
略茶色的，如茶色蒲苇（*Cortaderia fulvida*）

fulvus *FUL-vus*
fulva, fulvum
茶橙色的，如萱草（*Hemerocallis fulva*）

fumariifolius *foo-mar-ee-FOH-lee-us*
fumariifolia, fumariifolium
叶像烟堇的，如烟堇叶蓝盆花（*Scabiosa fumariifolia*）

funebris *fun-EE-bris*
funebris, funebre
与墓地有关的，如柏木（*Cupressus funebris*）

fungosus *fun-GOH-sus*
fungosa, fungosum
像真菌的，如棉花竹（*Borinda fungosa*）

furcans *fur-kanz*
furcatus *fur-KA-tus*
furcata, furcatum
分叉的，如分叉露兜（*Pandanus furcatus*）

fuscatus *fus-KA-tus*
fuscata, fuscatum
褐色的，如褐庭菖蒲（*Sisyrinchium fuscatum*）

fuscus *FUS-kus*
fusca, fuscum
暗褐色或黑褐色，如褐色假山毛榉（*Nothofagus fusca*）

futilis *FOO-tih-lis*
futilis, futile
无用的，如无用猪毛菜（*Salsola futilis*）

G

gaditanus *gad-ee-TAH-nus*
gaditana, gaditanum
与西班牙加的斯有关的，如加的斯水仙（*Narcissus gaditanus*）

galacifolius *guh-lay-sih-FOH-lee-us*
galacifolia, galacifolium
叶像岩穗属植物（*Galax*）的，如灰叶岩扇（*Shortia galacifolia*）

galanthus *guh-LAN-thus*
galantha, galanthum
具乳白色花的，如实莛葱（*Allium galanthum*）

拉 丁 学 名 小 贴 士

　　垂枝钟花又俗称亚德里亚风铃草，原产于意大利山区，很适合种植在花园假山上。夏季，它们会开出可爱的蓝色星状花，喜欢阳光充足或稍荫的环境，在潮湿且排水良好的土壤里能茁壮生长。它们往往长成丛状或垫状，可以长到 10 厘米高。

垂枝钟花
Campanula garganica

---

galeatus *ga-le-AH-tus*
galeata, galeatum
galericulatus *gal-er-ee-koo-LAH-tus*
galericulata, galericulatum
头盔状的，如盔花魔杖花（*Sparaxis galeata*）

galegifolius *guh-lee-gih-FOH-lee-us*
galegifolia, galegifolium
叶像山羊豆（*Galega*）的，如山羊豆叶沙耀花豆（*Swainsona galegifolia*）

gallicus *GAL-ih-kus*
gallica, gallicum
与法国有关的，如法国蔷薇（*Rosa gallica*）

gangeticus *gan-GET-ih-kus*
gangetica, gangeticum
源于印度及孟加拉国的恒河，如宽叶十万错（*Asystasia gangetica*）

garganicus *gar-GAN-ih-kus*
garganica, garganicum
与意大利加尔加诺山有关的，如垂枝钟花（*Campanula garganica*）

gelidus *JEL-id-us*
gelida, gelidum
与寒冷地区有关的，如长鳞红景天（*Rhodiola gelida*）

gemmatus *jem-AH-tus*
gemmata, gemmatum
用宝石装饰的，如川西瑞香（*Wikstroemia gemmata*）

gemmiferus *jem-MIH-fer-us*
gemmifera, gemmiferum
具芽的，如苞芽粉报春（*Primula gemmifera*）

generalis *jen-er-RAH-lis*
generalis, generale
正常的，如大花美人蕉（*Canna × generalis*）

genevensis *gen-EE-ven-sis*
genevensis, genevense
来自瑞士日内瓦的，如日内瓦筋骨草（*Ajuga genevensis*）

geniculatus *gen-ik-yoo-LAH-tus*
geniculata, geniculatum
膝状弯曲的，如垂花水竹芋（*Thalia geniculata*）

genistifolius *jih-nis-tih-FOH-lee-us*
genistifolia, genistifolium
叶像染料木（*Genista*）的，如卵叶柳穿鱼（*Linaria genistifolia*）

老鹳草属

老鹳草属（*Geranium*）的名字源于希腊语 *geranos*，意为鹤，该属植物的漂亮的果实很像鹤又长又尖的喙。这些植物格外引人注目，有用且容易生长，也就难免会有非常多的种类连同各式各样的品种被引入园艺，让园丁们在选择时眼花缭乱。

在为花园选择植物时，拉丁学名会是一个非常有用的工具。在较为荫蔽的位置可以试试林地老鹳草（*Geranium sylvaticum*），*sylvaticus*, *sylvatica*, *sylvaticum* 意为长在林中的。草地老鹳草（*G. pratense*）外形更加开展，比其他的种类扩展都要快（*pratensis*, *pratensis*, *pratense*, 意为产自草地）。汉荭鱼腥草（*G. robertianum*）又称罗伯特氏老鹳草，该名称是纪念一位名叫罗伯特的法国修道院院长。

老鹳草属的俗名常常会与天竺葵属植物相混淆。尽管都属于牻牛儿苗科（*Geraniaceae*），天竺葵属（*Pelargonium*）与老鹳草属还是略有区别。它们并不耐霜冻，因此更适合种植在温室中或是在凉爽地区的夏季花坛。该属种名也源于希腊语中的鸟名，*pelargos*，鹳，意为其果实形似鹳喙。盾叶天竺葵（*Pelar-*

天竺葵是非常好的地被植物，几乎不需要照顾，除了浸水土壤之外，它在其他各类土壤都可以长得很好。

gonium peltatum）的名称源于其叶片形似盾牌，*peltatus*, *peltata*, *peltatum* 就是盾牌的意思。 马蹄纹天竺葵（*P. zonale*）具有特色鲜明的斑纹叶片（*zonalis*, *zonalis*, *zonale*, 意为带状的）。

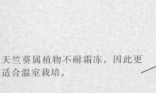

天竺葵属植物不耐霜冻，因此更适合温室栽培。

拉丁词的应用

　　初夏时节，德国鸢尾为世界增添了许多美丽颜色。只需要找一个排水良好的位置，把它的根状茎浅浅地埋在土下，它们的根系就会拓展开来。如果过于拥挤，那么花后将其分株再植即可。为了让它们可以持续地开出美丽的花朵，可每隔几年就进行一次分株。德国鸢尾下部的花瓣生有柔软须毛，也就是所谓的"髯"。

德国鸢尾
Iris germanica

geoides *jee-OY-deez*
像路边青（*Geum*）的，如路边青状林石草（*Waldsteinia geoides*）

geometrizans *jee-oh-MET-rih-zanz*
对称的，如龙神柱（*Myrtillocactus geometrizans*）

georgianus *jorj-ee-AH-nus*
georgiana, georgianum
与乔治亚州有关的，如乔治亚栎（*Quercus georgiana*）

georgicus *JORJ-ih-kus*
georgica, georgicum
与乔治亚州有关的，如乔治亚白头翁（*Pulsatilla georgica*）

geranioides *jer-an-ee-OY-deez*
像老鹳草（*Geranium*）的，如老鹳草叶虎耳草（*Saxifraga geranioides*）

germanicus *jer-MAN-ih-kus*
germanica, germanicum
与德国有关的，如德国鸢尾（*Iris germanica*）

gibberosus *gib-er-OH-sus*
gibberosa, gibberosum
一侧隆起的，如隆花碗萼兰（*Scaphosepalum gibberosum*）

gibbiflorus *gib-bih-FLOR-us*
gibbiflora, gibbiflorum
花一侧隆起的，如旭鹤（*Echeveria gibbiflora*）

gibbosus *gib-OH-sus*
gibbosa, gibbosum
gibbus *gib-us*
gibba, gibbum
一侧隆起的，如穹隆贝母（*Fritillaria gibbosa*）

gibraltaricus *jib-ral-TAH-rih-kus*
gibraltarica, gibraltaricum
与欧洲直布罗陀海峡有关的，如直布罗陀屈曲花（*Iberis gibraltarica*）

giganteus *jy-GAN-tee-us*
gigantea, giganteum
非常高或非常大的，如巨针茅（*Stipa gigantea*）

giganthus *jy-GAN-thus*
gigantha, giganthum
具大花的，如巨花雪胆（*Hemsleya gigantha*）

gilvus *GIL-vus*
gilva, gilvum
暗黄色的，如玉杯东云（*Echeveria × gilva*）

glabellus *gla-BELL-us*
glabella, glabellum
平滑的，如平滑柳叶菜（*Epilobium glabellum*）

glaber *glay-ber*
glabra, glabrum
平滑的，无毛的，如光叶子花（*Bougainvillea glabra*）

glabratus *GLAB-rah-tus*
glabrata, glabratum
glabrescens *gla-BRES-senz*
glabriusculus *gla-bree-US-kyoo-lus*
glabriuscula, glabriusculum
近无毛的，如无毛蜡瓣花（*Corylopsis glabrescens*）

glacialis *glass-ee-AH-lis*
glacialis, glaciale
与寒冷地区有关的，如冰河石竹（*Dianthus glacialis*）

gladiatus *glad-ee-AH-tus*
gladiata, gladiatum
像剑的，如剑叶金鸡菊（*Coreopsis gladiata*）

glanduliferus *glan-doo-LIH-fer-us*
glandulifera, glanduliferum
具腺体的，如喜马拉雅凤仙花（*Impatiens glandulifera*）

glanduliflorus *gland-yoo-LIH-flor-us*
glanduliflora, glanduliflorum
花具腺体的，如腺花豹皮花（*Stapelia glanduliflora*）

glandulosus *glan-doo-LOH-sus*
glandulosa, glandulosum
腺状的，如红腺牻牛儿苗（*Erodium glandulosum*）

glaucescens *glaw-KES-enz*
开蓝绿色花的，如王冠龙（*Ferocactus glaucescens*）

glaucifolius *glau-see-FOH-lee-us*
glaucifolia, glaucifolium
叶灰绿色的，具苍白色叶的，如山柿（*Diospyros glaucifolia*）

glaucophyllus *glaw-koh-FIL-us*
glaucophylla, glaucophyllum
叶灰绿色或具花的，如苍白杜鹃（*Rhododendron glaucophyllum*）

glaucus *GLAW-kus*
glauca, glaucum
苍白色的，如蓝羊茅（*Festuca glauca*）

高山艾蒿
Artemisia glacialis

globiferus *glo-BIH-fer-us*
globifera, globiferum
生有球形（器官）的，如球形线叶蘋（*Pilularia globifera*）

globosus *glo-BOH-sus*
globosa, globosum
球形的，如球花醉鱼草（*Buddleja globosa*）

globularis *glob-YOO-lah-ris*
globularis, globulare
小球状的，如玉簪薹草（*Carex globularis*）

globuliferus *glob-yoo-LIH-fer-us*
globulifera, globuliferum
带有小球状的，如球状虎耳草（*Saxifraga globulifera*）

globuligemma *glob-yoo-lih-JEM-uh*
具球形芽的，如球芽芦荟（*Aloe globuligemma*）

globulosus *glob-yoo-LOH-sus*
globulosa, globulosum
小球状的，如小球球兰（*Hoya globulosa*）

约翰·巴特拉姆

（1699—1777）

威廉·巴特拉姆

（1739—1823）

从 18 世纪 30 年代中期开始，林奈学派关于植物采集、鉴定、记录等一系列系统严谨的研究方法已经被北美的植物学家和博物学家们接受了。自学成才的植物学家约翰·巴特拉姆（John Bartram）一直身处完善这一缜密系统的最前线，名声在外。他是一位谦逊的农民和地主，几乎没受过什么正规教育，由他一手创立的位于费城西南金赛斯（Kingsessing）的花园被视为美国最早的植物园。巴特拉姆一家都是教友派教徒，在那一时期费城地区的基督教公谊会（创立了教友派）在植物学和园艺领域的

研究十分活跃。

巴特拉姆的影响力以惊人的速度和史无前例的规模传播到了国外。正是由他提供给英国羊毛商人彼得·柯林森（Peter Collinson）的种子，将 200 余种原产美国的乔木、灌木及草本植物引入了英国。在其职业生涯中，他向欧洲著名的植物学家们送去了大量的标本和种子，其中还包括伦敦切尔西药用植物园和邱园。

自 1735 年起，巴特拉姆便广泛游历了东南各州，清晰准确地采集并记录了他的各种发现。他被引荐给曾是林奈学生的芬兰植物学家佩尔·卡尔姆（Pehr Kalm），于是巴特拉姆和林奈之间的科学发现的对话就迅速地建立起来。正由于巴特拉姆凭借采集野生植物积累的名望，英王乔治三世于 1765 年 4 月任命其为国王植物学家，年薪 50 磅；到了 18 世纪 70 年代末，他还被选入斯德哥尔摩皇家科学院。

由他发现的物种包括渐尖木兰（*Magnolia acuminata*），

约翰·巴特拉姆全神贯注于植物学研究。

由查尔斯·威尔逊·皮尔（Charles Willson Peale）为威廉·巴特拉姆所绘的肖像，请注意礼服上装饰的花。

多花蓝果树（*Nyssa sylvatica*）、捕蝇草（*Dionaea muscipula*）。似乎一家子里有一位重要的植物学家还不够，约翰·巴特拉姆的第五个孩子，威廉，也是一位著名的博物学家、探险家和作家。威廉年轻时就跟他的父亲进行多次探险，包括 1765—1766 年沿圣约翰河 400 英里的探险之旅。在佛罗里达州木蓝种植园经营失败之后，威廉回到了费城，随后出发前往南部殖民地进行了长达四年之久的独自旅行。

1791 年，威廉·巴特拉姆将其旅行的成果结集出版，将这些地区的自然地理情况进行了清晰、精准的描述，同时还介绍了当地原住民的生活和习俗。他还是美国本土鸟种分类的权威，高原鹬属（*Bartramia*）就以他命名。由于身体状况不佳，他没能受任宾州大学植物学教授一职。同时糟糕的视力状况也让他无缘担任刘易斯和克拉克探险队的官方博物学家。

威廉·巴特拉姆令人感同身受的行文在欧洲广受赞誉。19 世纪，他的影响力感染了英国浪漫派诗人威廉·华兹华斯（William Wordsworth）以及塞缪尔·泰勒·柯尔律治（Samuel Taylor Coleridge）。而在美国国内，作家拉尔夫·瓦尔多·爱默生（Ralph Waldo Emerson）以及亨利·大卫·梭罗（Henry David Thoreau）也是他的崇拜者。除了会写优美的诗意散文，威廉·巴特拉姆还是一个才华横溢的艺术家，他以极高的准确性娴熟地记录了旅行中遇到的各类动植物。他的许多现存画作保存在伦敦自然历史博物馆。他对自然世界的特殊敏感性与当今关注的环境问题不谋而合，时至今日他的

洋木荷（*Franklinia alatamaha*）极具观赏性，它是由约翰·巴特拉姆 1765 年在佐治亚州恐怖角和阿拉塔马哈河探险时发现的。巴特拉姆以他朋友本杰明·富兰克林（Benjamin Franklin）的名字命名。

作品仍被大众所喜爱。

威廉和他的弟弟小约翰·巴特拉姆（John Bartram Jr.）继续发展他们的父亲建立的花园并维持繁荣的家族生意，他们成功地将产自北美的植物和种子出口到世界各地的许多国家。以这一家族命名的植物有巴氏唐棣（*Amelanchier bartramiana*）、山麻树（*Commersonia bartramia*），以及珠藓科（*Bartramiaceae*）的珠藓属（*Bartramia*）。约翰·巴特拉姆去世十年后，乔治·华盛顿（George Washington）访问了位于金赛斯的植物园，赞赏有加。该植物园至今仍在对外开放。

" 世 界 上 最 伟 大 的 植 物 学 家 。"

卡尔·林奈如此评价约翰·巴特拉姆

glomeratus *glom-er-AH-tus*
glomerata, glomeratum
聚成头状的，如北疆风铃草（*Campanula glomerata*）

gloriosus *glo-ree-OH-sus*
gloriosa, gloriosum
华丽的，极好的，如凤尾丝兰（*Yucca gloriosa*）

gloxinioides *gloks-in-ee-OY-deez*
像小岩桐（*Gloxinia*）的，如紫红钓钟柳（*Penstemon gloxinioides*）

glumaceus *gloo-MA-see-us*
glumacea, glumaceum
具颖片（禾本科植物包在花外部的苞片）的，如类颖足柱兰（*Dendrochilum glumaceum*）

glutinosus *gloo-tin-OH-sus*
glutinosa, glutinosum
粘的，胶状的，如银香茶（*Eucryphia glutinosa*）

glycinoides *gly-sin-OY-deez*
像大豆（*Glycine*）的，如头痛藤（*Clematis glycinoides*）

gnaphaloides *naf-fal-OY-deez*
像鼠麴草（*Gnaphalium*）的，如鼠麴草状千里光（*Senecio gnaphaloides*）

gongylodes *GON-jih-loh-deez*
肿胀的，球状的，如肿茎白粉藤（*Cissus gongylodes*）

goniocalyx *gon-ee-oh-KAL-iks*
花萼具棱角的，如棱萼桉（*Eucalyptus goniocalyx*）

gossypinus *goss-ee-PEE-nus*
gossypina, gossypinum
像棉花（*Gossypium*）的，如棉叶马蓝（*Strobilanthes gossypina*）

gracilentus *grass-il-EN-tus*
gracilenta, gracilentum
优美的，苗条的，如纤细杜鹃（*Rhododendron gracilentum*）

graciliflorus *grass-il-ih-FLOR-us*
graciliflora, graciliflorum
具纤细或者美丽的花朵的，如云南山壳骨（*Pseuderanthemum graciliflorum*）

gracilipes *gra-SIL-i-peez*
具细长茎的，如细柄十大功劳（*Mahonia gracilipes*）

gracilis *GRASS-il-is*
gracilis, gracile
优美的，细长的，如细梗天竺葵（*Geranium gracile*）

大花香豌豆
Lathyrus grandiflorus

graecus *GRAY-kus*
graeca, graecum
希腊的，如希腊贝母（*Fritillaria graeca*）

gramineus *gram-IN-ee-us*
graminea, gramineum
像禾草的，如禾草鸢尾（*Iris graminea*）

graminifolius *gram-in-ee-FOH-lee-us*
graminifolia, graminifolium
叶像禾草的，如禾叶花柱草（*Stylidium graminifolium*）

granadensis *gran-uh-DEN-sis*
granadensis, granadense
来自南美洲的格拉纳达、西班牙或哥伦比亚的，如格拉纳达林仙（*Drimys granadensis*）

grandiceps *GRAN-dee-keps*
具大头的，如大头新火绒草（*Leucogenes grandiceps*）

grandicuspis *gran-dih-KUS-pis*
grandicuspis, grandicuspe
大齿尖的，如大齿尖虎尾兰（*Sansevieria grandicuspis*）

grandidentatus *gran-dee-den-TAH-tus*
grandidentata, grandidentatum
具大齿的，如巨齿唐松草（*Thalictrum grandidentatum*）

grandiflorus *gran-dih-FLOR-us*
grandiflora, grandiflorum
大花的，如桔梗（*Platycodon grandiflorus*）

grandifolius *gran-dih-FOH-lee-us*
grandifolia, grandifolium.
大叶的，如大叶虎耳兰（*Haemanthus grandifolius*）

grandis *gran-DIS*
grandis, grande
大的，显眼的，如圆叶刺轴榈（*Licuala grandis*）

graniticus *gran-NY-tih-kus*
granitica, graniticum
生长在花岗岩和岩石上的，如花岗石竹（*Dianthus graniticus*）

granulatus *gran-yoo-LAH-tus*
granulata, granulatum
颗粒状的，如粒牙虎耳草（*Saxifraga granulata*）

granulosus *gran-yool-OH-sus*
granulosa, granulosum
小颗粒状的，如细粒蝮齿花（*Centropogon granulosus*）

gratianopolitanus *grat-ee-an-oh-pol-it-AH-nus*
gratianopolitana, gratianopolitanum
与法国格勒诺布尔有关的，如蓝灰石竹（*Dianthus gratianopolitanus*）

gratissimus *gra-TIS-ih-mus*
gratissima, gratissimum
非常令人愉悦的，如馥郁滇丁香（*Luculia gratissima*）

gratus *GRAH-tus*
grata, gratum
给予快乐的，可爱的，如雨月（*Conophytum gratum*）

graveolens *grav-ee-OH-lenz*
有浓郁气味的，如芸香（*Ruta graveolens*）

griseus *GREE-see-us*
grisea, griseum
灰色的，如血皮槭（*Acer griseum*）

grosseserratus *grose ser-AH-tus*
grosseserrata, grosseserratum
大锯齿的，如大齿西方铁线莲（*Clematis occidentalis* subsp. *grosseserrata*）

grossus *GROSS-us*
grossa, grossum
粗的，很大的，如樱桃桦（*Betula grossa*）

guianensis *gee-uh-NEN-sis*
guianensis, guianense
来自南美洲圭亚那地区的，如炮弹树（*Couroupita guianensis*）

guineensis *gin-ee-EN-sis*
guineensis, guineense
来自西非几内亚海岸的，如油棕（*Elaeis guineensis*）

gummifer *GUM-mif-er*
gummifera, gummiferum
产胶的，如胶西风芹（*Seseli gummiferum*）

gummosus *gum-MOH-sus*
gummosa, gummosum
黏性的，如黏阿魏（*Ferula gummosa*）

guttatus *goo-TAH-tus*
guttata, guttatum
具斑点的，如斑点狗面花（*Mimulus guttatus*）

gymnocarpus *jim-noh-KAR-pus*
gymnocarpa, gymnocarpum
果实裸露的、无覆盖物的，如木蔷薇（*Rosa gymnocarpa*）

H

haastii *HAAS-tee-eye*
以德国探险家兼地理学家朱利叶斯·冯·哈斯特（Julius von Haast，1824—1887）爵士命名的，如哈氏揽叶菊（*Olearia × haastii*）

hadriaticus *had-ree-AT-ih-kus*
hadriatica, hadriaticum
与欧洲亚得里亚海海滨有关的，如网皮番红花（*Crocus hadriaticus*）

haemanthus *hem-AN-thus*
haemantha, haemanthum
具血红色花的，如深红六出花（*Alstroemeria haemantha*）

haematocalyx *hem-at-oh-KAL-icks*
具血红色花萼的，如血萼石竹（*Dianthus haematocalyx*）

欧活血丹
Glechoma hederacea

haematochilus *hem-mat-oh-KY-lus*
haematochila, haematochilum
具血红色唇的，如血唇文心兰（*Oncidium haematochilum*）

haematodes *hem-uh-TOH-deez*
血红的，如似血杜鹃（*Rhododendron haematodes*）

hakeoides *hak-ee-OY-deez*
像荣桦（*Hakea*）的，如墨水果小檗（*Berberis hakeoides*）

halophilus *hal-oh-FIL-ee-us*
halophila, halophilum
喜盐的，如喜盐鸢尾（*Iris spuria* subsp. *halophila*）

hamatus *ham-AH-tus*
hamata, hamatum
hamosus *ham-UH-sus*
hamosa, hamosum
钩状的，如鬼栖木（*Euphorbia hamata*）

harpophyllus *harp-oh-FIL-us*
harpophylla, harpophyllum
具镰刀状叶的，如镰叶蕾丽兰（*Laelia harpophylla*）

hastatus *hass-TAH-tus*
hastata, hastatum
戟形的，如多穗马鞭草（*Verbena hastata*）

hastilabius *hass-tih-LAH-bee-us*
hastilabia, hastilabium
具戟形唇的，如戟唇文心兰（*Oncidium hastilabium*）

hastulatus *hass-TOO-lat-tus*
hastulata, hastulatum
小戟形的，如矛叶相思（*Acacia hastulata*）

hebecarpus *hee-be-KAR-pus*
hebecarpa, hebecarpum
果实具柔毛的，如美国决明（*Senna hebecarpa*）

hebephyllus *hee-bee-FIL-us*
hebephylla, hebephyllum
叶具柔毛的，如钝叶栒子（*Cotoneaster hebephyllus*）

hederaceus *hed-er-AYE-see-us*
hederacea, hederaceum
像常春藤（*Hedera*）的，如欧活血丹（*Glechoma hederacea*）

hederifolius *hed-er-ih-FOH-lee-us*
hederifolia, hederifolium
叶像常春藤的，如常春藤婆婆纳（*Veronica hederifolia*）

helianthoides *hel-ih-anth-OH-deez*
像向日葵（*Helianthus*）的，如赛菊芋（*Heliopsis helianthoides*）

向日葵属

向日葵巨大的花盘使得它在许多文明的风俗和神话中都有着经久不衰的地位。秘鲁和印加文明将其当作太阳的象征，北美土著居民会把其种子撒在坟前以悼念亡者。在中国，向日葵象征着长寿，而欧洲人则认为在日落时采摘向日葵并同时许下愿望，当第二天太阳升起时愿望就会实现。

同许多植物名称一样，其拉丁学名源于希腊词根，*helios* 意为太阳，*anthos* 意为花。向日葵属是菊科（*Asteraceae*）的一员，开着大花的向日葵（*Helianthus annuus*）不大可能会跟菊芋（*H. tuberosus*）相混淆，后者又称洋姜，常常作为蔬菜来栽培。千瓣葵（*H. decapetalus*）也是本属成员之一，（*decapetalus, decapetala, decapetalum*, 意为具十枚花瓣的）。如名所示，瓜叶葵（*H. debilis* subsp. *cucumerifolius*）长着与黄瓜十分类似的叶片（*debilis, debilis, debile* 意为脆弱的）。

在语言联系上更进一步，与太阳有关词汇还有"射线"，用于形容雏菊的舌状花。还有一些植物的学名中有 *helio* 这一词汇，如赛菊芋属（*Heliopsis*）和天芥菜属（*Heliotropium*）。向日性是指某些植物一天当中会随着太阳在天空位置的变化改变花朵朝向的习性（*trope* 是希腊语中旋转的意思）。

除了花朵美丽可供观赏，向日葵也被作为油料作物种植，其种子可食且营养丰富。这些一年生或多年生的草本植物很容易利用种子繁殖，栽培中主要的注意事项是保证充足的水分供应和足够的支撑强度。它们可以长到 8 米甚至更高。

孩子们很喜欢看到向日葵从小种子一点点长大，开出比他们高得多的大花。

向日葵
Helianthus annuus

helix *HEE-licks*
螺旋形的，用于缠绕植物，如洋常春藤（*Hedera helix*）

hellenicus *hel-LEN-ih-kus*
hellenica, hellenicum
与希腊有关的，如希腊柳穿鱼（*Linaria hellenica*）

helodes *hel-OH-deez*
生于沼泽地的，如沼地茅膏菜（*Drosera helodes*）

拉 丁 学 名 小 贴 士

　　洋常春藤可谓是最不需要打理的植物了。它常绿，缠绕生长或攀援生长，其种加词 *helix* 即为螺旋形之意。它很耐寒，在阳面或阴面皆能生长。晚夏及秋季，它小而洁白的花朵为蜜蜂提供了蜜源，冬季其浆果为鸟类重要的食物来源。

洋常春藤
Hedera helix

---

helveticus *hel-VET-ih-kus*
helvetica, helveticum
与瑞士有关的，如瑞士糖芥（*Erysimum helveticum*）

helvolus *HEL-vol-us*
helvola, helvolum
浓黄的，红调黄的，如浓黄万代兰（*Vanda helvola*）

hemisphaericus *hem-is-FEER-ih-kus*
hemisphaerica, hemisphaericum
半球形的，如月桂叶栎（*Quercus hemisphaerica*）

henryi *HEN-ree-eye*
以爱尔兰植物采集家奥古斯汀·亨利（Augustine Henry，1857—1930）命名的，如湖北百合（*Lilium henryi*）

hepaticifolius *hep-at-ih-sih-FOH-lee-us*
hepaticifolia, hepaticifolium
叶像獐耳细辛（*Hepatica*）的，如獐耳细辛叶蔓柳穿鱼（*Cymbalaria hepaticifolia*）

hepaticus *hep-AT-ih-kus*
hepatica, hepaticum
暗棕色的，肝脏色的，如暗棕银莲花（*Anemone hepatica*）

hepta-
用于希腊复合词表示"七"

heptaphyllus *hep-tah-FIL-us*
heptaphylla, heptaphyllum
具七片叶子的，如七叶地锦（*Parthenocissus heptaphylla*）

heracleifolius *hair-uh-klee-ih-FOH-lee-us*
heracleifolia, heracleifolium
叶像独活（*Heracleum*）的，如白芷叶秋海棠（*Begonia heracleifolia*）

herbaceus *her-buh-KEE-us*
herbacea, herbaceum
草本的，如草质柳（*Salix herbacea*）

heter-, hetero-
用于复合词中表示"多样的，不同的"

heteracanthus *het-er-a-KAN-thus*
heteracantha, heteracanthum
具不同刺的，如异刺龙舌兰（*Agave heteracantha*）

heteranthus *het-er-AN-thus*
heterantha, heteranthum
具不同花的，如异花木蓝（*Indigofera heterantha*）

heterocarpus *het-er-oh-KAR-pus*
heterocarpa, heterocarpum
具不同果实的，如藤堇（*Ceratocapnos heterocarpa*）

heterodoxus *het-er-oh-DOKS-us*
heterodoxa, heterodoxum
与属的模式种不同的，如异端太阳瓶子草（*Heliamphora heterodoxa*）

heteropetalus *het-er-oh-PET-uh-lus*
heteropetala, heteropetalum
具异形花瓣的，如花蝴蝶（*Erepsia heteropetala*）

heterophyllus *het-er-oh-FIL-us*
heterophylla, heterophyllum
具异形叶的，如柊树（*Osmanthus heterophyllus*）

heteropodus *het-er-oh-PO-dus*
heteropoda, heteropodum
具异形茎的，如异果小檗（*Berberis heteropoda*）

hexa-
用于复合词中表示"六"

hexagonopterus *heks-uh-gon-OP-ter-us*
hexagonoptera, hexagonopterum
具六角形翅的，如六角卵果蕨（*Phegopteris hexagonoptera*）

hexagonus *hek-sa-GON-us*
hexagona, hexagonum
具六个角的，如六角天轮柱（*Cereus hexagonus*）

hexandrus *heks-AN-drus*
hexandra, hexandrum
有六枚雄蕊的，如桃儿七（*Sinopodophyllum hexandrum*）

hexapetalus *heks-uh-PET-uh-lus*
hexapetala, hexapetalum
具六枚花瓣的，如六瓣大花丁香蓼（*Ludwigia grandiflora subsp. hexapetala*）

hexaphyllus *heks-uh-FIL-us*
hexaphylla, hexaphyllum
具六片叶或小叶的，如日本野木瓜（*Stauntonia hexaphylla*）

hians *HY-anz*
张口的，如张口芒毛苣苔（*Aeschynanthus hians*）

hibernicus *hy-BER-nih-kus*
hibernica, hibernicum
与爱尔兰有关的，如爱尔兰常春藤（*Hedera hibernica*）

hiemalis *hy-EH-mah-lis*
hiemalis, hiemale
冬天的，冬季开花的，如冬雪片莲（*Leucojum hiemale*）

hierochunticus *hi-er-oh-CHUN-tih-kus*
hierochuntica, hierochunticum
与杰里科有关的，如含生草（*Anastatica hierochuntica*）

himalaicus *him-al-LAY-ih-kus*
himalaica, himalaicum
与喜马拉雅有关的，如西域旌节花（*Stachyurus himalaicus*）

himalayensis *him-uh-lay-EN-is*
himalayensis, himalayense
来自喜马拉雅的，如喜马拉雅老鹳草（*Geranium himalayense*）

hircinus *her-SEE-nus*
hircina, hircinum
像山羊的，有像山羊的气味的，如毛金丝桃（*Hypericum hircinum*）

异叶钓钟柳
Penstemon heterophyllus

hirsutissimus *her-soot-TEE-sih-mus*
hirsutissima, hirsutissimum
极多硬毛的，如粗毛铁线莲（*Clematis hirsutissima*）

hirsutus *her-SOO-tus*
hirsuta, hirsutum
具长硬毛的，如粗毛矛豆（*Lotus hirsutus*）

hirsutulus *her-SOOT-oo-lus*
hirsutula, hirsutulum
稍多硬毛的，如毛叶堇菜（*Viola hirsutula*）

hirtellus *her-TELL-us*
hirtella, hirtellum
相当多毛的，如细毛香茶菜（*Plectranthus hirtellus*）

大花水仙
Narcissus hispanicus

hirtiflorus *her-tih-FLOR-us*
hirtiflora, hirtiflorum
花多毛的，如毛花西番莲（*Passiflora hirtiflora*）

hirtipes *her-TYE-pees*
茎多毛的，如毛柄堇菜（*Viola hirtipes*）

hirtus *HER-tus*
hirta, hirtum
具毛的，如多毛鲸鱼花（*Columnea hirta*）

hispanicus *his-PAN-ih-kus*
hispanica, hispanicum
与西班牙有关的，如大花水仙（*Narcissus hispanicus*）

hispidus *HISS-pih-dus*
hispida, hispidum
具粗硬毛的，如粗毛狮牙苣（*Leontodon hispidus*）

hollandicus *hol-LAN-dih-kus*
hollandica, hollandicum
与荷兰有关的，如荷兰葱（*Allium hollandicum*）

holo-
用于复合词中表示"完整的"

holocarpus *ho-loh-KAR-pus*
holocarpa, holocarpum
具完整果实的，如膀胱果（*Staphylea holocarpa*）

holochrysus *ho-loh-KRIS-us*
holochrysa, holochrysum
完全金黄色的，如玉龙观音（*Aeonium holochrysum*）

holosericeus *ho-loh-ser-ee-KEE-us*
holosericea, holosericeum
遍布丝毛的，如丝毛旋花（*Convolvulus holosericeus*）

horizontalis *hor-ih-ZON-tah-lis*
horizontalis, horizontale
贴近地面的，水平的，如平枝栒子（*Cotoneaster horizontalis*）

horridus *HOR-id-us*
horrida, horridum
多刺的，如魁伟玉（*Euphorbia horrida*）

hortensis *hor-TEN-sis*
hortensis, hortense
hortorum *hort-OR-rum*
hortulanus *hor-tew-LAH-nus*
hortulana, hortulanum
与花园有关的，如花园沼芋（*Lysichiton × hortensis*）

拉 丁 学 名 小 贴 士

正如名字所述的那样，冬菟葵（*Eranthis hyemalis*）在冬季开花。将它们与雪花莲一起种植，组成的黄白"花毯"将会美不胜收。它们在阳光充足或有斑驳阴影的地方可以长得很好，成片种植的观赏效果最好。

冬菟葵
Eranthis hyemalis

hugonis *hew-GO-nis*
以19世纪末、20世纪初在中国传教的传教士休·斯卡隆（Hugh Scallon）神父命名的，如黄蔷薇（*Rosa hugonis*）

humifusus *hew-mih-FEW-sus*
humifusa, humifusum
蔓生的，如匍地仙人掌（*Opuntia humifusa*）

humilis *HEW-mil-is*
humilis, humile
矮生的，矮小的，如矮棕（*Chamaerops humilis*）

hungaricus *hun-GAR-ih-kus*
hungarica, hungaricum
与匈牙利有关的，如匈牙利秋水仙（*Colchicum hungaricum*）

hunnewellianus *hun-ee-we-el-AH-nus*
hunnewelliana, hunnewellianum
以马萨诸塞州韦尔斯利的亨尼韦尔植物园的亨尼韦尔（Hunnewell）家族命名的，如岷江杜鹃（*Rhododendron hunnewellianum*）

hupehensis *hew-pay-EN-sis*
hupehensis, hupehense
来自中国湖北的，如湖北花楸（*Sorbus hupehensis*）

hyacinthinus *hy-uh-sin-THEE-nus*
hyacinthina, hyacinthinum
hyacinthus *hy-uh-SIN-thus*
hyacintha, hyacinthum
深紫蓝色的，或像风信子的，如白卜若地（*Triteleia hyacinthina*）

hyalinus *hy-yuh-LEE-nus*
hyalina, hyalinum
透明的，几乎透明的，如透明葱（*Allium hyalinum*）

hybridus *hy-BRID-us*
hybrida, hybridum
混合的，杂交的，如杂种铁筷子（*Helleborus × hybridus*）

hydrangeoides *hy-drain-jee-OY-deez*
像绣球花的，如绣球钻地风（*Schizophragma hydrangeoides*）

hylaeus *hy-la-ee-us*
hylaea, hylaeum
来自树林的，如粉果杜鹃（*Rhododendron hylaeum*）

hyemalis *hy-EH-mah-lis*
hyemalis, hyemale
与冬季有关的，冬季开花的，如冬菟葵（*Eranthis hyemalis*）

hymen-
用于复合词中表示"膜状的"

hymenanthus *hy-men-AN-thus*
hymenantha, hymenanthum
花膜质的，如膜花毛足兰（*Trichopilia hymenantha*）

hymenorrhizus *hy-men-oh-RY-zus*
hymenorrhiza, hymenorrhizum
根膜质的，如北疆韭（*Allium hymenorrhizum*）

hymenosepalus *hy-men-no-SEP-uh-lus*
hymenosepala, hymenosepalum
萼片膜质的，如膜萼大黄（*Rumex hymenosepalus*）

hyperboreus *hy-puh-BOR-ee-us*
hyperborea, hyperboreum
与遥远的北方有关的，如无柱黑三棱（*Sparganium hyperbo-reum*）

hypericifolius *hy-PER-ee-see-FOH-lee-us*
hypericifolia, hypericifolium
叶像贯叶连翘（金丝桃属）的，如短叶白千层（*Melaleuca hypericifolia*）

hypericoides *hy-per-ih-KOY-deez*
像金丝桃的，如四数金丝桃（*Ascyrum hypericoides*）

hypnoides *hip-NO-deez*
像苔藓的，如苔虎耳草（*Saxifraga hypnoides*）

贯叶连翘
Hypericum perforatum

hypo-
用于复合词中表示"下面的"

hypochondriacus *hy-po-kon-dree-AH-kus*
hypochondriaca, hypochondriacum
外表忧郁的，花色暗淡的，如千穗谷（*Amaranthus hypochon-driacus*）

hypogaeus *hy-poh-JEE-us*
hypogaea, hypogaeum
地下的，在泥土中生长的，如疣仙人（*Copiapoa hypogaea*）

hypoglaucus *hy-poh-GLAW-kus*
hypoglauca, hypoglaucum
下面灰白色的，如亚白粉藤（*Cissus hypoglauca*）

hypoglottis *hh-poh-GLOT-tis*
荚果似舌背状的，如舌背黄芪（*Astragalus hypoglottis*）

hypoleucus *hy-poh-LOO-kus*
hypoleuca, hypoleucum
下面白色的，如白背矢车菊（*Centaurea hypoleuca*）

hypophyllus *hy-poh-FIL-us*
hypophylla, hypophyllum
叶下面的，如叶下假叶树（*Ruscus hypophyllum*）

hypopitys *hi-po-PY-tees*
生于松树下的，如松下兰（*Monotropa hypopitys*）

hyrcanus *hyr-KAH-nus*
hyrcana, hyrcanum
与里海地区有关的，如里海岩黄芪（*Hedysarum hyrcanum*）

hyssopifolius *hiss-sop-ih-FOH-lee-us*
hyssopifolia, hyssopifolium
叶像神香草（*Hyssopus*）的，如细叶萼距花（*Cuphea hyssopi-folia*）

hystrix *HIS-triks*
具刚毛的，像豪猪的，如刚毛锚刺棘（*Colletia hystrix*）

I

ibericus *eye-BEER-ih-kus*
iberica, ibericum
与西班牙及葡萄牙的伊比利亚半岛有关的，如伊比里亚老鹳草（*Geranium ibericum*）

iberidifolius *eye-beer-id-ih-FOH-lee-us*
iberidifolia, iberidifolium
叶像屈曲花（*Iberis*）的，如鹅河菊（*Brachyscome iberidifolia*）

icos-
用于复合词中表示"二十"

icosandrus *eye-koh-SAN-drus*
icosandra, icosandrum
雄蕊二十枚的，如二十蕊商陆（*Phytolacca icosandra*）

idaeus *eye-DAY-ee-us*
idaea, idaeum
与克里特岛的艾达山有关的，如覆盆子（*Rubus idaeus*）

ignescens *ig-NES-enz*
igneus *ig-NE-us*
ignea, igneum
火红色的，如火红萼距花（*Cuphea ignea*）

ikariae *eye-KAY-ree-ay*
与爱琴海的伊卡利亚岛有关的，如伊卡利亚雪滴花（*Galanthus ikariae*）

ilicifolius *il-liss-ee-FOH-lee-us*
ilicifolia, ilicifolium
叶像冬青（*Ilex*）的，如冬青叶鼠刺（*Itea ilicifolia*）

illecebrosus *il-lee-see-BROH-sus*
illecebrosa, illecebrosum
迷人的，有魅力的，如迷人虎皮兰（*Tigridia illecebrosa*）

illinitus *il-lin-EYE-tus*
illinita, illinitum
弄脏的，有污点的，如污南鼠刺（*Escallonia illinita*）

illinoinensis *il-ih-no-in-EN-sis*
illinoinensis, illinoinense
来自伊利诺斯州的，如美国山核桃（*Carya illinoinensis*）

illustris *il-LUS-tris*
illustris, illustre
闪耀的，有光泽的，如光亮水甘草（*Amsonia illustris*）

杰格番红花
Crocus imperati

illyricus *il-LEER-ih-kus*
illyrica, illyricum
与古西巴尔干半岛伊利里亚地区有关的，如希腊唐菖蒲（*Gladiolus illyricus*）

ilvensis *il-VEN-sis*
ilvensis, ilvense
与意大利厄尔巴岛或易北河有关的，如岩蕨（*Woodsia ilvensis*）

imberbis *IM-ber-bis*
imberbis, imberbe
无刺的或无须的，如无毛杜鹃（*Rhododendron imberbe*）

imbricans *IM-brih-KANS*
imbricatus *IM-brih-KA-tus*
imbricata, imbricatum
覆瓦状的，如叠叶唐菖蒲（*Gladiolus imbricatus*）

immaculatus *im-mak-yoo-LAH-tus*
immaculata, immaculatum
无斑点的，纯洁的，如无斑芦荟（*Aloe immaculata*）

immersus *im-MER-sus*
immersa, immersum
沉水的，如水生腋花兰（*Pleurothallis immersa*）

imperati *im-per-AH-tee*
以意大利那不勒斯的药材商费兰特·茵普瑞多（Ferrante Imperato，1550—1625）命名的，如杰格番红花（*Crocus imperati*）

大卫·道格拉斯

（1799—1834）

大卫·道格拉斯（David Douglas）是北美最有名的植物探险家。他的影响十分重大，因为经他引种的各类植物塑造了北美和欧洲许多伟大的植物园的外观。他出生于苏格兰斯康镇，11岁起就给曼斯费德伯爵（Earl of Mansfield）的斯康宫（Scone Palace）主管园丁当学徒。随后他又陆续在其他苏格兰花园中工作过，并由此获得了接触到一些好的植物学图书馆的机会，在其中他可以刻苦地学习植物学知识。正是在格拉斯哥植物园工作期间，植物学教授威廉·胡克（见182页）教道格拉斯怎样采集、鉴定、压制植物标本。

1823年，在胡克的建议下，伦敦园艺学会（后来的皇家园艺学会）决定将道格拉斯派往

虽然几乎没受过多少正规教育，道格拉斯仍然掌握了深厚的植物学知识。时至今日，他给我们留下的遗产仍然在公园和私家花园中大放异彩。

美国东北海岸采集植物。在此次行程中，他到访了纽约、费城、伊利湖、布法罗以及尼亚加拉大瀑布。他还参观了约翰·巴特拉姆（见98页）的植物园。道格拉斯把许多观赏植物和树木带回了英国，包括几个新的水果品种。首次出征的成功让他很快得到了再次横渡大西洋的机会，这次是前往太平洋沿岸西北部。这次探险主要由伦敦园艺学会和哈德逊湾公司出资，道格拉斯沿着哥伦比亚河一路采集植物和其他感兴趣的博物学标本材料。三年时间里，他发现了花旗松（*Pseudotsuga menziesii*），又称道格拉斯冷杉。关于这种大树他曾写道："其大小远胜其他乔木。我测量了一棵倒在河滩上的个体，周长达39英尺，长达159英尺；顶部尚未见……因此我推断其可能长到190英尺高。"

这次旅行中道格拉斯还发现了另一种巨树——糖松（*Pinus lambertiana*）。由于它的高度太高，为了采集到球果他不得不向着高处的枝条开枪才把球果打落下来。但不幸的是，枪声引起了周围的印第安人的警觉，他被迫快速地逃离现场。道格拉斯先后向英国发回了超过500件植物标本，以及各种种子、鸟类和兽皮。第三次前往美国时，他到达了加利福尼亚州，宣称自己发现了20个新属和360个新种，其中包括壮丽冷杉（*Abies procera*）。

在其职业生涯中，道格拉斯采集了数百种乔木、灌木、观赏植物、草药和苔藓植物。他在北美的采集，连同约翰·理查森（Sir John Richardson）爵士和托马斯·德拉蒙德（Thom-

花旗松
Pseudotsuga menziesii

尽管刘易斯和克拉克早些的探险中率先发现
了花旗松（*Pseudotsuga menziesii*），但最早还
是由道格拉斯引入栽培。

道氏山楂
Crataegus douglasii

道格拉斯采集了这种茂密灌木的种子，道
氏山楂（*Crataegus douglasii*）又称黑山楂。

as Drummond）在加拿大北部的采集被一同收录在胡克于 1829 至 1849 年间出版的两卷《北美植物志》中。道氏山楂（*Crataegus douglasii*）、"道格拉斯"平枝圆柏（*Juniperus horizontalis* 'Douglasii'）以及蓝橡树（*Quercus douglasii*）都是以他的名字命名的。他的探险旅途充满危险，诸如马匹脱缰、标本丢失、独木舟翻船、随身物品被盗以及行船遭遇暴风雨等意外不断。但是 1834 年他前往三明治群岛（今夏威夷

群岛）的探险才是最具灾难性的。虽然只有 35 岁，但他的视力已经受损严重，这可能直接导致他误入了捕兽陷阱。这些大坑原本是用来捕捉大型动物的，而他掉进的这个深坑当中可能已经困住了一头小公牛。传教士们发现了他被严重刺伤的遗体，而他那只忠诚的狗还一直待在坑旁。尽管没有受过多少正规教育，道格拉斯还是掌握了丰富的植物学知识，他所做的贡献至今仍然在我们的公园和庭院中大放光彩。

imperialis *im-peer-ee-AH-lis*
imperialis, imperiale
极好的，艳丽的，如王贝母（*Fritillaria imperialis*）

implexus *im-PLECK-sus*
implexa, implexum
缠结的，如缠结仙人笔（*Kleinia implexa*）

impressus *im-PRESS-us*
impressa, impressum
具陷入的或凹陷表面的，如加州美洲茶（*Ceanothus impressus*）

inaequalis *in-ee-KWA-lis*
inaequalis, inaequale
不等的，如不等酒杯花（*Geissorhiza inaequalis*）

incanus *in-KAN-nus*
incana, incanum
灰色的，如灰叶老鹳草（*Geranium incanum*）

incarnatus *in-kar-NAH-tus*
incarnata, incarnatum
肉色的，如肉花掌裂兰（*Dactylorhiza incarnata*）

王贝母
Fritillaria imperialis

incertus *in-KER-tus*
incerta, incertum
可疑的，不确定的，如不定葶苈（*Draba incerta*）

incisus *in-KYE-sus*
incisa, incisum
具深缺刻或不规则裂的，如富士樱（*Prunus incisa*）

inclaudens *in-KLAW-denz*
不关闭的，如非闭群蝶花（*Erepsia inclaudens*）

inclinatus *in-klin-AH-tus*
inclinata, inclinatum
下弯的，如下弯肖鸢尾（*Moraea inclinata*）

incomparabilis *in-kom-par-RAH-bih-lis*
incomparabilis, incomparabile
无与伦比的，如明星水仙（*Narcissus × incomparabilis*）

incomptus *in-KOMP-tus*
incompta, incomptum
无装饰的，如柳叶马鞭草（*Verbena incompta*）

inconspicuus *in-kon-SPIK-yoo-us*
inconspicua, inconspicuum
不显眼的，如隐脉球兰（*Hoya inconspicua*）

incrassatus *in-kras-SAH-tus*
incrassata, incrassatum
增厚的，如辉熠花（*Leucocoryne incrassata*）

incurvatus *in-ker-VAH-tus*
incurvata, incurvatum
incurvus *in-ker-VUS*
incurva, incurvum
向内弯曲的，如内弯苔草（*Carex incurva*）

indicus *IN-dih-kus*
indica, indicum
与印度有关的，也可用于起源于东印度群岛或中国的植物，如紫薇（*Lagerstroemia indica*）

indivisus *in-dee-VEE-sus*
indivisa, indivisum
不分裂的，如蓝朱蕉（*Cordyline indivisa*）

induratus *in-doo-RAH-tus*
indurata, induratum
硬的，如硬质栒子（*Cotoneaster induratus*）

inebrians *in-ee-BRI-enz*
醉人的，如醉人茶藨子（*Ribes inebrians*）

inermis *IN-er-mis*
inermis, inerme
无刺的，如无刺猥莓（*Acaena inermis*）

infaustus *in-FUS-tus*
infausta, infaustum
用于有毒植物中表示不幸运的，倒霉的，如倒霉锚刺棘（*Colletia infausta*）

infectorius *in-fek-TOR-ee-us*
infectoria, infectorium
染色的，着色的，如没食子树（*Quercus infectoria*）

infestus *in-FES-tus*
infesta, infestum
危险的，麻烦的，如危险草木樨（*Melilotus infestus*）

inflatus *in-FLAH-tus*
inflata, inflatum
肿胀的，膀胱状的，如胀党参（*Codonopsis inflata*）

infortunatus *in-for-tu-NAH-tus*
infortunata, infortunatum
用于有毒植物中表示不幸的，如百花灯笼（*Clerodendrum infortunatum*）

infractus *in-FRAC-tus*
infracta, infractum
向内弯曲的，如内弯尾萼兰（*Masdevallia infracta*）

infundibuliformis *in-fun-dih-bew-LEE-for-mis*
infundibuliformis, infundibuliforme
漏斗形的或喇叭形的，如鸟尾花（*Crossandra infundibuliformis*）

infundibulus *in-fun-DIB-yoo-lus*
infundibula, infundibulum
漏斗状的，如高山石斛（*Dendrobium infundibulum*）

ingens *IN-genz*
巨大的，如大郁金香（*Tulipa ingens*）

inodorus *in-oh-DOR-us*
inodora, inodorum
无味的，如无味金丝桃（*Hypericum × inodorum*）

inornatus *in-or-NAH-tus*
inornata, inornatum
无装饰的，如无饰石南香（*Boronia inornata*）

内弯尾萼兰
Masdevallia infracta

inquinans *in-KWIN-anz*
受污染的，着色的，弄脏的，如小花天竺葵（*Pelargonium inquinans*）

insignis *in-SIG-nis*
insignis, insigne
著名的，非凡的，如不凡杜鹃（*Rhododendron insigne*）

insititius *in-si-tih-TEE-us*
insititia, insititium
嫁接的，如乌荆子李（*Prunus insititia*）

insulanus *in-su-LAH-nus*
insulana, insulanum
insularis *in-soo-LAH-ris*
insularis, insulare
与岛有关的，如岛椴（*Tilia insularis*）

integer *IN-teg-er*
integra, integrum
全缘的，如全缘蓝钟花（*Cyananthus integer*）

integrifolius *in-teg-ree-FOH-lee-us*
integrifolia, integrifolium
叶全缘的，如全缘叶绿绒蒿（*Meconopsis integrifolia*）

intermedius *in-ter-MEE-dee-us*
intermedia, intermedium
颜色、外形或习性居中的，如金钟连翘（*Forsythia × intermedia*）

interruptus *in-ter-UP-tus*
interrupta, interruptum
中断的，不连续的，如间断雀麦（*Bromus interruptus*）

intertextus *in-ter-TEKS-tus*
intertexta, intertextum
缠绕的，如悠仙玉（*Matucana intertexta*）

intortus *in-TOR-tus*
intorta, intortum
扭曲的，如彩云（*Melocactus intortus*）

intricatus *in-tree-KAH-tus*
intricata, intricatum
缠结的，如缠结天门冬（*Asparagus intricatus*）

intumescens *in-tu-MES-enz*
肿胀的，如膀胱薹草（*Carex intumescens*）

intybaceus *in-tee-BAK-ee-us*
intybacea, intybaceum
像菊苣（*Cichorium intybus*）的，如菊苣状山柳菊（*Hieracium intybaceum*）

inversus *in-VERS-us*
inversa, inversum
倒置的，倒垂的，如垂花南蛮角（*Quaqua inversa*）

involucratus *in-vol-yoo-KRAH-tus*
involucrata, involucratum
苞片环绕花序的，如风车草（*Cyperus involucratus*）

覆盆子
Rubus idaeus

involutus *in-vol-YOO-tus*
involuta, involutum
内卷的，如卷叶唐菖蒲（*Gladiolus involutus*）

ioensis *eye-oh-EN-sis*
ioensis, ioense
来自爱荷华州的，如山楂叶海棠（*Malus ioensis*）

ionanthus *eye-oh-NAN-thus*
ionantha, ionanthum
具紫罗兰色的花的，如非洲堇（*Saintpaulia ionantha*）

ionopterus *eye-on-OP-ter-us*
ionoptera, ionopterum
具紫罗兰色翅的，如紫翅绣唇兰（*Koellensteinia ionoptera*）

iridescens *ir-id-ES-enz*
彩虹色的，如红哺鸡竹（*Phyllostachys iridescens*）

iridiflorus *ir-id-uh-FLOR-us*
iridiflora, iridiflorum
花像鸢尾（*Iris*）的，如鸢尾花美人蕉（*Canna iridiflora*）

iridifolius *ir-id-ih-FOH-lee-us*
iridifolia, iridifolium
叶像鸢尾（*Iris*）的，如鸢尾水塔花（*Billbergia iridifolia*）

iridioides *ir-id-ee-OY-deez*
像鸢尾（*Iris*）的，如离被鸢尾（*Dietes iridioides*）

irregularis *ir-reg-yoo-LAH-ris*
irregularis, irregulare
不整齐的，不规则的，如无常报春（*Primula irregularis*）

irriguus *ir-EE-g yoo-us*
irrigua, irriguum
多水的，如多水铜锤玉带（*Pratia irrigua*）

isophyllus *eye-so-FIL-us*
isophylla, isophyllum
具大小相同的叶的，如等叶钓钟柳（*Penstemon isophyllus*）

italicus *ee-TAL-ih-kus*
italica, italicum
与意大利有关的，如意大利疆南星（*Arum italicum*）

ixioides *iks-ee-OY-deez*
像谷鸢尾（*Ixia*）的，如丽白花（*Libertia ixioides*）

ixocarpus *iks-so-KAR-pus*
ixocarpa, ixocarpum
具黏性果实的，如毛酸浆（*Physalis ixocarpa*）

J

jacobaeus *jak-koh-BAY-ee-us*
jacobaea, jacobaeum
以圣詹姆斯或佛得角的圣地亚哥命名的，如新疆千里光（*Senecio jacobaea*）

jackii *JAK-ee-eye*
以加拿大阿诺德树木园的树木学家约翰·乔治·杰克（John George Jack，1861—1949）命名的，如杰克杨（*Populus × jackii*）

jalapa *juh-LAP-a*
与哈帕拉有关的，如紫茉莉（*Mirabilis jalapa*）

jamaicensis *ja-may-KEN-sis*
jamaicensis, jamaicense
来自牙买加的，如牙买加鸳鸯茉莉（*Brunfelsia jamaicensis*）

japonicus *juh-PON-ih-kus*
japonica, japonicum
与日本有关的，如日本柳杉（*Cryptomeria japonica*）

jasmineus *jaz-MIN-ee-us*
jasminea, jasmineum
像素馨（*Jasminum*）的，如素馨状瑞香（*Daphne jasminea*）

jasminiflorus *jaz-min-IH-flor-us*
jasminiflora, jasminiflorum
花像素馨（*Jasminum*）的，如素馨杜鹃（*Rhododendron jasminiflorum*）

jasminoides *jaz-min-OY-deez*
像素馨（*Jasminum*）的，如络石（*Trachelospermum jasminoides*）

javanicus *juh-VAHN-ih-kus*
javanica, javanicum
与爪哇岛有关的，如瓜哇杜鹃（*Rhododendron javanicum*）

jejunus *jeh-JOO-nus*
jejuna, jejunum
小的，如小花毛兰（*Eria jejuna*）

jubatus *joo-BAH-tus*
jubata, jubatum
具鬃毛的，如紫穗蒲苇（*Cortaderia jubata*）

jucundus *joo-KUN-dus*
jucunda, jucundum
令人愉快的，讨人喜欢的，如愉悦骨子菊（*Osteospermum jucundum*）

紫茉莉
Mirabilis jalapa

jugalis *joo-GAH-lis*
jugalis, jugale
jugosus *joo-GOH-sus*
jugosa, jugosum
结合的，如接合飞鹰兰（*Pabstia jugosa*）

julaceus *joo-LA-see-us*
julacea, julaceum
具柔黄花序的，如柔黄白齿藓（*Leucodon julaceus*）

junceus *JUN-kee-us*
juncea, junceum
像灯心草的，如鹰爪豆（*Spartium junceum*）

juniperifolius *joo-nip-er-ih-FOH-lee-us*
juniperifolia, juniperifolium
叶像刺柏（*Juniperus*）的，如桧叶海石竹（*Armeria juniperifolia*）

juniperinus *joo-nip-er-EE-nus*
juniperina, juniperinum
像刺柏（*Juniperus*）的，深蓝色的，如桧叶银桦（*Grevillea juniperina*）

juvenilis *joo-VEE-nil-is*
juvenilis, juvenile
年轻的，如年轻葶苈（*Draba juvenilis*）

素馨属

很少有植物能像素馨属植物（*Jasminum*）这样有着如此香甜和浓烈的气味。事实上，科学研究已经证明它们的香味对于包括人在内的各种动物可以起到镇定和舒缓的作用，但也有人认为它们还有催情的功效。素馨属隶属于木犀科（*Oleaceae*），大多数为大小适中的灌木或攀援植物，但也有一些长得比较低矮的种类，如木帕克素馨（*Jasminum parkeri*）和羽叶矮探春（*J. humile* f. *wallichianum*）。humilis, humilis, humile 意为矮的或小的，wallichianus, wallichiana, wallichianum 是为了纪念丹麦植物学家纳萨尼尔·沃利克（Nathaniel Wallich, 1786—1854）。

尽管本属植物以其略带粉色的白色香花闻名，但仍有别的颜色的花。红素馨（*J. beesianum*）是一种开粉红色大花的落叶攀援灌木，可以长到 5 米高，以英国苗圃蜜蜂公司命名。多花素馨（*J. polyanthum*）如其名称所述可以开出大量的花，但却并不耐寒，需要额外的防寒保护（polyanthus, polyantha, polyanthum, 意为多花的）。本属植物中最受欢迎的当属迎春花（*J. nudiflorum*），它们亮黄色的花朵会在早春盛放

如名所示，素馨花（*Jasminum grandiflorum*）具有较大的花朵，洁白、极香。

狭叶素馨花
Jasminum angustifolium

于光裸的枝条上。Nudiflorus, nudiflora, nudiflorum 意为先花后叶的，它们特别耐寒且并不挑剔，即使在花园中阴冷昏暗的角落也能开得生机勃勃。

种加词中带有 jasmineus, jasminea, jasmineum, 或 jasminoides 等词的都表示其在某些方面像素馨属的植物。jasminiflorus, jasminiflora, jasminiflorum 表示像素馨花的。如栀子（*Gardenia jasminoides*）、络石（*Trachelospermum jasminoides*）、素馨叶白英（*Solanum jasminoides*）等。

K

kamtschaticus *kam-SHAY-tih-kus*
kamtschatica, kamtschaticum
与俄罗斯堪察加半岛有关的，如堪察加费菜（*Sedum kamtschaticum*）

kansuensis *kan-soo-EN-sis*
kansuensis, kansuense
来自中国甘肃的，如陇东海棠（*Malus kansuensis*）

karataviensis *kar-uh-taw-vee-EN-sis*
karataviensis, karataviense
来自哈萨克斯坦卡拉套山的，如宽叶葱（*Allium karataviense*）

kashmirianus *kash-meer-ee-AH-nus*
kashmiriana, kashmirianum
与克什米尔有关的，如克什米尔类叶升麻（*Actaea kashmiriana*）

kermesinus *ker-mes-SEE-nus*
kermesina, kermesinum
深红色的，如深红西番莲（*Passiflora kermesina*）

kewensis *kew-EN-sis*
kewensis, kewense
来自英国伦敦邱园的，如邱园报春（*Primula kewensis*）

深红西番莲
Passiflora kermesina

柯氏山牵牛
Thunbergia kirkii

kirkii *KIR-kee-eye*
以新西兰著名植物学家托马斯·科克（Thomas Kirk, 1828—1898）命名的，或以其子新西兰大学生物学教授哈利·鲍尔·科克（Harry Bower Kirk, 1859—1948）命名的，或者以植物学家兼英国驻桑格巴尔领事约翰·科克（John Kirk, 1832—1922）爵士命名的，如以托马斯·科克命名的臭茜草（*Coprosma × kirkii*）

kiusianus *key-oo-see-AH-nus*
kiusiana, kiusianum
与日本九州有关的，如九州杜鹃（*Rhododendron kiusianum*）

koreanus *kor-ee-AH-nus*
koreana, koreanum
与朝鲜有关的，如朝鲜冷杉（*Abies koreana*）

kurdicus *KUR-dih-kus*
kurdica, kurdicum
与西亚库尔德人的家园有关的，如库尔德黄芪（*Astragalus kurdicus*）

L

labiatus *la-bee-AH-tus*
labiata, labiatum
具唇的，如卡特兰（*Cattleya labiata*）

labilis *LAH-bih-lis*
labilis, labile
易变的，不稳定的，如朴树（*Celtis labilis*）

labiosus *lab-ee-OH-sus*
labiosa, labiosum
具唇的，如具唇浆果岩桐（*Besleria labiosa*）

laburnifolius *luh-ber-nih-FOH-lee-us*
laburnifolia, laburnifolium
叶像毒豆（*Laburnum*）的，如金链花猪屎豆（*Crotalaria laburni-folia*）

lacerus *LASS-er-us*
lacera, lacerum
边缘撕裂状的，如莴笋花（*Costus lacerus*）

laciniatus *la-sin-ee-AH-tus*
laciniata, laciniatum
分裂成窄裂片的，如金光菊（*Rudbeckia laciniata*）

lacrimans *LAK-ri-manz*
滴水的，如滴水桉（*Eucalyptus lacrimans*）

lacteus *lak-TEE-us*
乳白色的，如厚叶枸子（*Cotoneaster lacteus*）

lacticolor *lak-tee-KOL-or*
乳白色的，如霍屯督海神花（*Protea lacticolor*）

lactiferus *lak-TIH-fer-us*
lactifera, lactiferum
产乳白色树液的，如锡兰奶牛树（*Gymnema lactiferum*）

lactiflorus *lak-tee-FLOR-us*
lactiflora, lactiflorum
具乳白色花的，如阔叶风铃草（*Campanula lactiflora*）

lacunosus *lah-koo-NOH-sus*
lacunosa, lacunosum
具深孔或凹点的，如麻点洋葱（*Allium lacunosum*）

lacustris *lah-KUS-tris*
lacustris, lacustre
生于湖泊中的，如湖沼鸢尾（*Iris lacustris*）

ladaniferus *lad-an-IH-fer-us*
ladanifera, ladaniferum
ladanifer *lad-an-EE-fer*
产芳香树脂的，如岩蔷薇（*Cistus ladanifer*）

laetevirens *lay-tee-VY-renz*
翡翠绿的，如绿叶地锦（*Parthenocissus laetevirens*）

laetiflorus *lay-tee-FLOR-us*
laetiflora, laetiflorum
具亮色花的，如美丽向日葵（*Helianthus × laetiflorus*）

laetus *LEE-tus*
laeta, laetum
明亮的，鲜艳的，如光叶矛木（*Pseudopanax laetum*）

laevigatus *lee-vih-GAH-tus*
laevigata, laevigatum
laevis *LEE-vis*
laevis, laeve
光滑的，如光皮番红花（*Crocus laevigatus*）

lagodechianus *la-go-chee-AH-nus*
lagodechiana, lagodechianum
与乔治亚州拉戈代希有关的，如拉戈代希雪滴花（*Galanthus lagodechianus*）

lamellatus *la-mel-LAH-tus*
lamellata, lamellatum
分层的，如雅美万代兰（*Vanda lamellata*）

lanatus *la-NA-tus*
lanata, lanatum
棉毛状的，如棉毛大薰衣草（*Lavandula lanata*）

lanceolatus *lan-see-oh-LAH-tus*
lanceolata, lanceolatum
lanceus *lan-SEE-us*
lancea, lanceum
披针形的，如披针叶单性林仙（*Drimys lanceolata*）

lanigerus *lan-EE-ger-rus*
lanigera, lanigerum
lanosus *LAN-oh-sus*
lanosa, lanosum
lanuginosus *lan-oo-gih-NOH-sus*
lanuginosa, lanuginosum
有棉毛的，如棉毛鱼柳梅（*Leptospermum lanigerum*）

lappa *LAP-ah*
果皮或头状花序多刺的，如牛蒡（*Arctium lappa*）

lapponicus *Lap-PON-ih-kus*
lapponica, lapponicum
lapponum *Lap-PON-num*
与拉普兰有关的，如柔毛柳（*Salix lapponum*）

laricifolius *lah-ris-ih-FOH-lee-us*
laricifolia, laricifolium
叶像落叶松的，如松叶钓钟柳（*Penstemon laricifolius*）

laricinus *lar-ih-SEE-nus*
laricina, laricinum
像落叶松（*Larix*）的，如蔷薇果佛塔树（*Banksia laricina*）

砖红逸群麻
Caiophora lateritia

lasi-
用于复合词中表示"棉毛的"

lasiandrus *las-ee-AN-drus*
lasiandra, lasiandrum
具棉毛状雄蕊的，如毛蕊铁线莲（*Clematis lasiandra*）

lasioglossus *las-ee-oh-GLOSS-us*
lasioglossa, lasioglossum
具棉毛状舌的，如毛唇捧心兰（*Lycaste lasioglossa*）

lateralis *lat-uh-RAH-lis*
lateralis, laterale
侧边的，如侧花树兰（*Epidendrum laterale*）

lateritius *la-ter-ee-TEE-us*
lateritia, lateritium
砖红色的，如大王冠（*Kalanchoe lateritia*）

lati-
用于复合词中表示"宽的"

latiflorus *lat-ee-FLOR-us*
latiflora, latiflorum
具宽阔花的，如麻竹（*Dendrocalamus latiflorus*）

植物的品质

除了描述诸如大小、颜色、习性以及气味等单纯的物理性质，植物拉丁文也描述那些植物不太确切的性状，其中最难以捉摸的特质就是美，拉丁语中也有大量词汇描述美。猬实（*Kolkwitzia amabilis*）就是其中之一，*amabilis, amabilis, amabile* 意为可爱的。美花唐菖蒲（*Gladiolus callianthus*）因其香气和充满异域风情的花朵得名，*callianthus, calliantha, callianthum* 就是具美丽花朵的意思。*Callicarpa*

紫珠
Callicarpa bodinieri

其学名描述了它美丽的紫色果实。

（*callicarpus, callicarpum*）本意为美丽的果实，它也成了紫珠属的属名，如紫珠（*Callicarpa bodinieri*）。

过去，当植物学家想要描述出一种植物令人印象深刻的美丽时，他们就会赋予其一个与贵族或皇室相关联的名字。因此有些格外美艳的植物就会得名 *imperialis*（*imperialis, imperiale*），意为极美艳动人的，如王贝母（*Fritillaria imperialis*）。自古以来，月桂树就与帝王和英雄联系在一起，因而得名 *Laurus nobilis*，*nobilis, nobilis, nobile* 意为高贵的、著名的。维多利亚龙舌兰（*Agave victoriae-reginae*）是以英国维多利亚女王命名的，*victoriae-reginae* 就是女王的意思。其他与君王有关的词汇还包括 *basilicus*（*basilica, basilicum*）意为王子的或皇家的；*rex* 意为国王的；*regalis*（*regalis, regale*）意为帝王的或超乎寻常的优点；*regius*（*regia, regium*）意为皇家的。

在过去，植物学家们在命名过程中也掺入情感元素，将许多人的品格赋予在植物拉丁名中，但常常让后人难以搞清为何选择了这样的名字，例如决明属植物 *Cassia fastuosa*，其种加词义为骄傲的。夜香天竺葵（*Pelargonium triste*）名字中 *tristis, tristis, triste* 意为呆滞的或忧伤的，或许当与它众多拥有绚丽花朵的亲戚们相比时，我们就能理解这个奇怪的名字。有时一个引起误解的名字仅仅是因为同英文单词比较相似。例如争议花楸（*Sorbus vexans*）看似有种恼人的气质，但实际上仅指该种的分类地位多年难以解决的事实。还有一些植物的名称颇具诗意，古典文学是红口水仙（*Narcissus poeticus*）

绮丽千里光
Senecio elegans

Elegans 意为高雅的，通常形容花朵，正如这种一
年生植物的紫色花序。

春侧金盏花
Adonis vernalis

Vernalis 意为春天的，表明这种植物的黄色花朵在
春天绽放。

名字的来源，其属名来源于希腊神话中的英俊
自负的那耳喀索斯，众神惩罚他变成了水仙
花，*poeticus, poetica, poeticum* 是诗人的意思。

从更实用的角度出发，种加词 *futilis*（*futilis,
futile*）和 *inutilis*（*inutilis, inutile*）表明植物没
有实际的用途。与之相对的 *utilis*（*utilis, utile*）
和 *utilissimus*（*utilissima, utilissimum*）表明植物
有着某些食用、药用或经济价值，例如扇叶露
兜树（*Pandanus utilis*），其叶片可以用于做垫
子。植物的名字可以表明其可以生产的产品，
例如 *sacchiferus*（*sacchifera, sacchiferum*）意为产糖
的，*gummifer*（*gummifera, gummiferum*）意为产树
胶或树脂的，*viniferus*（*vinifera, viniferum*）意为
产酒的，如葡萄（*Vitis vinifera*）。

　　有些描述性的种加词与植物的生活史、时
间或季节相关。*Monocarpus*（*monocarpa, monocar-
pum*）和 *hapaxanthus*（*hapaxantha, hapaxanthum*）
是指植物终生只结实一次，随后死亡。*Diurnus*
（*diurna, diurnum*）意为白天开花，与之对应的
noctiflorus（*noctiflora, noctiflorum*）意为夜间开花。
Aestivalis, aestivalis, aestivale 和 *hibernalis, hiberna-
lis, hibernale* 分别意为夏季和冬季。*Hibernus*（*hi-
berna, hibernum*）意为冬绿的或在冬季开花的，
hiemalis（*hiemalis, hiemale*）意为冬季的，如冬季
开花的冬红短柱茶（*Camellia hiemalis*）。与之
类似地，*hyemalis, hyemalis, hyemale* 意为与冬季
相关的，冬菟葵（*Eranthis hyemalis*）黄色的花
朵使其成为寒冬中一道亮丽的风景。

latifolius *lat-ee-FOH-lee-us*
latifolia, latifolium
阔叶的，如宽叶山藜豆（*Lathyrus latifolius*）

latifrons *lat-ee-FRONS*
具宽复叶的，如宽叶非洲铁（*Encephalartos latifrons*）

latilobus *lat-ee-LOH-bus*
latiloba, latilobum
具宽裂片的，如阔裂风铃草（*Campanula latiloba*）

latispinus *la-tih-SPEE-nus*
latispina, latispinum
具宽刺的，如真珠（*Ferocactus latispinus*）

阔裂风铃草
Campanula latiloba

---

laudatus *law-DAH-tus*
laudata, laudatum
值得赞美的，如可赞悬钩子（*Rubus laudatus*）

laurifolius *law-ree-FOH-lee-us*
laurifolia, laurifolium
叶像月桂（*Laurus*）的，如桂叶岩蔷薇（*Cistus laurifolius*）

laurinus *law-REE-nus*
laurina, laurinum
像月桂树（*Cistus laurifolius*）的，如桂叶荣桦（*Hakea laurina*）

laurocerasus *law-roh-KER-uh-sus*
来源于拉丁语中的樱桃和月桂，如桂樱（*Prunus laurocerasus*）

lavandulaceus *la-van-dew-LAY-see-us*
lavandulacea, lavandulaceum
像薰衣草（*Lavandula*）的，如一年生皮草（*Chirita lavandulacea*）

lavandulifolius *lav-an-dew-lih-FOH-lee-us*
lavandulifolia, lavandulifolium
叶像薰衣草（*Lavandula*）的，如西班牙鼠尾草（*Salvia lavandulifolia*）

laxiflorus *laks-ih-FLO-rus*
laxiflora, laxiflorum
花松散开展的，如散花半边莲（*Lobelia laxiflora*）

laxifolius *laks-ih-FOH-lee-us*
laxifolia, laxifolium
叶松散开展的，如疏叶杉（*Athrotaxis laxifolia*）

laxus *LAX-us*
laxa, laxum
松散的，开展的，如红射干（*Freesia laxa*）

ledifolius *lee-di-FOH-lee-us*
ledifolia, ledifolium
叶像杜香（*Ledum*）的，如杜香叶米花菊（*Ozothamnus ledifolius*）

leianthus *lee-AN-thus*
leiantha, leianthum
花光滑的，如光花寒丁子（*Bouvardia leiantha*）

leiocarpus *lee-oh-KAR-pus*
leiocarpa, leiocarpum
具光滑果实的，如光果金雀儿（*Cytisus leiocarpus*）

leiophyllus *lay-oh-FIL-us*
leiophylla, leiophyllum
具光滑叶的，如平滑叶松（*Pinus leiophylla*）

leichtlinii *leekt-LIN-ee-eye*

以来自德国巴登巴登地区的植物采集家马克斯·雷奇特林（Max Leichtlin，1831—1910）命名的，如大糠米百合（*Camassia leichtlinii*）

lentiginosus *len-tig-ih-NOH-sus*

lentiginosa, lentiginosum
具雀斑的，如雀斑贝母兰（*Coelogyne lentiginosa*）

lentus *LEN-tus*

lenta, lentum
强硬但易弯曲的，柔韧的，如黄桦（*Betula lenta*）

leonis *le-ON-is*

像狮子的颜色的，或像狮子牙齿的，如狮王彗星兰（*Angraecum leonis*）

leontoglossus *le-on-toh-GLOSS-us*

leontoglossa, leontoglossum
像狮子舌头的，如狮舌尾萼兰（*Masdevallia leontoglossa*）

leonurus *lee-ON-or-us*

leonura, leonurum
像狮子尾巴的，如狮耳花（*Leonotis leonurus*）

leopardinus *leh-par-DEE-nus*

leopardina, leopardinum
具美洲豹样的斑点的，如竹斑竹芋（*Calathea leopardina*）

lepidus *le-PID-us*

lepida, lepidum
优美的，优雅的，如美丽羽扇豆（*Lupinus lepidus*）

lept-

用于复合词中表示"薄的"或"细长的"

leptanthus *lep-TAN-thus*

leptantha, leptanthum
具细长花的，如纤花秋水仙（*Colchicum leptanthum*）

leptocaulis *lep-toh-KAW-lis*

leptocaulis, leptocaule
具细长茎的，如姬珊瑚（*Cylindropuntia leptocaulis*）

leptocladus *lep-toh-KLAD-us*

leptoclada, leptocladum
具细分枝的，如细枝相思树（*Acacia leptoclada*）

leptophyllus *lep-toh-FIL-us*

leptophylla, leptophyllum
薄叶的，如薄叶滨篱菊（*Cassinia leptophylla*）

宽叶山黧豆
Lathyrus latifolius

leptosepalus *lep-toh-SEP-a-lus*

leptosepala, leptosepalum
萼狭的，如狭萼驴蹄草（*Caltha leptosepala*）

leptopus *LEP-toh-pus*

具细茎秆的，如珊瑚藤（*Antigonon leptopus*）

leptostachys *lep-toh-STAH-kus*

具细长穗状花序的，如细穗水蕹（*Aponogeton leptostachys*）

leuc-

用于复合词中表示"白色"

leucanthus *lew-KAN-thus*

leucantha, leucanthum
具白花的，如原生紫娇花（*Tulbaghia leucantha*）

leucocephalus *loo-koh-SEF-uh-lus*

leucocephala, leucocephalum
具白穗的，如银合欢（*Leucaena leucocephala*）

leucochilus *loo-KOH-ky-lus*

leucochila, leucochilum
具白色唇的，如白唇文心兰（*Oncidium leucochila*）

leucodermis *loo-koh-DER-mis*

leucodermis, leucoderme
具白皮的，如波斯尼亚松（*Pinus leucodermis*）

leuconeurus *loo-koh-NOOR-us*

leuconeura, leuconeurum
具白色叶脉的，如豹纹竹芋（*Maranta leuconeura*）

leucophaeus *loo-koh-FAY-us*
leucophaea, leucophaeum
暗白色的，如暗白花石竹（*Dianthus leucophaeus*）

leucophyllus *loo-koh-FIL-us*
leucophylla, leucophyllum
叶白色的，如白网纹瓶子草（*Sarracenia leucophylla*）

leucorhizus *loo-koh-RYE-zus*
leucorhiza, leucorhizum
根白色的，如白根姜黄（*Curcuma leucorhiza*）

leucoxanthus *loo-koh-ZAN-thus*
leucoxantha, leucoxanthum
白黄色的，如白黄折叶兰（*Sobralia leucoxantha*）

leucoxylon *loo-koh-ZY-lon*
枝干白色的，如白木桉（*Eucalyptus leucoxylon*）

libani *LIB-an-ee*
libanoticus *lib-an-OT-ih-kus*
libanotica, libanoticum
与黎巴嫩的黎巴嫩山有关的，如黎巴嫩雪松（*Cedrus libani*）

libericus *li-BEER-ih-kus*
liberica, libericum
来自利比里亚的，如大果咖啡（*Coffea liberica*）

liburnicus *li-BER-nih-kus*
liburnica, liburnicum
与现在归入克罗地亚的利比里亚地区有关的，如黄花阿福花
（*Asphodeline liburnica*）

lignosus *lig-NOH-sus*
lignosa, lignosum
木质的，如木松露花（*Tuberaria lignosa*）

ligularis *lig-yoo-LAH-ris*
ligularis, ligulare
ligulatus *lig-yoo-LAIR-tus*
ligulata, ligulatum
舌状的，如具舌金合欢（*Acacia ligulata*）

ligusticifolius *lig-us-tih-kih-FOH-lee-us*
ligusticifolia, ligusticifolium
叶像独活的，如老头胡子（*Clematis ligusticifolia*）

ligusticus *lig-US-tih-kus*
ligustica, ligusticum
与意大利利古里亚有关的，如秋番红花（*Crocus ligusticus*）

ligustrifolius *lig-us-trih-FOH-lee-us*
ligustrifolia, ligustrifolium
叶像女贞（*Ligustrum*）的，如女贞叶长阶花（*Hebe ligustrifolia*）

ligustrinus *lig-us-TREE-nus*
ligustrina, ligustrinum
像女贞（*Ligustrum*）的，如女贞叶泽兰（*Ageratina ligustrina*）

lilacinus *ly-luc-SEE-nus*
lilacina, lilacinum
淡紫色的，如紫花报春（*Primula lilacina*）

lili-
用于复合词中表示"百合"

liliaceus *lil-lee-AY-see-us*
liliacea, liliaceum
像百合（*Lilium*）的，如百合花贝母（*Fritillaria liliacea*）

liliiflorus *lil-lee-ih-FLOR-us*
liliiflora, liliiflorum
花像百合（*Lilium*）的，如紫玉兰（*Magnolia liliiflora*）

liliifolius *lil-ee-eye-FOH-lee-us*
liliifolia, liliifolium
叶像百合（*Lilium*）的，如新疆沙参（*Adenophora liliifolia*）

limbatus *lim-BAH-tus*
limbata, limbatum
有边的，如匙叶雪山报春（*Primula limbata*）

limensis *lee-MEN-sis*
limensis, limense
来自秘鲁利马的，如利马金煌柱（*Haageocereus limensis*）

limoniifolius *lim-on-ih-FOH-lee-us*
limoniifolia, limoniifolium
叶像补血草（*Limonium*）的，如补血草叶牧根草（*Asyneuma limoniifolium*）

limosus *lim-OH-sus*
limosa, limosum
生长在沼泽或淤泥中的，如湿生薹草（*Carex limosa*）

linariifolius *lin-ar-ee-FOH-lee-us*
linariifolia, linariifolium
叶像柳穿鱼（*Linaria*）的，如狭叶白千层（*Melaleuca linariifolia*）

lindleyanus *lind-lee-AH-nus*
lindleyana, lindleyanum
lindleyi *lind-lee-EYE*
以英国皇家园艺学会植物学家约翰·林德利（John Lindley，1799—1865）命名，如醉鱼草（*Buddleja lindleyana*）

linearis *lin-AH-ris*
linearis, lineare
狭窄的、两边几乎平行的，如爱之蔓（*Ceropegia linearis*）

lineatus *lin-ee-AH-tus*
lineata, lineatum
具细而平行线条的，如绢毛悬钩子（*Rubus lineatus*）

lingua *LIN-gwa*
舌，如石韦（*Pyrrosia lingua*）

linguiformis *lin-gwih-FORM-is*
linguiformis, linguiforme
lingulatus *lin-g yoo-LAH-tus*
lingulata, lingulatum
形状像舌的，如星花凤梨（*Guzmania lingulata*）

liniflorus *lin-ih-FLOR-us*
liniflora, liniflorum
花像亚麻（*Linum*）的，如亚麻花腺毛草（*Byblis liniflora*）

linifolius *lin-ih-FOH-lee-us*
linifolia, linifolium
叶像亚麻（*Linum*）的，如亚麻叶郁金香（*Tulipa linifolia*）

linnaeanus *lin-ee-AH-nus*
linnaeana, linnaeanum
linnaei *lin-ee-eye*
以瑞典植物学家卡尔·林奈（Carl Linnaeus，1707—1778）命名的，如林奈茄（*Solanum linnaeanum*）

linoides *li-NOY-deez*
像亚麻（*Linum*）的，如唇形科植物*Monardella linoides*

litangensis *lit-ang-EN-sis*
litangensis, litangense
来自中国理塘的，如理塘忍冬（*Lonicera litangensis*）

lithophilus *lith-oh-FIL-us*
lithophila, lithophilum
生长在岩石中的，如石生银莲花（*Anemone lithophila*）

littoralis *lit-tor-AH-lis*
littoralis, littorale
littoreus *lit-TOR-ee-us*
littorea, littoreum
生于海边的，如滨海山茱萸（*Griselinia littoralis*）

拉 丁 学 名 小 贴 士

荣桦属（Hakea）植物多为乔木或灌木，属名是以德国植物学研究赞助者、基督教徒路德维希·冯·哈克（Ludwig von Hake，1745—1818）男爵命名的。原产于澳大利亚西南部的多沙沼泽及湿地，现在在全国广泛种植。线叶荣桦（*Hakea linearis*）开乳白色花，种加词 *linearis* 意为狭窄的，指的是它狭窄的叶片。同样的，松雀茶（*Aspalathus linearis*）和沙漠葳（*Chilopsis linearis*）的叶片长而狭窄。其中松雀茶产自南非好望角西部。沙漠葳俗称沙漠柳（desert willow）产于美国西南部和墨西哥地区。线叶黄顶菊（*Flaveria linearis*）原产于佛罗里达，叶片狭长，花明黄色，是一种重要的蜜源植物。

线叶荣桦
Hakea linearis

lividus *LI-vid-us*
livida, lividum
蓝灰色的，铅色的，如暗色铁筷子（*Helleborus lividus*）

lobatus *low-BAH-tus*
lobata, lobatum
具裂片的，如裂叶蓝钟花（*Cyananthus lobatus*）

lobelioides *lo-bell-ee-OH-id-ees*
像半边莲的，如半边莲状蓝花参（*Wahlenbergia lobelioides*）

拉 丁 学 名 小 贴 士

　　在英国维多利亚时代，许多园艺大师疯狂沉迷于采集蕨类植物，形成了一股"追蕨热"（*pteridomania* 或 fern-fever）。蕨类植物的叶片样式如此精美，以至于人们对它们的热爱还扩散到装饰艺术领域，蕨类图画不仅出现在陶瓷、纺织品上，甚至还出现在花园铁质长椅上。

欧洲耳蕨
Polystichum aculeatum (syn. *P. lobatum*)

---

lobophyllus *lo-bo-FIL-us*
lobophylla, lobophyllum
裂叶的，如阔叶荚蒾（*Viburnum lobophyllum*）

lobularis *lobe-yoo-LAY-ris*
lobularis, lobulare
具裂片的，如裂冠水仙（*Narcissus lobularis*）

lobulatus *lob-yoo-LAH-tus*
lobulata, lobulatum
具小裂片的，如浅裂山楂（*Crataegus lobulata*）

loliaceus *loh-lee-uh-SEE-us*
loliacea, loliaceum
像黑麦草的，如羊茅黑麦草（*Festulolium loliaceum*）

longibracteatus *lon-jee-brak-tee-AH-tus*
longibracteata, longibracteatum
具长苞片的，如长苞金苞花（*Pachystachys longibracteata*）

longipedunculatus *long-ee-ped-un-kew-LAH-tus*
longipedunculata, longipedunculatum
具长花序梗的，如长梗木莲（*Magnolia longipedunculata*）

longicaulis *lon-jee-KAW-lis*
longicaulis, longicaule
具长茎秆的，如长茎芒毛苣苔（*Aeschynanthus longicaulis*）

longicuspis *lon-jih-kus-pis*
longicuspis, longicuspe
具长尖端的，如长尖叶蔷薇（*Rosa longicuspis*）

longiflorus *lon-jee-FLO-rus*
longiflora, longiflorum
具长花的，如香番红花（*Crocus longiflorus*）

longifolius *lon-jee-FOH-lee-us*
longifolia, longifolium
具长叶的，如长叶肺草（*Pulmonaria longifolia*）

longilobus *lon-JEE-loh-bus*
longiloba, longilobum
具长裂片的，如箭叶海芋（*Alocasia longiloba*）

longipes *LON-juh-peez*
具长茎秆的，如长柄槭（*Acer longipes*）

longipetalus *lon-jee-PET-uh-lus*
longipetala, longipetalum
具长花瓣的，如长瓣紫罗兰（*Matthiola longipetala*）

longiracemosus *lon-jee-ray-see-MOH-sus*
longiracemosa, longiracemosum
具长总状花序的，如四川波罗花（*Incarvillea longiracemosa*）

longiscapus *lon-jee-SKAY-pus*
longiscapa, longiscapum
具长花葶的，如长葶丽穗凤梨（*Vriesea longiscapa*）

longisepalus *lon-jee-SEE-pal-us*
longisepala, longisepalum
具长萼片的，如长萼葱（*Allium longisepalum*）

longispathus *lon-jis-PAY-thus*
longispatha, longispathum
具长佛焰苞的，如长苞水仙（*Narcissus longispathus*）

longissimus *lon-JIS-ih-mus*
longissima, longissimum
极长的，如长距耧斗菜（*Aquilegia longissima*）

longistylus *lon-jee-STY-lus*
longistyla, longistylum
具长花柱的，如长柱无心菜（*Arenaria longistyla*）

longus *LONG-us*
longa, longum
长的，如香根莎草（*Cyperus longus*）

lophanthus *low-FAN-thus*
lophantha, lophanthum
具冠毛状的花的，如箭羽楹（*Paraserianthes lophantha*）

lotifolius *lo-tif-FOH-lee-us*
lotifolia, lotifolium
叶像百脉根（*Lotus*）的，如丁香树（*Goodia lotifolia*）

louisianus *loo-ee-see-AH-nus*
louisiana, louisianum
与美国路易斯安那州有关的，如长角胡麻（*Proboscidea louisiana*）

lucens *LOO-senz*
lucidus *LOO-sid-us*
lucida, lucidum
明亮的，光亮的，清晰的，如女贞（*Ligustrum lucidum*）

ludovicianus *loo-doh-vik-ee-AH-nus*
ludoviciana, ludovicianum
与美国路易斯安那州有关的，如银叶艾（*Artemisia ludoviciana*）

lunatus *loo-NAH-tus*
lunata, lunatum
lunulatus *loo-nu-LAH-tus*
lunulata, lunulatum
形状像新月的，如新月桫椤（*Cyathea lunulata*）

lupulinus *lup-oo-LEE-nus*
lupulina, lupulinum
像啤酒花（*Humulus lupulus*）的，如天蓝苜蓿（*Medicago lupulina*）

luridus *LEW-rid-us*
lurida, luridum
浅黄色的，苍白的，如浅黄肖鸢尾（*Moraea lurida*）

lusitanicus *loo-si-TAN-ih-kus*
lusitanica, lusitanicum
与卢西塔尼亚（葡萄牙及西班牙的部分地区）有关的，如葡萄牙桂樱（*Prunus lusitanica*）

luteolus *loo-tee-OH-lus*
luteola, luteolum
淡黄色的，如淡黄报春（*Primula luteola*）

lutetianus *loo-tee-shee-AH-nus*
lutetiana, lutetianum
与法国巴黎卢泰西亚有关的，如水珠草（*Circaea lutetiana*）

luteus *LOO-tee-us*
lutea, luteum
黄色的，如仙灯（*Calochortus luteus*）

luxurians *luks-YOO-ee-anz*
繁茂的，如华丽秋海棠（*Begonia luxurians*）

lycius *LY-cee-us*
lycia, lycium
与现在是土耳其一部分的利西亚有关的，如利西亚橙花糙苏（*Phlomis lycia*）

lycopodioides *ly-kop-oh-dee-OY-deez*
像石松（*Lycopodium*）的，如石松状岩须（*Cassiope lycopodioides*）

lydius *LID-ee-us*
lydia, lydium
与土耳其的吕底亚有关的，如矮丛小金雀（*Genista lydia*）

lysimachioides *ly-see-mak-ee-OY-deez*
像珍珠菜（*Lysimachia*）的，如珍珠菜叶金丝桃（*Hypericum lysimachioides*）

番茄属

许多植物的拉丁学名都与动物相关，常常让园丁们感到惊讶。例如，希腊词 *alopekouros* 意为狐狸尾巴，于是就有了看麦娘属（*Alopecurus*）的名字。再如欧洲七叶树（*Aesculus hippocastanum*）的名字来源于希腊词 *hippos* "马"以及 *kastanos* "栗子"，很可能与其种子可以治疗马的呼吸系统疾病相关。但最令人惊讶的应当属番茄属（*Lycopersicon*）。或许有些出人意料，希腊语 *lykos* 意为狼，*persicon* 意为桃子，番茄属的字面意思就是狼桃！

古代阿兹特克人、印加人以及北美土著人都喜欢吃野生番茄。但当番茄由西班牙殖民者从南美洲引入欧洲时，大家对它却心存疑惑，许多人都认为番茄（甚至连同马铃薯）是有毒的。番茄（*Solanum lycopersicum*）隶属于茄科，同科植物还包括诸如马铃薯、辣椒、烟草以及颠茄等。

番茄的这一"恶名"很可能是当初人们仅

家庭种植番茄时，有大量在颜色、形状和大小上各有区别的品种可供选择。

番茄的叶形同其他茄科植物很像，如马铃薯。

把番茄作为观赏植物而不食用的原因。还有一些植物带有 lyco- 这一前缀，如石松属（*Lycopodium*）和地笋属（*Lycopus*），二者在希腊语中都是狼爪的意思。再如剧毒的狼毒乌头（*Aconitum lycoctonum*），希腊词 *ktonos* 意为谋杀。除却狼和毒药不谈，尽管美国最高法院于 1893 年裁定番茄为一种蔬菜，但植物学上确实果实无疑。它同其他水果也有着语言上的相似；各式各样的品种会被称为某某"莓"或"李子"等，其中最可爱的名字可能应属爱情果（love apple）。

M

macedonicus *mas-eh-DON-ih-kus*
macedonica, macedonicum
与马其顿有关的，如马其顿川续断（*Knautia macedonica*）

macilentus *mas-il-LEN-tus*
macilenta, macilentum
细的、瘦的，如灵枝草（*Justicia macilenta*）

macro-
用于复合词中表示"长或大"

macracanthus *mak-ra-KAN-thus*
macracantha, macracanthum
具长刺的，如长刺相思树（*Acacia macracantha*）

macrandrus *mak-RAN-drus*
macrandra, macrandrum
具大花药的，如大蕊桉（*Eucalyptus macrandra*）

macranthus *mak-RAN-thus*
macrantha, macranthum
具大花的，如大花长阶花（*Hebe macrantha*）

macrobotrys *mak-ro-BOT-rees*
具葡萄状簇的，如翡翠葛（*Strongylodon macrobotrys*）

macrocarpus *ma-kro-KAR-pus*
macrocarpa, macrocarpum
大果的，如大果柏木（*Cupressus macrocarpa*）

macrocephalus *mak-roh-SEF-uh-lus*
macrocephala, macrocephalum
大头的，如大头矢车菊（*Centaurea macrocephala*）

macrodontus *mak-roh-DON-tus*
macrodonta, macrodontum
具大齿的，如山冬青（*Olearia macrodonta*）

macromeris *mak-roh-MER-is*
具几大部分的，如大分丸（*Coryphantha macromeris*）

macrophyllus *mak-roh-FIL-us*
macrophylla, macrophyllum
长或大叶的，如绣球（*Hydrangea macrophylla*）

macropodus *mak-roh-POH-dus*
macropoda, macropodum
茎秆结实的，如交让木（*Daphniphyllum macropodum*）

macrorrhizus *mak-roh-RY-zus*
macrorrhiza, macrorrhizum
具长根的，如大根老鹳草（*Geranium macrorrhizum*）

macrospermus *mak-roh-SPERM-us*
macrosperma, macrospermum
具大种子的，如大种子千里光（*Senecio macrospermus*）

macrostachyus *mak-ro-STAH-kus*
macrostachya, macrostachyum
具长或大的穗状花序的，如大穗狗尾草（*Setaria macrostachya*）

maculatus *mak-yuh-LAH-tus*
maculata, maculatum
maculosus *mak-yuh-LAH-sus*
maculosa, maculosum
具斑点的，如斑叶竹节秋海棠（*Begonia maculate*）

斑点疆南星
Arum maculatum

madagascariensis *mad-uh-gas-KAR-ee-EN-sis*
madagascariensis, madagascariense
来自马达加斯加岛的，如浆果醉鱼草（*Buddleja madagascariensis*）

maderensis *ma-der-EN-sis*
maderensis, maderense
来自马德拉群岛的，如马德拉老鹳草（*Geranium maderense*）

magellanicus *ma-jell-AN-ih-kus*
megallanica, megallanicum
与南美麦哲伦海峡有关的，如短筒倒挂金钟（*Fuchsia magellanica*）

拉 丁 学 名 小 贴 士

　　可能因为铃兰（*Convallaria majalis*）花色洁白，形似眼泪，所以在一些地区被称作圣母泪（Lady's tears 或 Mary's tears）。它的种加词 *Majalis* 表明它在五月开花，按照传统，街道上会在五月的第一天售卖铃兰花。

铃兰
Convallaria majalis

---

magellensis *mag-ah-LEN-sis*
magellensis, magellense
与意大利马耶拉山丘有关的，如马耶拉景天（*Sedum magellense*）

magnificus *mag-NIH-fih-kus*
magnifca, magnifcum
灿烂的，华丽的，如华丽老鹳草（*Geranium × magnificum*）

magnus *MAG-nus*
magna, magnum
大的，好的，如大花赤焰茜（*Alberta magna*）

majalis *maj-AH-lis*
majalis, majale
五月开花的，如铃兰（*Convallaria majalis*）

major *MAY-jor*
major, majus
更大的，如星芹（*Astrantia major*）

malabaricus *mal-uh-BAR-ih-kus*
malabarica, malabaricum
与印度马拉巴尔海峡有关的，如羊蹄甲（*Bauhinia malabarica*）

malacoides *mal-a-koy-deez*
柔软的，如柔软牻牛儿苗（*Erodium malacoides*）

malacospermus *mal-uh-ko-SPER-mus*
malacosperma, malacospermum
具柔软种子的，如软种木槿（*Hibiscus malacospermus*）

maliformis *ma-lee-for-mees*
maliformis, maliforme
形状像苹果的，如甜炮弹果（*Passiflora maliformis*）

malvaceus *mal-VAY-see-us*
malvacea, malvaceum
像锦葵（*Malva*）的，如锦葵叶风箱果（*Physocarpus malvaceus*）

malviflorus *mal-VEE-flor-us*
malviflora, malviflorum
花像锦葵（*Malva*）的，如锦葵花老鹳草（*Geranium malviflorum*）

malvinus *mal-VY-nus*
malvina, malvinum
淡紫色的，如紫花马刺（*Plectranthus malvinus*）

mammillatus *mam-mil-LAIR-tus*
mammillata, mammillatum
mammillaris *mam-mil-LAH-ris*
mammillaris, mammillare
mammosus *mam-OH-sus*
mammosa, mammosum
具像奶头或乳房状突起的，如乳茄（*Solanum mammosum*）

mandshuricus *mand-SHEU-rih-kus*
mandshurica, mandshuricum
manshuricus *man-SHEU-rih-kus*
manshurica, manshuricum
与中国东北有关的，如辽椴（*Tilia mandshurica*）

manicatus *mah-nuh-KAH-tus*
manicata, manicatum
长袖的，如长萼大叶草（*Gunnera manicata*）

margaritaceus *mar-gar-ee-tuh-KEE-us*
margaritacea, margaritaceum
margaritus *mar-gar-ee-tus*
margarita, margaritum
珍珠状的，如珠光香青（*Anaphalis margaritacea*）

margaritiferus *mar-guh-rih-TIH-fer-us*
margaritifera, margaritiferum
具珍珠的，如点纹十二卷（*Haworthia margaritifera*）

marginalis *mar-gin-AH-lis*
marginalis, marginale
marginatus *mar-gin-AH-tus*
marginata, marginatum
具边缘的，如具缘虎耳草（*Saxifraga marginata*）

marianus *mar-ee-AH-nus*
mariana, marianum
与圣母玛利亚或马里兰有关的，如水飞蓟（*Silybum marianum*）

marilandicus *mar-i-LAND-ih-kus*
marilandica, marilandicum
与马里兰有关的，如马里兰德栎（*Quercus marilandica*）

maritimus *muh-RIT-tim-mus*
maritima, maritimum
与海洋有关的，如海石竹（*Armeria maritima*）

marmoratus *mar-mor-RAH-tus*
marmorata, marmoratum
marmoreus *mar-MOH-ree-us*
marmorea, marmoreum
大理石的，斑驳的，如江户紫（*Kalanchoe marmorata*）

马里兰翅子草
Spigelia marilandica

maroccanus *mar-oh-KAH-nus*
maroccana, maroccanum
与摩洛哥有关的，如摩洛哥柳穿鱼（*Linaria maroccana*）

martagon *MART-uh-gon*
一个来源不明的词，被认为在欧洲百合（*Lilium martagon*）
中表示"像头巾的花"

martinicensis *mar-teen-i-SEN-sis*
martinicensis, martinicense
来自小安迪里斯群岛中的马提尼克岛的，如黄扇鸢尾（*Trime-zia martinicensis*）

mas *MAS*
masculus *MASK-yoo-lus*
mascula, masculum
有阳刚气质的，雄性的，如欧洲山茱萸（*Cornus mas*）

matronalis *mah-tro-NAH-lis*
matronalis, matronale
与罗马三月一日的主妇节有关的，这个节日是为了纪念母亲
及分娩女神朱诺的，如欧亚香花芥（*Hesperis matronalis*）

mauritanicus *maw-rih-TAWN-ih-kus*
mauritanica, mauritanicum
与南非有关的，尤指摩洛哥，如摩洛哥花葵（*Lavatera mauri-tanica*）

卡尔·林奈

（1707—1778）

如果曾有园丁感到记住植物的拉丁学名十分绝望，他们应就此打住，并向18世纪的植物学家、医生和动物学家卡尔·林奈（Carl Linnaeus）表示感谢。多亏了林奈对植物名称谨慎合理的设计，现在只需要两个单词而不是一打词汇或者更早以前那样烦琐的表达了。

林奈出生于瑞典南部斯莫兰省，作为一位乡村牧师的儿子，他生长在一个每天都说拉丁语的家庭中。他很早就展现出对植物和植物学的兴趣，他在乌普萨拉大学学习药学，在当时这是与草药学关系很密切的一门专业。林奈对周围世界的各方面有着永不满足的好奇心。在对自己国家的植物、动物和矿物进行分类后，他到处旅行，其中包括前往英国，荷兰和拉普兰。幸运的是，他那记录得非常详细的图文并茂的笔记本在他横跨拉普兰4 600英里长的旅程中完整地保存了下来。笔记本中可以看出林奈对其在路途中遇到的动植物的敏锐观察，还包括100个左右的植物新种。回到乌普萨拉之后，他担任植物学教授并被视为一位启发灵感的老师。他的许多学生遍布世界各地，做出了许多重要的科学发现。

今天林奈最值得纪念的成就就是生物命名

在同龄人中，林奈以他对自然界永不满足的好奇心和准确的视觉记忆著称。

的双名法系统，由他从17世纪的几位科学家的早期工作中提炼和发展而来，最主要的当属卡斯帕·鲍欣（Caspar Bauhin，1560—1624）。多亏了林奈和他的前辈们，纷繁的动植物类群得以被安放在不同的界、门、纲、目、科、属、种当中。一种植物的学名由一个属名再加上特定的种加词组成，这便是对园丁们最有用的双名命名法。为了更精确地分类，种还可以被进一步细分为亚种、变种或变型。学名中有时会出现一个被括号括起来的人名，如 *Pelargonium zonale* (Linnaeus)。这表示的意思是林奈是第一个描述这种植物的人，但未必是最早发表这个名称的人。

林奈是基于植物的性别特征进行分类的，根据雄蕊和柱头的数目进行划分。他意识到这是一种人为分类系统，在他身后必然会被更加自然的分类系统所取代。这种对植物繁殖器官的重点关注使得林奈使用了一些相当富有想象力的语言，用诸如"新娘""新郎""婚床"等词汇描述植物世界。

林奈的职业生涯著述颇丰。最有影响力的当属1735年出版的《自然系统》（*Systema Naturae*）一书；起初这是一本介绍了林奈所创的自然界新分类系统的小册子。他在随后的几十年中不断完善这部书，直到 1758 年时成了 2 卷的大书。1737 年出版的《植物属志》（*Genera Plantarum*）详细记载了当时已知的全部 935 个植物属。1753 年，《植物种志》（*Species Plantarum*）出版，记载了数千种植物，成了现代植物命名法的基础。

林奈的分类系统能够让科学家们将此前从未被鉴定的动植物置于一个基于实证观察得来的坚实的知识体系当中，这样他们就可以看出物种是如何联系在一起的了。因为正值来自世界各地的大量新奇植物标本涌入欧洲，所以在当时这一系统就显得格外重要。

林奈工作的重要性在其在世时就得到了认可。1747 年他当上了宫廷医生，1758 年被授予北极星骑士称号，并于 1761 年加封贵族头衔，得名卡尔·冯·林奈（Carl von Linné）。在经历了数次中风之后，林奈在 71 岁时去世。从系统性、实用性和合理性上看，除却偶尔语言上的花哨，林奈都堪称精准和简化的大师。

北极花（*Linnaea borealis*）
（*borealis, borealis, boreale*, 意为北方的）

北极花是少数几个以林奈命名的植物之一。它是林奈最喜欢的植物之一，在一枝花茎上开出漂亮的成对的钟形小花。它原产于林下生境，通常是古老森林的指示种。

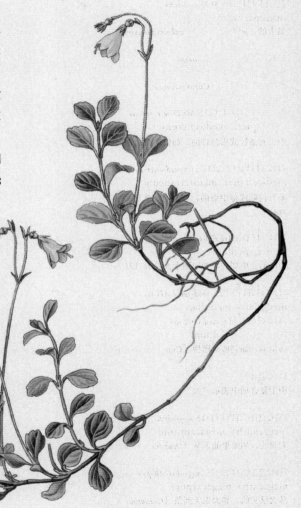

林奈是一位真正的诗人，只是恰巧成了一名博物学家。

奥古斯特·斯特林博格（**August Strindberg**，1849—1912）

mauritianus *maw-rih-tee-AH-nus*
mauritiana, mauritianum
与印度洋毛里求斯有关的，如毛里求斯巴豆（*Croton mauritianus*）

maxillaris *max-ILL-ah-ris*
maxillaris, maxillare
与颌有关的，如颌状轭瓣兰（*Zygopetalum maxillare*）

maximus *MAKS-ih-mus*
maxima, maximum
最大的，如大金光菊（*Rudbeckia maxima*）

medicus *MED-ih-kus*
medica, medicum
药用的，如香橼（*Citrus medica*）

mediopictus *MED-ee-o-pic-tus*
mediopicta, mediopictum
中央有条纹或彩色带的，如银道肖竹芋（*Calathea mediopicta*）

mediterraneus *med-e-ter-RAY-nee-us*
mediterranea, mediterraneum
来自内陆或地中海的，如地中海米努草（*Minuartia mediterranea*）

medius *MEED-ee-us*
media, medium
中间的，中部的，如间型十大功劳（*Mahonia × media*）

medullaris *med-yoo-LAH-ris*
medullaris, medullare
medullus *med-DUL-us*
medulla, medullum
具髓的，如髓质番桫椤（*Cyathea medullaris*）

mega-
用于复合词中表示"大"

megacanthus *meg-uh-KAN-thus*
megacantha, megacanthum
大刺的，如梨果仙人掌（*Opuntia megacantha*）

megacarpus *meg-uh-CAR-pus*
megacarpa, megacarpum
具大果实的，如大果美洲茶（*Ceanothus megacarpus*）

megalanthus *meg-uh-LAN-thus*
megalantha, megalanthum
具大花的，如大黄花委陵菜（*Potentilla megalantha*）

megalophyllus *meg-uh-luh-FIL-us*
megalophylla, megalophyllum
具大叶的，如大叶蛇葡萄（*Ampelopsis megalophylla*）

megapotamicus *meg-uh-poh-TAM-ih-kus*
megapotamica, megapotamicum
与大河有关的，例如亚马孙河或格兰德河，如红萼苘麻（*Abutilon megapotamicum*）

megaspermus *meg-uh-SPER-mus*
megasperma, megaspermum
具大种子的，如大种鸡血藤（*Callerya megasperma*）

megastigma *meg-a-STIG-ma*
具大柱头的，如大柱石南香（*Boronia megastigma*）

melanocaulon *mel-an-oh-KAW-lon*
具黑色茎的，如黑茎泽丘蕨（*Blechnum melanocaulon*）

melanocentrus *mel-an-oh-KEN-trus*
melanocentra, melanocentrum
具黑色雌蕊的，如黑蕊虎耳草（*Saxifraga melanocentra*）

melanococcus *mel-an-oh-KOK-us*
melanococca, melanococcum
具黑色浆果的，如黑油棕（*Elaeis melanococcus*）

melanoxylon *mel-an-oh-ZY-lon*
具黑色木质部的，如黑木相思（*Acacia melanoxylon*）

meleagris *mel-EE-uh-gris*
meleagris, meleagre
具像珍珠鸡的斑点的，如阿尔泰贝母（*Fritillaria meleagris*）

melliferus *mel-IH-fer-us*
mellifera, melliferum
产蜜的，如蜜腺大戟（*Euphorbia mellifera*）

melliodorus *mel-ee-uh-do-rus*
melliodora, melliodorum
具甜蜜气味的，如密味桉（*Eucalyptus melliodora*）

mellitus *mel-IT-tus*
mellita, mellitum
芳香的，如芬芳鸢尾（*Iris mellita*）

meloformis *mel-OH-for-mis*
meloformis, meloforme
形状像瓜的，如贵青玉（*Euphorbia meloforme*）

membranaceus *mem-bran-AY-see-us*
membranacea, membranaceum
薄膜状的，如膜苞网球花（*Scadoxus membranaceus*）

meniscifolius *men-is-ih-FOH-lee-us*
meniscifolia, meniscifolium
具新月形叶的，如水龙骨科植物（*Serpocaulon meniscifolium*）

menziesii *menz-ESS-ee-eye*
以英国海军医生及植物学家阿奇博尔德·孟席斯（Archibald Menzies，1754—1842）命名的，如花旗松（*Pseudotsuga menziesii*）

meridianus *mer-id-ee-AH-nus*
meridiana, meridianum
meridionalis *mer-id-ee-oh-NAH-lis*
meridionalis, meridionale
中午的，南方的，如午花报春（*Primula* × *meridiana*）

metallicus *meh-TAL-ih-kus*
metallica, metallicum
有金属光泽的，如金属叶秋海棠（*Begonia metallica*）

mexicanus *meks-sih-KAH-nus*
mexicana, mexicanum
与墨西哥有关的，如墨西哥藿香（*Agastache mexicana*）

michauxioides *miss-SHOW-ee-uh-deez*
像伞风铃（*Michauxia*）的，如伞风铃状风铃草（*Campanula michauxioides*）

micracanthus *mik-ra-KAN-thus*
micracantha, micracanthum
具小刺的，如小刺大戟（*Euphorbia micracantha*）

micro-
用于复合词中表示"小的"

micranthus *mi-KRAN-thus*
micrantha, micranthum
小花的，如肾形草（*Heuchera micrantha*）

microcarpus *my-kro-KAR-pus*
microcarpa, microcarpum
小果的，如四季橘（*Citrofortunella* × *microcarpa*）

microcephalus *my-kro-SEF-uh-lus*
microcephala, microcephalum
小头的，如小头蓼（*Persicaria microcephala*）

microdasys *my-kro-DAS-is*
小而蓬松的，如黄毛掌（*Opuntia microdasys*）

microdon *my-kro-DON*
具小齿的，如小齿铁角蕨（*Asplenium* × *microdon*）

microglossus *mak-roh-GLOS-us*
microglossa, microglossum
小舌的，如小舌假叶树（*Ruscus* × *microglossum*）

micropetalus *my-kro-PET-uh-lus*
micropetala, micropetalum
小花瓣的，如小瓣萼距花（*Cuphea micropetala*）

microphyllus *my-kro-FIL-us*
microphylla, microphyllum
小叶的，如小叶槐（*Sophora microphylla*）

micropterus *mik-rop-TER-us*
microptera, micropterum
小翅的，如小翅豹皮兰（*Promenaea microptera*）

小翅豹皮兰
Promenaea microptera

microsepalus *mik-ro-SEP-a-lus*
microsepala, microsepalum
具小萼片的，如小萼五腺鲸花（*Pentadenia microsepala*）

miliaceus *mil-ee-AY-see-us*
miliacea, miliaceum
与小米有关的，如稷（*Panicum miliaceum*）

militaris *mil-ih-TAH-ris*
militaris, militare
与士兵有关的，如四裂红门兰（*Orchis militaris*）

millefoliatus *mil-le-foh-lee-AH-tus*
millefoliata, millefoliatum
millefolius *mil-le-FOH-lee-us*
millefolia, millefolium
多叶的，字面意思为千叶的，如蓍（*Achillea millefolium*）

大红火焰草
Castilleja miniata

mimosoides *mim-yoo-SOY-deez*
像含羞草（*Mimosa*）的，如含羞云实（*Caesalpinia mimosoides*）

miniatus *min-ee-AH-tus*
miniata, miniatum
朱红色的，如君子兰（*Clivia miniata*）

minimus *MIN-eh-mus*
minima, minimum
最小的，如鼠尾毛茛（*Myosurus minimus*）

minor *MY-nor*
minor, minus
较小的，如小蔓长春花（*Vinca minor*）

minutus *min-YOO-tus*
minuta, minutum
很小的，如小万寿菊（*Tagetes minuta*）

minutiflorus *min-yoo-tih-FLOR-us*
minutiflora, minutiflorum
花很小的，如小花水仙（*Narcissus minutiflorus*）

minutifolius *min-yoo-tih-FOH-lee-us*
minutifolia, minutifolium
叶很小的，如细叶蔷薇（*Rosa minutifolia*）

minutissimus *min-yoo-TEE-sih-mus*
minutissima, minutissimum
最小的，如高峰小报春（*Primula minutissima*）

mirabilis *mir-AH-bih-lis*
mirabilis, mirabile
奇妙的，非凡的，如奇异龙舌凤梨（*Puya mirabilis*）

missouriensis *miss-oor-ee-EN-sis*
missouriensis, missouriense
来自密苏里的，如密苏里鸢尾（*Iris missouriensis*）

mitis *MIT-is*
mitis, mite
温和的，文雅的，无刺的，如短穗鱼尾葵（*Caryota mitis*）

mitratus *my-TRAH-tus*
mitrata, mitratum
具头巾或冠的，如怪奇鸟（*Mitrophyllum mitratum*）

mitriformis *mit-ri-FOR-mis*
mitriformis, mitriforme
像帽子的，钟状的，如不夜城芦荟（*Aloe mitriformis*）

mixtus *MIKS-tus*
mixta, mixtum
混合的，如混合委陵菜（*Potentilla × mixta*）

modestus *mo-DES-tus*
modesta, modestum
适度的，如广东万年青（*Aglaonema modestum*）

moesiacus *mee-shee-AH-kus*
moesiaca, moesiacum
与巴尔干半岛的摩西亚有关的，如摩西亚风铃草（*Campanula moesiaca*）

moldavicus *mol-DAV-ih-kus*
moldavica, moldavicum
来自东欧摩尔达维亚的，如香青兰（*Dracocephalum moldavica*）

mollis *MAW-lis*
mollis, molle
柔软的，具柔毛的，如柔毛羽衣草（*Alchemilla mollis*）

mollissimus *maw-LISS-ih-mus*
mollissima, mollissimum
极柔软的，如香蕉百香果（*Passiflora mollissima*）

moluccanus *mol-oo-KAH-nus*
moluccana, moluccanum
与印尼摩鹿加群岛或香料群岛有关的，如兰屿海桐（*Pittosporum moluccanum*）

monacanthus *mon-ah-KAN-thus*
monacantha, monacanthum
具单刺的，如单刺丝韦（*Rhipsalis monacantha*）

monadelphus *mon-ah-DEL-fus*
monadelpha, monadelphum
具连合花丝的，单体雄蕊的，如单蕊石竹（*Dianthus monadelphus*）

monandrus *mon-AN-drus*
monandra, monandrum
具一枚雄蕊的，如单蕊羊蹄甲（*Bauhinia monandra*）

monensis *mon-EN-sis*
monensis, monense
来自曼岛或安格尔西岛的莫纳市的，如莫纳星芸薹（*Coincya monensis*）

mongolicus *mon-GOL-ih-kus*
mongolica, mongolicum
与蒙古有关的，如蒙古栎（*Quercus mongolica*）

金缕梅（*Hamamelis mollis*）是该属植物中最美的品种之一。它香甜的气味和金黄色花朵在隆冬时节格外吸引人，种加词 *mollis* 意为柔软的或具柔毛的，这里描述的是它的叶子，这些叶片在秋季变黄并相互粘连。

金缕梅
Hamamelis mollis

moniliferus *mon-ih-IH-fer-us*
monilifera, moniliferum
具项链的，如核果菊（*Chrysanthemoides monilifera*）

moniliformis *mon-il-lee-FOR-mis*
moniliformis, moniliforme
像项链的，有珠串结构的，如念珠留香蕨（*Melpomene moniliformis*）

mono-
用于复合词中表示"一个"

拉丁学名小贴士

羊菊属（*Arnica*）是原产欧洲山区的多年生草本植物，长期以来被用作止痛草药。山车金（*Arnica montana*）的种加词可能来源于希腊语中的羊皮一词 "*arnakis*"，指它柔软多毛的叶片。

山车金
Arnica montana

monopyrenus *mon-NO-py-ree-nus*
monopyrena, monopyrenum
具单核的，如钝叶枸子（*Cotoneaster monopyrenus*）

monostachyus *mon-oh-STAK-ee-us*
monostachya, monostachyum
具一个穗状花序的，如单穗星花凤梨（*Guzmania monostachya*）

monspessulanus *monz-pess-yoo-LAH-nus*
monspessulana, monspessulanum
与法国蒙彼利埃有关的，如蒙皮利埃槭（*Acer monspessulanum*）

monstrosus *mon-STROH-sus*
monstrosa, monstrosum
反常的，如怪石头花（*Gypsophila × monstrosa*）

montanus *MON-tah-nus*
montana, montanum
与山有关的，如绣球藤（*Clematis montana*）

montensis *mont-EN-sis*
montensis, montense
monticola *mon-TIH-koh-luh*
生长在山区的，如山地银钟花（*Halesia monticola*）

montigenus *mon-TEE-gen-us*
montigena, montigenum
源于山区的，如康定云杉（*Picea montigena*）

morifolius *mor-ee-FOH-lee-us*
morifolia, morifolium
叶像桑（*Morus*）的，如桑叶百香果（*Passiflora morifolia*）

moschatus *MOSS-kuh-tus*
moschata, moschatum
麝香的，如麝香锦葵（*Malva moschata*）

mucosus *moo-KOZ-us*
mucosa, mucosum
黏滑的，如米糕霹雳果（*Rollinia mucosa*）

mucronatus *muh-kron-AH-tus*
mucronata, mucronatum
具短尖的，如尖叶白珠（*Gaultheria mucronata*）

mucronulatus *mu-kron-yoo-LAH-tus*
mucronulata, mucronulatum
具硬尖的，如迎红杜鹃（*Rhododendron mucronulatum*）

multi-
用于复合词中表示"许多"

monogynus *mon-NO-gy-nus*
monogyna, monogynum
具单雄蕊的，如单柱山楂（*Crataegus monogyna*）

monopetalus *mon-no-PET-uh-lus*
monopetala, monopetalum
具一枚花瓣的，如合瓣屈霜花（*Limoniastrum monopetalum*）

monophyllus *mon-oh-FIL-us*
monophylla, monophyllum
具一片叶的，如单叶松（*Pinus monophyla*）

multibracteatus *mul-tee-brak-tee-AH-tus*
multibracteata, multibracteatum
多苞片的，如多苞蔷薇（*Rosa multibracteata*）

multicaulis *mul-tee-KAW-lis*
multicaulis, multicaule
多茎的，如多茎鼠尾草（*Salvia multicaulis*）

multiceps *MUL-tee-seps*
多头的，如多头天人菊（*Gaillardia multiceps*）

multicolor *mul-tee-kol-or*
多色的，如多色石莲花（*Echeveria multicolor*）

multicostatus *mul-tee-koh-STAH-tus*
multicostata, multicostatum
多肋的，如多棱球（*Echinofossulocactus multicostatus*）

multifidus *mul-TIF-id-us*
multifida, multifidum
许多部分的，通常叶多裂的，如尖裂铁筷子（*Helleborus multifidus*）

multiflorus *mul-tih-FLOR-us*
multiflora, multiforum
多花的，如多花金雀儿（*Cytisus multiflorus*）

multilineatus *mul-tee-lin-ee-AH-tus*
multilineata, multilineatum
多线的，如多丝荣桦（*Hakea multilineata*）

multinervis *mul-tee-NER-vis*
multinervis, multinerve
多脉的，如多脉青冈（*Quercus multinervis*）

multiplex *MUL-tih-pleks*
多褶皱的，如孝顺竹（*Bambusa multiplex*）

multiradiatus *mul-ty-rad-ee-AH-tus*
multiradiata, multiradiatum
多射线的，如线瓣天竺葵（*Pelargonium multiradiatum*）

multisectus *mul-tee-SEK-tus*
multisecta, multisectum
多裂的，如多裂老鹳草（*Geranium multisectum*）

mundulus *mun-DYOO-lus*
mundula, mundulum
整齐的，整洁的，如洁净白珠（*Gaultheria mundula*）

muralis *mur-AH-lis*
muralis, murale
在墙壁上生长的，如蔓柳穿鱼（*Cymbalaria muralis*）

muricatus *mur-ee-KAH-tus*
muricata, muricatum
具短硬尖的，如香瓜茄（*Solanum muricatum*）

musaicus *moh-ZAY-ih-kus*
musaica, musaicum
像马赛克的，如黄苞球凤梨（*Guzmania musaica*）

muscipula *musk-IP-yoo-luh*
抓捕苍蝇的，如捕蝇草（*Dionaea muscipula*）

蔓柳穿鱼
Cymbalaria muralis

muscivorus *mus-SEE-ver-us*
muscivora, muscivorum
吃苍蝇的，如腐蝇芋（*Helicodiceros muscivorus*）

muscoides *mus-COY-deez*
像苔藓的，如藓状虎耳草（*Saxifraga muscoides*）

muscosus *muss-KOH-sus*
muscosa, muscosum
像苔藓的，如藓状卷柏（*Selaginella muscosa*）

mutabilis *mew-TAH-bih-lis*
mutabilis, mutabile
易变的，尤指颜色，如木芙蓉（*Hibiscus mutabilis*）

mutatus *moo-TAH-tus*
mutata, mutatum
变化的，如变色虎耳草（*Saxifraga mutata*）

muticus *MU-tih-kus*
mutica, muticum
钝的，如钝叶密花薄荷（*Pycnanthemum muticum*）

mutilatus *mew-til-AH-tus*
mutilata, mutilatum
像被撕裂的，如撕裂草胡椒（*Peperomia mutilata*）

myri-
用于复合词中表示"很多"

myriacanthus *mir-ee-uh-KAN-thus*
myriacantha, myriacanthum
多刺的，如多刺芦荟（*Aloe myriacantha*）

myriocarpus *mir-ee-oh-KAR-pus*
myriocarpa, myriocarpum
多果的，如千果鹅掌柴（*Schefflera myriocarpa*）

myriophyllus *mir-ee-oh-FIL-us*
myriophylla, myriophyllum
多叶的，如密叶猥莓（*Acaena myriophylla*）

myriostigma *mir-ee-oh-STIG-muh*
多柱头的，如鸾凤玉（*Astrophytum myriostigma*）

myrmecophilus *mir-me-koh-FIL-us*
myrmecophila, myrmecophilum
蚂蚁喜欢的，如蚁爱芒毛苣苔（*Aeschynanthus myrmecophilus*）

myrsinifolius *mir-sin-ee-FOH-lee-us*
myrsinifolia, myrsinifolium
叶像铁仔（*Myrsine*）的，常指古希腊语中的桃金娘科植物，
如铁仔叶柳（*Salix myrsinifolia*）

木芙蓉
Hibiscus mutabilis

myrsinites *mir-SIN-ih-teez*
myrsinoides *mir-sy-NOY-deez*
像铁仔（*Myrsine*）的，如铁仔状白珠（*Gaultheria myrsinoides*）

myrtifolius *mir-tih-FOH-lee-us*
myrtifolia, myrtifolium
叶像铁仔（*Myrsine*）的，如铁仔叶鱼柳梅（*Leptospermum myrtifolium*）

N

nanellus *nan-EL-lus*
nanella, nanellum
很矮的，如矮生香豌豆（*Lathyrus odoratus* var. *nanellus*）

nankingensis *nan-king-EN-sis*
nankingensis, nankingense
来自南京的，如菊花脑（*Chrysanthemum nankingense*）

nanus *NAH-nus*
nana, nanum
矮的，如矮桦（*Betula nana*）

napaulensis *nap-awl-EN-sis*
napaulensis, napaulense
来自尼泊尔的，如尼泊尔绿绒蒿（*Meconopsis napaulensis*）

napellus *nap-ELL-us*
napella, napellum
根像小萝卜的，如欧乌头（*Aconitum napellus*）

napifolius *nap-ih-FOH-lee-us*
napifolia, napifolium
叶像蔓菁（*Brassica rapa*）的，即扁球形，如芜菁叶鼠尾草（*Salvia napifolia*）

narbonensis *nar-bone-EN-sis*
narbonensis, narbonense
来自法国纳尔博纳的，如那波奈亚麻（*Linum narbonense*）

narcissiflorus *nar-sis-si-FLOR-us*
narcissiflora, narcissiflorum
花像水仙的，如水仙花鸢尾（*Iris narcissiflora*）

natalensis *nuh-tal-EN-sis*
natalensis, natalense
来自南非纳塔尔的，如纳塔尔紫娇花（*Tulbaghia natalensis*）

natans *NAT-anz*
漂浮的，如欧菱（*Trapa natans*）

nauseosus *naw-see-OH-sus*
nauseosa, nauseosum
导致恶心的，如胶金菀木（*Chrysothamnus nauseosus*）

navicularis *nav-ik-yoo-LAH-ris*
navicularis, naviculare
船形的，如重扇（*Callisia navicularis*）

拉 丁 学 名 小 贴 士

欧乌头（*Aconitum napellus*）是起源于欧亚大陆的多年生耐寒草本植物，条件好时可长到 1 米多高。它们适合种在肥沃湿润的土壤中，部分遮阴的地方更好，如果能保证水分供应充足，也可种在全日照的环境里。笔挺且优雅的茎上盛开着蓝色或暗紫色的盔状花朵，是花艺师们特别喜爱的对象。不过，对待乌头必须小心，它所有部位都有毒。据传猎人用它制作的混合物涂到箭头上来保证成功猎杀猎物。事实上，罗马人禁止种植欧乌头，并对违规者处以死刑。除了上述特性，欧乌头还在中国被用于中药和顺势疗法中。

欧乌头
Aconitum napellus

neapolitanus *nee-uh-pol-ih-TAH-nus*
neapolitana, neapolitanum
与意大利那不勒斯有关的，如纸花葱（*Allium neapolitanum*）

nebulosus *neb-yoo-LOH-sus*
nebulosa, nebulosum
像云的，如云纹粗肋草（*Aglaonema nebulosum*）

neglectus *nay-GLEK-tus*
neglecta, neglectum
以前被忽视的，如蓝香水仙（*Muscari neglectum*）

nelumbifolius *nel-um-bee-FOH-lee-us*
nelumbifolia, nelumbifolium
叶像莲（*Nelumbo*）的，如莲叶橐吾（*Ligularia nelumbifolia*）

nemoralis *nem-or-RAH-lis*
nemoralis, nemorale
nemorosus *nem-or-OH-sus*
nemorosa, nemorosum
森林的，如丛林银莲花（*Anemone nemorosa*）

nepalensis *nep-al-EN-sis*
nepalensis, nepalense
nepaulensis *nep-al-EN-sis*
nepaulensis, nepaulense
来自尼泊尔的，如尼泊尔常春藤（*Hedera nepalensis*）

nepetoides *nep-et-OY-deez*
像荆芥（*Nepeta*）的，如拟荆芥藿香（*Agastache nepetoides*）

neriifolius *ner-ih-FOH-lee-us*
neriifolia, neriifolium
叶像夹竹桃（*Nerium*）的，如百日青（*Podocarpus neriifolius*）

nervis *NERV-is*
nervis, nerve
nervosus *ner-VOH-sus*
nervosa, nervosum
具明显叶脉的，如显脉聚星草（*Astelia nervosa*）

nicaeensis *ny-see-EN-sis*
nicaeensis, nicaeense
来自法国尼斯的，如尼斯秋雪片莲（*Acis nicaeensis*）

nictitans *Nic-tih-tanz*
闪烁的，动人的，如含羞山扁豆（*Chamaecrista nictitans*）

nidus *NID-us*
像鸟巢的，如鸟巢蕨（*Asplenium nidus*）

niger *NY-ger*
nigra, nigrum
黑色的，如紫竹（*Phyllostachys nigra*）

nigratus *ny-GRAH-tus*
nigrata, nigratum
变黑的，带黑色的，如淡黑文心兰（*Oncidium nigratum*）

nigrescens *ny-GRESS-enz*
变黑的，如变黑蝇子草（*Silene nigrescens*）

nigricans *ny-grih-kanz*
带黑色的，如黑柳（*Salix nigricans*）

nikoensis *nik-o-en-sis*
nikoensis, nikoense
来自日本日光的，如桔梗草（*Adenophora nikoensis*）

niloticus *nil-OH-tih-kus*
nilotica, niloticum
与尼罗河流域有关的，如尼罗河鼠尾草（*Salvia nilotica*）

nipponicus *nip-PON-ih-kus*
nipponica, nipponicum
与日本有关的，如日本松毛翠（*Phyllodoce nipponica*）

拉 丁 学 名 小 贴 士

Nivalis 意为像雪一样白的，雪滴花（*Galanthus nivalis*）既被视作希望的符号，同样也是悲伤流逝的预兆。相传，天使将飘落的雪花化作花朵来安慰被赶出伊甸园的亚当与夏娃。

雪滴花
Galanthus nivalis

nitens *NI-tenz*
nitidus *NI-ti-dus*
nitida, nitidum
光亮的，如亮叶忍冬（*Lonicera nitida*）

nivalis *niv-VAH-lis*
nivalis, nivale
niveus *NIV-ee-us*
nivea, niveum
nivosus *niv-OH-sus*
nivosa, nivosum
雪白的，或者生长在雪边的，如雪滴花（*Galanthus nivalis*）

nobilis *NO-bil-is*
nobilis, nobile
高贵的，著名的，如月桂（*Laurus nobilis*）

noctiflorus *nok-tee-FLOR-us*
noctiflora, noctiflorum
nocturnus *NOK-ter-nus*
nocturna, nocturnum
夜晚开花的，如夜花蝇子草（*Silene noctiflora*）

nodiflorus *no-dee-FLOR-us*
nodiflora, nodiflorum
在节上开花的，如节花五加（*Eleutherococcus nodiflorus*）

nodosus *nod-OH-sus*
nodosa, nodosum
具明显节的，如结节老鹳草（*Geranium nodosum*）

nodulosus *no-du-LOH-sus*
nodulosa, nodulosum
具小节的，如红司（*Echeveria nodulosa*）

noli-tangere *NO-lee TAN-ger-ee*
"不要触碰"（因为种荚会爆炸），如水金凤（*Impatiens noli-tangere*）

non-scriptus *non-SKRIP-tus*
non-scripta, non-scriptum
无任何标记的，如蓝铃花（*Hyacinthoides non-scripta*）

norvegicus *nor-VEG-ih-kus*
norvegica, norvegicum
与挪威有关的，如挪威无心菜（*Arenaria norvegica*）

notatus *no-TAH-tus*
notata, notatum
具斑点或标记的，如蔗甜茅（*Glyceria notata*）

novae-angliae *NO-vee ANG-lee-a*
与新英格兰有关的，如美国紫菀（*Aster novae-angliae*）

novae-zelandiae *NO-vay zee-LAN-dee-ay*
与新西兰有关的，如新西兰猬莓（*Acaena novae-zelandiae*）

novi-
用于复合词中表示"新的"

novi-belgii *NO-vee BEL-jee-eye*
与纽约有关的，如荷兰菊（*Aster novi-belgii*）

nubicola *noo-BIH-koh-luh*
高耸入云的，如云生丹参（*Salvia nubicola*）

nubigenus *noo-bee-GEE-nus*
nubigena, nubigenum
源自云端的，如云生火把莲（*Kniphofia nubigena*）

nucifer *NOO-siff-er*
nucifera, nuciferum
产坚果的，如椰子（*Cocos nucifera*）

nudatus *noo-DAH-tus*
nudata, nudatum
nudus *NEW-dus*
nuda, nudum
露出的，裸的，如直齿荆芥（*Nepeta nuda*）

nudicaulis *new-dee-KAW-lis*
nudicaulis, nudicaule
茎裸露的，如野罂粟（*Papaver nudicaule*）

nudiflorus *noo-dee-FLOR-us*
nudiflora, nudiflorum
先花后叶的，如迎春花（*Jasminum nudiflorum*）

numidicus *nu-MID-ih-kus*
numidica, numidicum
与阿尔及利亚有关的，如阿尔及利亚冷杉（*Abies numidica*）

nummularius *num-ew-LAH-ree-us*
nummularia, nummularium
像硬币的，如圆叶过路黄（*Lysimachia nummularia*）

nutans *NUT-anz*
低垂的，如垂花水塔花（*Billbergia nutans*）

nyctagineus *nyk-ta-JEE-nee-us*
nyctaginea, nyctagineum
夜晚开花的，如夜香紫茉莉（*Mirabilis nyctaginea*）

nymphoides *nym-FOY-deez*
像睡莲（*Nymphaea*）的，如水金英（*Hydrocleys nymphoides*）

植物的气味和味道

嗅觉可能是所有感觉中最为主观的了，因此植物拉丁名中有非常多描述气味的词汇，而且往往会给人造成误解。虽然许多物种的名称都提及了气味，但应谨慎对待。例如 *foetidus, foetida, foetidum* 意为闻起来臭的，臭铁筷子（*Helleborus foetidus*）是一种可爱的冬季开花的多年生草本植物，但是我们大可不必因为其名字就对其置之不理，因为只有在花被揉碎后才有味道。如果你想在室内种上有香味的兰花，那么一定不要错过檀香石斛兰（*Dendrobium*

异味蔷薇
Rosa foetida

Foetida 表明植物味道难闻，许多人都觉得这种玫瑰的气味很像煮过的亚麻籽油。

anosmum），尽管单词 *anosmus*（*anosma, anosmum*）意为无气味的，但实际上它的香味十分浓郁。请谨记，如果想选购一些带有香味的植物，那么名字中带有如下词汇的植物将是明智的选择。例如，*aromaticus*（*aromatica, aromaticum*），*fragrans* 和 *fragrantissimus*（*fragrantissima, fragrantissimum*），*odoratissimus*（*odoratissima, odoratissimum*），它们都是具香味或非常香的意思；*suaveolens* 意为甜香味，*graveolens* 表明植物拥有十分显著的味道，如香叶天竺葵（*Pelargonium graveolens*）。不同植物种类具有不同的气味，许多都是将叶片在手指间轻轻揉搓就会闻到。

Inodorus（*inodora, inodorum*）意为植物没有味道，如无味金丝桃（*Hypericum inodorum*），*olidus*（*olida, olidum*）意为具难闻的气味，如草莓桉（*Eucalyptus olida*）。种加词可能会指代除了花朵之外的其他部位，如叶片或果实。常绿树玉桂（*Cinnamomum aromaticum*）因其芳香的树皮闻名，而 *odoratus*（*odorata, odoratum*）意为具香味的，如茉莉芹（*Myrrhis odorata*）的叶片、花和种子也常用于烹饪，特别是果馅饼和蛋糕之类。除了传奇的榴莲（*Durio zibethinus*）以外，通常我们不大可能看到有植物的名牌上带有 *zibethinus* 的字样，这个单词的意思是像果子狸一样难闻。尽管它的果实吃起来十分香甜，但刺鼻的味道让很多人望而却步。

有些描述气味的词汇指代相当特定，如 *anisatus*（*anisata, anisatum*）意为茴香的味道，日本莽草（*Illicium anisatum*）味道辛辣，以至于通常用于薰香。*Caryophylla*（*caryophyllus, caryophyllum*）意为具丁香味的，如深受喜爱的丁香石竹（*Dianthus caryophylla*）。许多与味道相关的词汇可以很好地提醒人们避免粗心误食。其中值得注意和避免的就是带有 *emeticus*（*emetica, emeticum*）的植物，该词义为引起呕吐的。*Acerbus*（*acerba, acerbum*），*amarellus*（*amarella, amarellum*）以及 *amarus*（*amara, amarum*）都是苦

日本莽草
Illicium anisatum

虽然直接食用这种植物极易中毒，但若作为薰香使用，它的气味还是非常宜人的。

香豌豆
Lathyrus odoratus

正如学名所示，各种各样的香豌豆是花园中最香的花朵之一。

味的或酸味的意思，如苦味堆心菊（*Helenium amarum*）。

　　另一个需要当心的词汇是 *causticus*（*caustica, causticum*），它指植物入口后会有灼烧感和腐蚀性。一些词汇专门表示酸味，如 *acidosus*（*acidosa, acidosum*）和 *acidus*（*acida, acidum*），而 *dulcis*（*dulcis, dulce*）表示甜味的，*sapidus*（*sapida, sapidum*）意为味美的。*Mellitus*（*mellita, mellitum*）意为甜如蜂蜜的，而 *melliodorus*（*melliodora, melliodorum*）意为具蜜香味的。

obconicus *ob-KON-ih-kus*
obconica, obconicum
倒圆锥形的，如鄂报春（*Primula obconica*）

obesus *oh-BEE-sus*
obesa, obesum
肥的，如布纹球（*Euphorbia obesa*）

oblatus *ob-LAH-tus*
oblata, oblatum
末端平整的，如紫丁香（*Syringa oblata*）

obliquus *oh-BLIK-wus*
obliqua, obliquum
不等的，如白橡树山毛榉（*Nothofagus obliqua*）

偏花曲管花
Cyrtanthus obliquus

oblongatus *ob-long-GAH-tus*
oblongata, oblongatum
oblongus *ob-LONG-us*
oblonga, oblongum
长圆形的，如长圆叶西番莲（*Passiflora oblongata*）

oblongifolius *ob-long-ih-FOH-lee-us*
oblongifolia, oblongifolium
具长圆形叶的，如长圆叶铁角蕨（*Asplenium oblongifolium*）

obovatus *ob-oh-VAH-tus*
obovata, obovatum
倒卵形的，如草芍药（*Paeonia obovata*）

obscurus *ob-SKEW-rus*
obscura, obscurum
不清楚或不确定的，如西方毛地黄（*Digitalis obscura*）

obtectus *ob-TEK-tus*
obtecta, obtectum
覆盖的，受保护的，如三王巨朱蕉（*Cordyline obtecta*）

obtusatus *ob-tew-SAH-tus*
obtusata, obtusatum
钝的，如钝叶铁角蕨（*Asplenium obtusatum*）

obtusifolius *ob-too-sih-FOH-lee-us*
obtusifolia, obtusifolium
钝叶的，如圆叶椒草（*Peperomia obtusifolia*）

obtusus *ob-TOO-sus*
obtusa, obtusum
钝的，如日本扁柏（*Chamaecyparis obtusa*）

obvallatus *ob-val-LAH-tus*
obvallata, obvallatum
被隔绝的，在墙内的，如苞叶雪莲（*Saussurea obvallata*）

occidentalis *ok-sih-den-TAH-lis*
occidentalis, occidentale
与西方有关的，如北美香柏（*Thuja occidentalis*）

occultus *ock-ULL-tus*
occulta, occultum
隐藏的，如波点剑龙角（*Huernia occulta*）

ocellatus *ock-ell-AH-tus*
ocellata, ocellatum
具眼的，由一个圆点包着另一略小且颜色相异的圆点，如眼花旋花（*Convolvulus ocellatus*）

ochraceus *oh-KRA-see-us*
ochracea, ochraceum
赭色的，如赭色长阶花（*Hebe ochracea*）

ochroleucus *ock-roh-LEW-kus*
ochroleuca, ochroleucum
黄白色的，如乳黄番红花（*Crocus ochroleucus*）

oct-
用于复合词中表示"八"

octandrus *ock-TAN-drus*
octandra, octandrum
具八枚雄蕊的，如八药商陆（*Phytolacca octandra*）

octopetalus *ock-toh-PET-uh-lus*
octopetala, octopetalum
具八枚花瓣的，如仙女木（*Dryas octopetala*）

oculatus *ock-yoo-LAH-tus*
oculata, oculatum
具眼的，如白玉露（*Haworthia oculata*）

oculiroseus *ock-yoo-lee-ROH-sus*
oculirosea, oculiroseum
具玫瑰色眼点的，如瑰眼芙蓉葵（*Hibiscus palustris* f. *oculiroseus*）

ocymoides *ok-kye-MOY-deez*
像罗勒（*Ocimum*）的，如罗勒海蔷薇（*Halimium ocymoides*）

odoratissimus *oh-dor-uh-TISS-ih-mus*
odoratissima, odoratissimum
很香的，如珊瑚树（*Viburnum odoratissimum*）

odoratus *oh-dor-AH-tus*
odorata, odoratum
odoriferus *oh-dor-IH-fer-us*
odorifera, odoriferum
odorus *oh-DOR-us*
odora, odorum
芳香的，如香豌豆（*Lathyrus odoratus*）

officinalis *oh-fiss-ih-NAH-lis*
officinalis, officinale
作坊或商店售卖的，因此指代蔬菜、烹饪用植物及药草等有用的植物，如迷迭香（*Rosmarinus officinalis*）

officinarum *off-ik-IN-ar-um*
来自作坊或商店的，常为药材，如欧茄参（*Mandragora officinarum*）

olbius *OL-bee-us*
olbia, olbium
与法国耶尔群岛有关的，如奥尔比花葵（*Lavatera olbia*）

oleiferus *oh-lee-IH-fer-us*
oleifera, oleiferum
产油的，如美洲油棕（*Elaeis oleifera*）

oleifolius *oh-lee-ih-FOH-lee-us*
oleifolia, oleifolium
叶像木樨榄（*Olea*）的，如拟石叶礼草（*Lithodora oleifolia*）

拉 丁 学 名 小 贴 士

田野蒜（*Allium oleraceum*）生长在潮湿的草地中，广泛分布于北欧，有小而具刺激气味的鳞茎。种加词"*oleraceum*"意为来自蔬菜园，不过近年来，它并不仅仅用于烹饪，还被用于传统医学中。

田野蒜
Allium oleraceum

oleoides oh-lee-OY-deez
像木樨榄（*Olea*）的，如齐墩果瑞香（*Daphne oleoides*）

oleraceus awl-lur-RAY-see-us
oleracea, oleraceum
用作蔬菜的，如菠菜（*Spinacia oleracea*）

oliganthus ol-ig-AN-thus
oligantha, oliganthum
具少量花的，如少花美洲茶（*Ceanothus oliganthus*）

oligocarpus ol-ig-oh-KAR-pus
oligocarpa, oligocarpum
具少量果实的，如华中乌蔹莓（*Cayratia oligocarpa*）

oligophyllus ol-ig-oh-FIL-us
oligophylla, oligophyllum
具少量叶子的，如少叶决明（*Senna oligophylla*）

oligospermus ol-ig-oh-SPERM-us
oligosperma, oligospermum
具少量种子的，如黄花葶苈（*Draba oligosperma*）

olitorius ol-ih-TOR-ee-us
olitoria, olitorium
与烹饪调料有关的，如长蒴黄麻（*Corchorus olitorius*）

olivaceus oh-lee-VAY-see-us
olivacea, olivaceum
橄榄色的，绿棕色的，如橄榄玉（*Lithops olivacea*）

olympicus oh-LIM-pih-kus
olympica, olympicum
与希腊奥林匹斯山有关的，如奥林匹斯山金丝桃（*Hypericum olympicum*）

opacus oh-PAH-kus
opaca, opacum
深色的，阴暗的，荫蔽的，如暗淡山楂（*Crataegus opaca*）

operculatus oh-per-koo-LAH-tus
operculata, operculatum
具覆盖物或盖子的，如具盖丝瓜（*Luffa operculata*）

ophioglossifolius
oh-fee-oh-gloss-ih-FOH-lee-us
ophioglossifolia, ophioglossifolium
叶像瓶尔小草（*Ophioglossum*）的，如瓶尔小草叶毛茛（*Ranunculus ophioglossifolius*）

oppositifolius op-po-sih-tih-FOH-lee-us
oppositifolia, oppositifolium
茎上叶对生的，如金粟景天（*Chiastophyllum oppositifolium*）

orbicularis or-bik-yoo-LAH-ris
orbicularis, orbiculare
orbiculatus or-bee-kul-AH-tus
orbiculata, orbiculatum
圆盘形的，平且圆的，如圆叶银波木（*Cotyledon orbiculata*）

orchideus or-KI-de-us
orchidea, orchideum
orchioides or-ki-OY-deez
像红门兰（*Orchis*）的，如似兰水苦荬（*Veronica orchidea*）

金粟景天
Chiastophyllum oppositifolium

orchidiflorus *or-kee-dee-FLOR-us*
orchidiflora, orchidiflorum
花像红门兰（*Orchis*）的，如兰花唐菖蒲（*Gladiolus orchidiflorus*）

oreganus *or-reh-GAH-nus*
oregana, oreganum
与俄勒冈州有关的，如俄勒冈花稔（*Sidalcea oregana*）

oreophilus *or-ee-O-fil-us*
oreophila, oreophilum
喜山的，如山育瓶子草（*Sarracenia oreophila*）

oresbius *or-ES-bee-us*
oresbia, oresbium
生长在山里的，如山地火焰草（*Castilleja oresbia*）

orientalis *or-ee-en-TAH-lis*
orientalis, orientale
与东方有关的，东方的，如侧柏（*Thuja orientalis*）

origanifolius *or-ih-gan-ih-FOH-lee-us*
origanifolia, origanifolium
叶像牛至（*Origanum*）的，如牛至叶毛彩雀（*Chaenorhinum origanifolium*）

origanoides *or-ig-an-OY-deez*
像牛至（*Origanum*）的，如铺地青兰（*Dracocephalum origanoides*）

ornans *OR-nanz*
ornatus *or-NA-tus*
ornata, ornatum
装饰性的，艳丽的，如紫苞芭蕉（*Musa ornata*）

ornatissimus *or-nuh-TISS-ih-mus*
ornatissima, ornatissimum
非常艳丽的，如艳丽石豆兰（*Bulbophyllum ornatissimum*）

ornithopodus *or-nith-OP-oh-dus*
ornithopoda, ornithopodum
ornithopus *or-nith-OP-pus*
像鸟足的，如鸟足薹草（*Carex ornithopoda*）

ortho-
用于复合词中表示"直的"或"直立的"

orthobotrys *or-THO-bot-ris*
具直立花序的，如直穗小檗（*Berberis orthobotrys*）

orthocarpus *or-tho-KAR-pus*
orthocarpa, orthocarpum
具直立果实的，如直果苹果（*Malus orthocarpa*）

orthoglossus *or-tho-GLOSS-us*
orthoglossa, orthoglossum
具直舌的，如直舌石豆兰（*Bulbophyllum orthoglossum*）

orthosepalus *or-tho-SEP-a-lus*
orthosepala, orthosepalum
具直萼片的，如直萼悬钩子（*Rubus orthosepalus*）

osmanthus *os-MAN-thus*
osmantha, osmanthum
具芳香的花的，如香花锦香草（*Phyllagathis osmantha*）

ovalis *oh-VAH-lis*
ovalis, ovale
卵圆形的，如卵圆叶唐棣（*Amelanchier ovalis*）

ovatus *oh-VAH-tus*
ovata, ovatum
卵形的，如兔尾草（*Lagurus ovatus*）

ovinus *oh-VIN-us*
ovina, ovinum
与羊或羊的食物有关的，如羊茅（*Festuca ovina*）

oxyacanthus *oks-ee-a-KAN-thus*
oxyacantha, oxyacanthum
具尖刺的，如锐刺天门冬（*Asparagus oxyacanthus*）

oxygonus *ok-SY-goh-nus*
oxygona, oxygonum
具尖角的，如锐棱海胆（*Echinopsis oxygona*）

oxyphilus *oks-ee-FIL-us*
oxyphila, oxyphilum
在酸性土壤中生长的，如垂花葱（*Allium oxyphilum*）

oxyphyllus *oks-ee-FIL-us*
oxyphylla, oxyphyllum
叶锐尖的，如垂丝卫矛（*Euonymus oxyphyllus*）

P

pachy-
用于复合词中表示"粗大的，厚的"

pachycarpus *pak-ih-KAR-pus*
pachycarpa, pachycarpum
具厚果皮的，如厚果当归（*Angelica pachycarpa*）

pachyphyllus *pak-ih-FIL-us*
pachyphylla, pachyphyllum
厚叶的，如厚叶红千层（*Callistemon pachyphyllus*）

pachypodus *pak-ih-POD-us*
pachypoda, pachypodum
具肥厚茎的，如白果类叶升麻（*Actaea pachypoda*）

pachypterus *pak-IP-ter-us*
pachyptera, pachypterum
具厚翅的，如厚翼丝苇（*Rhipsalis pachyptera*）

pachysanthus *pak-ee-SAN-thus*
pachysantha, pachysanthum
具厚花的，如台湾山地杜鹃（*Rhododendron pachysanthum*）

pacificus *pa-SIF-ih-kus*
pacifica, pacificum
与太平洋有关的，如矶菊（*Chrysanthemum pacificum*）

padus *PAD-us*
古希腊语中的一种野生樱桃，如稠李（*Prunus padus*）

paganus *PAG-ah-nus*
pagana, paganum
来自野外或乡村的，如野生悬钩子（*Rubus paganus*）

palaestinus *pal-ess-TEEN-us*
palaestina, palaestinum
与巴勒斯坦有关的，如巴勒斯坦鸢尾（*Iris palaestina*）

pallens *PAL-lenz*
pallidus *PAL-lid-dus*
pallida, pallidum
苍白的，如紫竹梅（*Tradescantia pallida*）

pallescens *pa-LESS-enz*
稍显苍白的，如灰叶花楸（*Sorbus pallescens*）

pallidiflorus *pal-id-uh-FLOR-us*
pallidiflora, pallidiflorum
具苍白色花的，如巨大凤梨百合（*Eucomis pallidiflora*）

palmaris *pal-MAH-ris*
palmaris, palmare
一掌宽的，如掌宽补血草（*Limonium palmare*）

palmatus *pahl-MAH-tus*
palmata, palmatum
手掌状的，如鸡爪槭（*Acer palmatum*）

palmensis *pal-MEN-sis*
palmensis, palmense
来自加那利群岛拉斯帕尔马斯的，如帕尔马斯金阳草（*Aichryson palmense*）

palmeri *PALM-er-ee*
以英国探险家兼植物采集家欧内斯特·杰西·帕尔默（Ernest Jesse Palmer，1875—1962）命名的，如帕梅龙舌兰（*Agave palmeri*）

拉 丁 学 名 小 贴 士

纳丽花属植物原产于南非开普省，除可以在较冷地区种于室外的娜丽石蒜（*Nerine bowdenii*）之外，其余种类皆为半耐寒性植物。它们在秋季开花，其中有些开出的花是淡粉色的，正如栽培品种名"Pallida（苍白的）"所示。

娜丽石蒜
Nerine bowdenii

palmetto *pahl-MET-oh*
小手掌，如菜棕（*Sabal palmetto*）

palmifolius *palm-ih-FOH-lee-us*
palmifolia, palmifolium
叶像手掌的，如簇花庭菖蒲（*Sisyrinchium palmifolium*）

paludosus *pal-oo-DOH-sus*
paludosa, paludosum
palustris *pal-US-tris*
palustris, palustre
生长在沼泽地区的，如沼生栎（*Quercus palustris*）

pandanifolius *pan-dan-uh-FOH-lee-us*
pandanifolia, pandanifolium
叶像露兜树（*Pandanus*）的，如露兜叶刺芹（*Eryngium pandanifolium*）

panduratus *pand-yoor-RAH-tus*
pandurata, panduratum
小提琴状的，如提琴贝母兰（*Coelogyne pandurata*）

paniculatus *pan-ick-yoo-LAH-tus*
paniculata, paniculatum
圆锥状花序的，如栾树（*Koelreuteria paniculata*）

pannonicus *pa-NO-nih-kus*
pannonica, pannonicum
与潘诺尼亚有关的，如潘诺尼亚山黧豆（*Lathyrus pannonicus*）

pannosus *pan-OH-sus*
pannosa, pannosum
破烂的，如破烂半日花（*Helianthemum pannosum*）

papilio *pap-ILL-ee-oh*
像蝴蝶的，如凤蝶朱顶红（*Hippeastrum papilio*）

papilionaceus *pap-il-ee-on-uh-SEE-us*
papilionacea, papilionaceum
像蝴蝶的，如蝴蝶天竺葵（*Pelargonium papilionaceum*）

papyraceus *pap-ih-REE-see-us*
papyracea, papyraceum
像纸的，如纯白水仙（*Narcissus papyraceus*）

papyrifer *pap-IH-riff-er*
papyriferus *pap-ih-RIH-fer-us*
papyrifera, papyriferum
产纸的，如通脱木（*Tetrapanax papyrifer*）

papyrus *pa-PY-rus*
纸的古希腊词，如纸莎草（*Cyperus papyrus*）

牛舌草
Anchusa azurea
(syn. *Anchusa paniculata*)

paradisi *par-ih-DEE-see*
paradisiacus *par-ih-DEE-see-cus*
paradisiaca, paradisiacum
来自公园或花园的，如葡萄柚（*Citrus × paradise*）

paradoxus *par-uh-DOKS-us*
paradoxa, paradoxum
意外的或诡异的，如奇异相思树（*Acacia paradoxa*）

paraguayensis *par-uh-gway-EN-sis*
paraguayensis, paraguayense
来自巴拉圭的，如巴拉圭冬青（*Ilex paraguayensis*）

parasiticus *par-uh-SIT-ih-kus*
parasitica, parasiticum
寄生的，如寄生弯筒苣苔（*Agalmyla parasitica*）

pardalinus *par-da-LEE-nus*
pardalina, pardalinum
pardinus *par-DEE-nus*
pardina, pardinum
具豹斑的，如豹斑朱顶红（*Hippeastrum pardinum*）

pari-
用于复合词中表示"均等的"

parnassicus *par-NASS-ih-kus*
parnassica, parnassicum
与希腊帕纳塞斯山有关的，如帕纳塞斯山百里香（*Thymus parnassicus*）

parnassifolius *par-nass-ih-FOH-lee-us*
parnassifolia, parnassifolium
叶像梅花草的，如梅花草叶虎耳草（*Saxifraga parnassifolia*）

parryae *PAR-ee-eye*
parryi *PAIR-ree*
以出生于英国的植物学家兼植物采集家查尔斯·克里斯托弗·帕里（Charles Christopher Parry，1823—1890）博士命名的，而"*parryae*"是纪念他的妻子艾米丽·里士满·帕里（Emily Richmond Parry，1821—1915）的，如沙花（*Linanthus parryae*）

铺展风铃草
Campanula patula

partitus *par-TY-tus*
partita, partitum
分开的，如异色木槿（*Hibiscus partitus*）

parvi-
用于复合词中表示"小"

parviflorus *par-vee-FLOR-us*
parviflora, parviflorum
小花的，如小花七叶树（*Aesculus parviflora*）

parvifolius *par-vih-FOH-lee-us*
parvifolia, parvifolium
小叶的，如小叶桉（*Eucalyptus parvifolia*）

parvus *PAR-vus*
parva, parvum
小的，如小豹纹百合（*Lilium parvum*）

patagonicus *pat-uh-GOH-nih-kus*
patagonica, patagonicum
与巴塔哥尼亚有关的，如南美蓝眼草（*Sisyrinchium patagonicum*）

patavinus *pat-uh-VIN-us*
patavina, patavinum
与意大利帕多瓦有关的，如帕多瓦拟芸香（*Haplophyllum patavinum*）

patens *PAT-enz*
patulus *PAT-yoo-lus*
patula, patulum
铺展生长习性的，如龙胆鼠尾草（*Salvia patens*）

pauci-
用于复合词中表示"少的"

pauciflorus *PAW-ki-flor-us*
pauciflora, pauciflorum
少花的，如少花蜡瓣花（*Corylopsis pauciflora*）

paucifolius *paw-ke-FOH-lee-us*
paucifolia, paucifolium
少叶的，如油点花（*Scilla paucifolia*）

paucinervis *paw-ke-NER-vis*
paucinervis, paucinerve
少脉的，如小楝木（*Cornus paucinervis*）

pauperculus *paw-PER-yoo-lus*
paupercula, pauperculum
贫乏的，如贫六出花（*Alstroemeria paupercula*）

地锦属

五叶地锦（*Parthenocissus quinquefolia*）的命名过程格外复杂。1753 年，林奈将其命名为 *Hedera quinquefolia*，接着它又被先后归到了葡萄属（*Vitis*）、蛇葡萄属（*Ampelopsis*）以及其他属，直到法国植物学家朱尔斯·埃米尔·普兰崇（Jules émile Planchon，1823—1888）于 1887 年将其重新归于现在属下。*Parthenocissus* 衍生自希腊语 *parthenos*，意为处女的，*kissos* 意为藤蔓，它是由普兰崇由其法语俗名 *vigne-vierge* 直接翻译而来，首次记录于 1690 年。反过来，这对美国殖民地起的英文名也是个参照。通过翻译成法语，然后拉丁化希腊语，其拉丁名因此间接地纪念伊丽莎白女王一世，"童贞女王"，弗吉尼亚州也是以他命名的。*Quinquefolius*（*quinquefolia, quinquefolium*）意为五片叶子的，描述植物引人注目的叶片。类似地，地锦（*P. tricuspidata*）也称爬山虎，其名称来源于其三裂的叶片（*tricuspidatus, tricuspidata, tricuspidatum*，三裂的），类似地还有七叶地锦（*P. heptaphylla*）。

作为葡萄科（*Vitaceae*）的一员，地锦属是一类长势迅猛的攀援植物，可以沿着墙体长到 30 米高。在秋天，它们的叶片会变幻出绚丽的色彩并且持续很长时间，可以优雅地搭在藤架、篱笆或乔木上。在其卷须的顶端会长出具黏性的小吸盘，它们便以此紧紧地吸附到墙上。地锦属植物主要都是观叶植物，其花小且不明显。如果种在墙边或树下，一定要在最初几年内保证水肥供应，直到植株完全扎根。需要注意，其汁液会导致某些人皮肤过敏起疹。

葡萄叶地锦（*P. vitacea*），*vitaceus, vitacea, vitaceum* 意为葡萄的。其英文俗名 "woodbine" 易与另一种攀援植物香忍冬（*Lonicera periclymenum*）混淆。

香忍冬（*Lonicera periclymenum*）的俗名与葡萄叶地锦（*Parthenocissus vitacea*）相同。

五叶地锦标志性的五裂叶片。

西番莲属

西番莲属隶属于西番莲科，它们是生机勃勃的常绿攀援植物，开出醒目的充满异域风情的花朵。本属物种数目和栽培品种极多。早期抵达南美的天主教传教士在见到它们巨大的碟状花之后给它们起了这样一个名字。*Passio* 在拉丁语中是热情或受难的意思，特别是与耶稣受难相关，*flos* 意为花。在传教士们眼中，西番莲花的结构成了耶稣受难的视觉符号：花冠上的线纹象征着用荆棘编成的冠冕；五枚花瓣和五枚萼片代表了十位使徒，不包括否认了耶稣的彼得和背叛者犹大；柱头象征着行刑的钉子；花药如同他遭受的伤口；盘绕的卷须好似鞭笞耶稣的鞭子；指状的叶片象征着群众伸展的手掌。一些早年的欧洲俗名还保留着这一主题，称之为耶稣的荆棘或耶稣花。

百香果（*Passiflora edulis*）的果实为黄色或紫色、呈鸡蛋状，因此又称鸡蛋果。其中黄果鸡蛋果（*P. edulis* f. *flavicarpa*）就是以其美味的黄色果实闻名。（*Edulis, edulis, edule* 意为可食用的，*flavus* 意为黄色的，*carpus, carpa, carpum* 意为果实。）它们往往直到生长季的末期才会结果，如果没有完全熟透吃下去会造成胃部不适。西番莲（*P. caerulea*）是最广为栽培的种类，又称蓝花鸡蛋果，此外还有肉色西番莲（*P. incarnata*）。（*Caeruleus, caerulea, caeruleum* 意为天蓝色的；*incarnatus, incarnata, incarnatum,* 意为肉色的。）如果种在有庇护的位置，这两个种还是比较耐寒的。而在凉爽气候下，其他种类就需要种在温室或暖房中了。

翅茎西番莲（*P. alata*）具有带翅的茎；热情果（*P. ligularis*）生长于非洲和澳大利亚。（*Alatus, alata, alatum* 意为具翅的，*ligularis, ligularis, ligulare,* 意为带状的。）

四棱西番莲（*Passiflora quandrangularis*）的茎呈四棱状，颇为有趣。

西番莲（*Passiflora caerulea*）的花结构复杂。

pavia *PAH-vee-uh*
以荷兰医师彼得·保尔（Peter Paaw，1564—1617）命名的，如北美红花七叶树（*Aesculus pavia*）

pavoninus *pav-ON-ee-nus*
pavonina, pavoninum
孔雀蓝的，如孔雀银莲花（*Anemone pavonina*）

pectinatus *pek-tin-AH-tus*
pectinata, pectinatum
梳子状的，如梳黄菊（*Euryops pectinatus*）

pectoralis *pek-TOR-ah-lis*
pectoralis, pectorale
肋骨状的，如肋爵床（*Justicia pectoralis*）

peculiaris *pe-kew-lee-AH-ris*
peculiaris, peculiare
特殊的或特有的，如翔凤（*Cheiridopsis peculiaris*）

pedatifidus *ped-at-ee-FEE-dus*
pedatifida, pedatifidum
像鸟足一样分裂的，如草原堇菜（*Viola pedatifida*）

pedatus *ped-AH-tus*
pedata, pedatum
形状像鸟足的，常指掌状的叶，如掌叶铁线蕨（*Adiantum pedatum*）

pedemontanus *ped-ee-MON-tah-nus*
pedemontana, pedemontanum
与意大利皮埃蒙特有关的，如普氏虎耳草（*Saxifraga pedemontana*）

peduncularis *pee-dun-kew-LAH-ris*
peduncularis, pedunculare
pedunculatus *pee-dun-kew-LA-tus*
pedunculata, pedunculatum
具花序梗的，如蝴蝶薰衣草（*Lavandula pedunculata*）

pedunculosus *ped-unk-yoo-LOH-sus*
pedunculosa, pedunculosum
有许多或发育很好的花茎的，如具柄冬青（*Ilex pedunculosa*）

pekinensis *pee-keen-EN-sis*
pekinensis, pekinense
来自北京的，如大戟（*Euphorbia pekinensis*）

pelegrina *pel-e-GREE-nuh*
紫红六出花（*Alstroemeria pelegrina*）的俗名

垂枝桦
Betula pendula

pellucidus *pel-LOO-sid-us*
pellucida, pellucidum
透明的，清澈的，如勋章玉（*Conophytum pellucidum*）

peloponnesiacus *pel-uh-pon-ee-see-AH-kus*
peloponnesiaca, peloponnesiacum
与希腊伯罗奔尼撒有关的，如伯罗奔尼撒秋水仙（*Colchicum peloponnesiacum*）

peltatus *pel-TAH-tus*
peltata, peltatum
盾状的，如雨伞草（*Darmera peltata*）

pelviformis *pel-vih-FORM-is*
pelviformis, pelviforme
浅杯状的，如浅杯风铃草（*Campanula pelviformis*）

pendulinus *pend-yoo-LIN-us*
pendulina, pendulinum
悬挂的，如北美垂柳（*Salix × pendulina*）

pendulus *PEND-yoo-lus*
pendula, pendulum
悬挂的，如垂枝桦（*Betula pendula*）

penicillatus *pen-iss-sil-LAH-tus*
penicillata, penicillatum
penicillius *pen-iss-SIL-ee-us*
penicillia, penicillium
具簇毛的，如金妆玉（*Parodia penicillata*）

peninsularis *pen-in-sul-AH-ris*
peninsularis, peninsulare
来自半岛地区的，如半岛葱（*Allium peninsulare*）

penna-marina *PEN-uh mar-EE-nuh*
像海鳃的，如高山水蕨（*Blechnum penna-marina*）

pennatus *pen-AH-tus*
pennata, pennatum
具羽毛的，如羽状针茅（*Stipa pennata*）

pennigerus *pen-NY-ger-us*
pennigera, pennigerum
叶像羽毛的，如羽叶沼泽蕨（*Thelypteris pennigera*）

pennsylvanicus *pen-sil-VAN-ih-kus*
pennsylvanica, pennsylvanicum
pensylvanicus
pensylvanica, pensylvanicum
与宾夕法尼亚州有关的，如条纹槭（*Acer pensylvanicum*）

pensilis *PEN-sil-is*
pensilis, pensile
悬挂的，如水松（*Glyptostrobus pensilis*）

penta-
用于复合词中表示"五"

pentagonius *pen-ta-GON-ee-us*
pentagonia, pentagonium
pentagonus *pen-ta-GON-us*
pentagona, pentagonum
五角的，如掌叶悬钩子（*Rubus pentagonus*）

pentagynus *pen-ta-GY-nus*
pentagyna, pentagynum
具五枚雌蕊的，如小花黑山楂（*Crataegus pentagyna*）

pentandrus *pen-TAN-drus*
pentandra, pentandrum
具五枚雄蕊的，如吉贝（*Ceiba pentandra*）

pentapetaloides *pen-ta-pet-al-OY-deez*
具五枚花瓣的，如五瓣旋花（*Convolvulus pentapetaloides*）

pentaphyllus *pen-tuh-FIL-us*
pentaphylla, pentaphyllum
具五片叶或小叶的，如五叶碎米荠（*Cardamine pentaphylla*）

pepo *PEP-oh*
瓜或南瓜的拉丁词，如西葫芦（*Cucurbita pepo*）

perbellus *per-BELL-us*
perbella, perbellum
非常漂亮的，如大福丸（*Mammillaria perbella*）

peregrinus *per-uh-GREE-nus*
peregrina, peregrinum
裂叶翠雀（*Delphinium peregrinum*）的俗名

perennis *per-EN-is*
perennis, perenne
多年生的，如雏菊（*Bellis perennis*）

perfoliatus *per-foh-lee-AH-tus*
perfoliata, perfoliatum
穿叶的，如穿叶拟长阶花（*Parahebe perfoliata*）

perforatus *per-for-AH-tus*
perforata, perforatum
具有或像有小孔的，如贯叶连翘（*Hypericum perforatum*）

pergracilis *per-GRASS-il-is*
pergracilis, pergracile
非常细长的，如纤秆珍珠茅（*Scleria pergracilis*）

pernyi *PERN-yee-eye*
以法国传教士兼植物学家保罗·休伯特·佩尼（Paul Hubert Perny，1818—1907）命名的，如猫儿刺（*Ilex pernyi*）

persicifolius *per-sik-ih-FOH-lee-us*
persicifolia, persicifolium
叶像桃（*Prunus persica*）的，如桃叶风铃草（*Campanula persicifolia*）

persicus *PER-sih-kus*
persica, persicum
与波斯（即伊朗）有关的，如波斯铁木（*Parrotia persica*）

persistens *per-SIS-tenz*
永久的，如宿苞竹灯草（*Elegia persistens*）

persolutus *per-sol-YEW-tus*
persoluta, persolutum
非常松散的，如散花欧石南（*Erica persoluta*）

perspicuus *PER-spic-kew-us*
perspicua, perspicuum
透明的，如透明欧石南（*Erica perspicua*）

pertusus *per-TUS-us*
pertusa, pertusum
穿孔的，穿通的，如兰科植物 *Listrostachys pertusa*

---

perulatus *per-uh-LAH-tus*
perulata, perulatum
具芽鳞的，如台湾吊钟花（*Enkianthus perulatus*）

peruvianus *per-u-vee-AH-nus*
peruviana, peruvianum
与秘鲁有关的，如葡萄牙蓝瑰花（*Scilla peruviana*）

petaloideus *pet-a-LOY-dee-us*
petaloidea, petaloideum
花瓣状的，如瓣蕊唐松草（*Thalictrum petaloideum*）

petiolaris *pet-ee-OH-lah-ris*
petiolaris, petiolare
petiolatus *pet-ee-oh-LAH-tus*
petiolata, petiolatum
具叶柄的，如伞花麦秆菊（*Helichrysum petiolare*）

petraeus *pet-RAY-us*
petraea, petraeum
与多岩石地区有关的，如无梗花栎（*Quercus petraea*）

phaeacanthus *fay-uh-KAN-thus*
phaeacantha, phaeacanthum
具灰色刺的，如仙人镜（*Opuntia phaeacantha*）

phaeus *FAY-us*
phaea, phaeum
暗淡的，如暗色老鹳草（*Geranium phaeum*）

philadelphicus *fil-uh-DEL-fih-kus*
philadelphica, philadelphicum
与费城有关的，如费城百合（*Lilium philadelphicum*）

philippensis *fil-lip-EN-sis*
philippensis, philippense
philippianus *fil-lip-ee-AH-nus*
philippiana, philippianum
philippii *fil-LIP-ee-eye*
philippinensis *fil-ip-ee-NEN-sis*
philippinensis, philippinense
来自菲律宾的，如半月形铁线蕨（*Adiantum philippense*）

phleoides *flee-OY-deez*
像梯牧草（*Phleum*）的，如假梯牧草（*Phleum phleoides*）

phlogiflorus *flo-GIF-flor-us*
phlogiflora, phlogiflorum
具火红色花的或者花像福禄考（*Phlox*）的，如焰花马鞭草
（*Verbena phlogiflora*）

拉 丁 学 名 小 贴 士

　　Phaeus 意为暗淡的，在暗色老鹳草（*Geranium phaeum*）中指的是它暗淡且稍显忧郁的花，同时也解释了它的俗名——"忧郁的寡妇"。暗色老鹳草是一种适应性很强的植物，不论干旱的阴地还是全日照的环境都能很好地生长。有时，它簇生的叶片上会长出引人注目的紫色斑点。

暗色老鹳草
Geranium phaeum

简·科尔登

(1724—1766)

玛丽安·诺斯

(1830—1890)

颇为遗憾的是，几乎没有任何女性出现在重要的植物学家、植物采集家的名录中。这也并非巧合，毕竟在18—19世纪这样一个植物猎人辈出的年代，很少有女性接受过专门教育能够熟练掌握希腊语和拉丁文，这是成为植物学家的先决条件。同时，女性也无法自由独立地出行。因此，许多严肃的女性植物学家无疑没有被历史所记录下来。幸运的是，美国人简·科尔登（Jane Colden）和英国人玛丽安·诺斯（Marianne North）这两位女性的贡献仍被人们铭记。

简·科尔登是美国历史上首位使用林奈系统对本土野花进行分类的女植物学家。她的父亲卡德瓦拉德·科尔登（Cadwallader Colden）博士是殖民地测绘局局长，也是纽约国王委员会的成员。他是一个对植物学很感兴趣的苏格兰人。他与林奈有信件往来，并且还对其纽堡西部的房产中的植物进行编目，写成了一卷《科尔登汉姆植物志》（*Plantae Coldenhamiae*）。简几乎没接受过正规教育，但也通过研究植物和林奈掌握了拉丁文的基本知识。她是被同时代的博物学家和植物学家们认可其研究的植物采集家，与约翰·巴特拉姆（见98页）、植物学家约翰·克雷登（John Clayton）以及来自伦敦的植物采集家彼得·柯林森（Peter Collinson）都有往来。她与南卡罗来纳州的亚历山大·加登（Alexander Garden）博士保持通信［栀子属（*Gardenia*）就以他命名］，还发表了数篇关于弗吉尼亚金丝桃（*Hypericum virginicum*）的学术文章。

简嫁给了一位名叫法夸尔的苏格兰医生，于1766年去世，时年42岁，同年她的独子也去世了。她死后名声渐长，在她去世后的第四年，由她生前所写的一些仔细观察的植物描述发表在《散文与观察》（*Essays and Observations*）第二卷，为她赢得了更广泛的赞誉。如今，她的一份手稿还保存在伦敦大英博物馆中，上面记载了300多种植物的描述并均以配图。这些植物的拉丁学名和俗名都有罗列，同时记录了它们的花果期和药用功效。

> "她值得这样的赞美……可能是完美研究林奈系统的第一位女士。"

彼得·柯林森对简·科尔登的评价

同简·科尔登类似，玛丽安·诺斯（Marianne North）也是在家中接受的教育并且在很小的时候就展现出了对自然界的兴趣。很小的时候，她就在房间里种植各种蘑菇，时常跑到邱园去描画珍稀植物的标本，还得到了后来成为园长的威廉·胡克（见 182 页）的鼓励。她的父亲弗雷德里克·诺斯（Frederick North）是东萨西克斯郡黑斯廷斯市的下议院议员，因此她有良好的社会关系并且有机会跟随父母出国旅行，即使在其母亲去世后她也一直陪同父亲旅行。然而，她的人生在其父亲去世后发生了彻底的改变。40 岁的她并未嫁人，且经济独立，于是乎就开始了一系列的异国探险之旅。她通常独自旅行，这在当时十分少见。她宣称自己的愿望是"前往某个热带国家，在其丰富的自然资源中描绘其独特的植被。"

诺斯最为活跃的绘画时期持续了 13 年。她先后去过美国、巴西、加拿大、智利、印度、牙买加、日本、爪哇、新加坡、南非和特纳利夫岛。她的朋友查尔斯·达尔文推荐她前往澳大利亚和新西兰，她也欣然前往。一旦到

诺斯曾短暂地师从维多利亚时代花卉画家瓦伦丁·巴塞洛缪（Valentine Bartholomew）。这幅猪笼草（*Nepenthes northiana*）体现了她生机勃勃的风格。

了国外，她并不是让自己安全地坐在各个植物园中绘画，而是深入丛林，实地描绘动植物。诺斯发现并精确记录了许多新的植物，还把这些油画寄给邱园的约瑟夫·胡克爵士（见 182页）。僧帽榄属（*Northia*）植物以她命名，此外还有诺斯槟榔（*Areca northiana*）、亚洲文殊兰（*Crinum northianum*）、诺斯火把莲（*Kniphofia northiana*）等。尽管她只曾接受过很少的正规绘画训练，但她的作品以色彩生动和颜料处理流畅为特色。位于邱园的玛丽安·诺斯画廊于 1882 年开放，至今仍保存着她的 832 幅油画，超过 900 种植物。

诺斯为一位泰米尔男孩作画的照片，1877 年由朱莉娅·玛格丽特·卡梅伦（Julia Margaret Cameron）拍摄于她在锡兰（今斯里兰卡）的家中。

phoeniceus *feen-ih-KEE-us*
phoenicea, phoeniceum
紫色或红色的，如红果圆柏（*Juniperus phoenicea*）

phoenicolasius *fee-nik-oh-LASS-ee-us*
phoenicolasia, phoenicolasium
具紫色毛的，如多腺悬钩子（*Rubus phoenicolasius*）

phrygius *FRIJ-ee-us*
phrygia, phrygium
与安纳托利亚的弗里吉亚有关的，如流苏矢车菊（*Centaurea phrygia*）

phyllostachyus *fy-lo-STAY-kee-us*
phyllostachya, phyllostachyum
具像叶子的穗状花序的，如红点草（*Hypoestes phyllostachya*）

picturatus *pik-tur-AH-tus*
picturata, picturatum
斑叶的，如彩竹芋（*Calathea picturata*）

pictus *PIK-tus*
picta, pictum
着色的，水彩的，如色木槭（*Acer pictum*）

pileatus *py-lee-AH-tus*
pileata, pileatum
具盖的，如蕊帽忍冬（*Lonicera pileata*）

piliferus *py-LIH-fer-us*
pilifera, piliferum
具短柔毛的，如短柔毛熊菊（*Ursinia pilifera*）

pillansii *pil-AN-see-eye*
以南非植物学家内维尔·斯图尔特·皮尔兰斯（Neville Stuart Pillans，1884—1964）命名的，如皮氏弯管鸢尾（*Watsonia pillansii*）

pilosus *pil-OH-sus*
pilosa, pilosum
具长柔毛的，如白孔雀草（*Aster pilosus*）

pilularis *pil-yoo-LAH-ris*
pilularis, pilulare
piluliferus *pil-loo-LIH-fer-us*
pilulifera, piluliferum
果实球状的，如罗马荨麻（*Urtica pilulifera*）

pimeleoides *py-mee-lee-OY-deez*
像米瑞香（*Pimelea*）的，如米瑞香海桐（*Pittosporum pimeleoides*）

pimpinellifolius *pim-pi-nel-ih-FOH-lee-us*
pimpinellifolia, pimpinellifolium
叶像茴芹（*Pimpinella*）的，如茴芹叶蔷薇（*Rosa pimpinellifolia*）

pinetorum *py-net-OR-um*
与松林有关的，如松林贝母（*Fritillaria pinetorum*）

pineus *PY-nee-us*
pinea, pineum
与松树（*Pinus*）有关的，如意大利松（*Pinus pinea*）

pinguifolius *pin-gwih-FOH-lee-us*
pinguifolia, pinguifolium
叶片肥厚的，如肥叶长阶花（*Hebe pinguifolia*）

pinifolius *pin-ih-FOH-lee-us*
pinifolia, pinifolium
像松叶（*Pinus*）的，如松叶钓钟柳（*Penstemon pinifolius*）

pininana *pin-in-AH-nuh*
矮的松树，如紫塔蓝蓟（*Echium pininana*）

pinnatifidus *pin-nat-ih-FY-dus*
pinnatifida, pinnatifidum
裂成羽毛状的，如日本菟葵（*Eranthis pinnatifida*）

pinnatifolius *pin-nat-ih-FOH-lee-us*
pinnatifolia, pinnatifolium
羽状叶的，如吉隆绿绒蒿（*Meconopsis pinnatifolia*）

pinnatifrons *pin-NAT-ih-fronz*
羽状叶状体的，如竹节椰（*Chamaedorea pinnatifrons*）

pinnatus *pin-NAH-tus*
pinnata, pinnatum
叶羽状的，如羽叶银香菊（*Santolina pinnata*）

piperitus *pip-er-EE-tus*
piperita, piperitum
胡椒味的，如辣薄荷（*Mentha × piperita*）

pisiferus *pih-SIH-fer-us*
pisifera, pisiferum
结豆荚的，如日本花柏（*Chamaecyparis pisifera*）

pitardii *pit-ARD-ee-eye*
以 20 世纪法国植物采集家兼植物学家查尔斯－约瑟夫·玛丽·皮塔尔－布莱恩（Charles-Joseph Marie Pitard-Briau）命名的，如西南红山茶（*Camellia pitardii*）

pittonii *pit-TON-ee-eye*
以 19 世纪奥地利植物学家约瑟夫·克劳迪斯·比东尼（Josef Claudius Pittoni）命名的，如比东尼长生草（*Sempervivum pittonii*）

拉 丁 学 名 小 贴 士

挪威槭（*Acer platanoides*）是一种生长迅速且极具活力的乔木，可以长得相当高，而"德鲁蒙迪"这一品种（*A. platanoides* 'Drummondii'）活力较弱，更适合种在小院中。挪威槭是一种耐寒的落叶树，又十分强健，因此很适合用于建设防风林。许多槭树的花都很不起眼，而挪威槭却有着耀眼的亮黄绿色花，秋季落叶也很美丽。它的种加词"*platanoides*"暗示它很像悬铃木（*Platanus*），而著名的英国梧桐叫作"*Platanus × acerifolia*"，意为它像槭树（*Acer*）。更为混淆的是，虽然俗名叫英国梧桐，但事实上并不是英国的本土植物。它们在伦敦街道极为繁荣，已然成为伦敦的特色。此外，英国梧桐比许多其他行道树种更能耐受交通污染。

挪威槭
Acer platanoides

planiflorus *plen-ee-FLOR-us*
planiflora, planiflorum
具扁平花的，如平花青龙角（*Echidnopsis planiflora*）

planifolius *plan-ih-FOH-lee-us*
planifolia, planifolium
具扁平叶的，如扁叶鸢尾（*Iris planifolia*）

planipes *PLAN-ee-pays*
具扁平茎的，如东北卫矛（*Euonymus planipes*）

plantagineus *plan-tuh-JIN-ee-us*
plantaginea, plantagineum
像车前（*Platango*）的，如玉簪（*Hosta plantaginea*）

planus *PLAH-nus*
plana, planum
平坦的，如扁叶刺芹（*Eryngium planum*）

platanifolius *pla-tan-ih-FOH-lee-us*
platanifolia, platanifolium
叶像悬铃木（*Platanus*）的，如桐叶秋海棠（*Begonia platanifolia*）

platanoides *pla-tan-OY-deez*
像悬铃木（*Platanus*）的，如挪威槭（*Acer platanoides*）

platy-
用于复合词中表示"宽阔的"，有时表示"平坦的"

platycanthus *plat-ee-KAN-thus*
platycantha, platycanthum
具宽刺的，如宽刺芒刺果（*Acaena platycantha*）

platycarpus *plat-ee-KAR-pus*
platycarpa, platycarpum
宽果的，如宽果唐松草（*Thalictrum platycarpum*）

platycaulis *plat-ee-KAWL-is*
platycaulis, platycaule
宽茎的，如宽茎葱（*Allium platycaule*）

platycladus *plat-ee-KLAD-us*
platyclada, platycladum
具平坦分枝的，如扁平麒麟（*Euphorbia platyclada*）

platyglossus *plat-ee-GLOSS-us*
platyglossa, platyglossum
宽舌的，如灰水竹（*Phyllostachys platyglossa*）

platypetalus *plat-ee-PET-uh-lus*
platypetala, platypetalum
宽瓣的，如茂汶淫羊藿（*Epimedium platypetalum*）

platyphyllos *plat-tih-FIL-los*
platyphyllus *pla-tih-FIL-us*
platyphylla, platyphyllum
宽叶的，如白桦（*Betula platyphylla*）

platypodus *pah-tee-POD-us*
platypoda, platypodum
宽茎的，如象蜡树（*Fraxinus platypoda*）

platyspathus *plat-ees-PATH-us*
platyspatha, platyspathum
具宽佛焰苞的，如宽苞韭（*Allium platyspathum*）

platyspermus *plat-ee-SPER-mus*
platysperma, platyspermum
具宽种子的，如板球荣桦（*Hakea platysperma*）

pleniflorus *plen-ee-FLOR-us*
pleniflora, pleniflorum
具重瓣花的，如重瓣棣棠花（*Kerria japonica* 'Pleniflora'）

羊角芹
Aegopodium podagraria

plenissimus *plen-ISS-i-mus*
plenissima, plenissimum
极重瓣花的，如重瓣哥氏桉（*Eucalyptus kochii* subsp. *plenissima*）

plenus *plen-US*
plena, plenum
两倍的，丰富的，如丰花蓝菊（*Felicia plena*）

plicatus *ply-KAH-tus*
plicata, plicatum
起褶的，折成纵沟的，如北美乔柏（*Thuja plicata*）

plumarius *ploo-MAH-ree-us*
plumaria, plumarium
具羽毛的，如常夏石竹（*Dianthus plumarius*）

plumbaginoides *plum-bah-gih-NOY-deez*
像白花丹（*Plumbago*）的，如蓝雪花（*Ceratostigma plumbaginoides*）

plumbeus *plum-BEY-us*
plumbea, plumbeum
与铅有关的，如热亚海芋（*Alocasia plumbea*）

plumosus *plum-OH-sus*
plumosa, plumosum
柔软如羽毛的，如甜柏（*Libocedrus plumosa*）

pluriflorus *plur-ee-FLOR-us*
pluriflora, pluriflorum
多花的，如多花猪牙花（*Erythronium pluriflorum*）

pluvialis *ploo-VEE-uh-lis*
pluvialis, pluviale
与雨有关的，如雨生金盏花（*Calendula pluvialis*）

pocophorus *po-KO-for-us*
pocophora, pocophorum
具羊毛状覆盖物的，如杯萼杜鹃（*Rhododendron pocophorum*）

podagraria *pod-uh-GRAR-ee-uh*
痛风的拉丁词"*podagra*"，如羊角芹（*Aegopodium podagraria*）

podophyllus *po-do-FIL-us*
podophylla, podophyllum
叶柄短的，如鬼灯檠（*Rodgersia podophylla*）

poeticus *po-ET-ih-kus*
poetica, poeticum
与诗人有关的，如红口水仙（*Narcissus poeticus*）

白花丹属

有两个属的植物常常被称为白花丹，虽然这两属植物同属于白花丹科，但却有着完全不同的园艺用途。两个类群很好区分，一类主要是攀援植物，另一类主要是灌木和地被植物。前者是一类常绿的开花攀援植物（少数为灌木），在较冷地区并不耐寒，常见繁盛于无霜的暖房或温室中。其拉丁学名源于铅的拉丁词 *plumbum*，最早见于老普林尼（公元 23—79年）的《博物志》记载——

蓝雪花（*Ceratostigma plumbaginoides*）美丽的蓝色花朵，它们是极好的地被植物。

他认为这种植物可以治疗铅中毒。然而，其学名也可能是由于其有别于其他植物花的格外强烈的蓝色。它们当中也有白花和粉花的类型，如雪花丹（*Plumbago auriculata f. alba*）、紫花丹（*P. indica*）（syn. *P. rosea*）（*Auriculatus, auriculata, auriculatum* 意为具耳的或耳状附属物的，*indicus, indica, indicum* 意为印度）。

另一大类是蓝雪花属植物（*Ceratostigma*），它们为多年生半耐寒的草本、小灌木和地被植物。名字中的 *cera* 都是源自希腊语中的号角，*keras*，在本属中是指其柱头上的角状突起。如果选择地被植物，可以考虑蓝雪花（*Ceratostigma plumbaginoides*）（*plumbaginoides* 意为像白花丹的），它们仅 30 厘米高，而直径可达 38 厘米。以艾伦·维尔莫特命名（详见 219 页）的岷江蓝雪花（*C. willmottianum*）和毛蓝雪花（*C. griffithii*）都是非常美丽的落叶灌木，可以长到 1 米高。尽管不是特别显眼，但它们也许是能种出来的最可爱的蓝色花了。红叶映衬下的蓝色花朵小巧精致，在晚秋的阳光中格外美丽。为了达到最好的效果，请把它们种在光照充足的温暖位置，保持土壤湿润且排水良好。

紫花丹（*Plumbago indica*）原产于东印度群岛，这些中等大小的灌木以其蓝花变种常见。

polaris *po-LAH-ris*
polaris, polare
与北极有关的，如极地柳（*Salix polaris*）

polifolius *po-lih-FOH-lee-us*
polifolia, polifolium
灰色叶的，如青姬木（*Andromeda polifolia*）

politus *POL-ee-tus*
polita, politum
光亮的，如亮叶虎耳草（*Saxifraga × polita*）

polonicus *pol-ON-ih-kus*
polonica, polonicum
与波兰有关的，如波兰岩荠（*Cochlearia polonica*）

poly-
用于复合词中表示"许多的"

polyacanthus *pol-lee-KAN-thus*
polyacantha, polyacanthum
多刺的，如多刺相思树（*Acacia polyacantha*）

polyandrus *pol-lee-AND-rus*
polyandra, polyandrum
多雄蕊的，如多蕊肉锥花（*Conophytum polyandrum*）

polyanthemos *pol-ly-AN-them-os*
polyanthus *pol-ee-AN-thus*
polyantha, polyanthum
多花的，如多花素馨（*Jasminum polyanthum*）

polyblepharus *pol-ee-BLEF-ar-us*
polyblephara, polyblepharum
有许多条纹或睫毛的，如棕鳞耳蕨（*Polystichum polyblepharum*）

polybotryus *pol-ly-BOT-ree-us*
polybotrya, polybotryum
具许多总状花序的，如多序相思树（*Acacia polybotrya*）

polybulbon *pol-ly-BUL-bun*
多芽的，如双丝兰（*Dinema polybulbon*）

polycarpus *pol-ee-KAR-pus*
polycarpa, polycarpum
多果实的，如多室八角金盘（*Fatsia polycarpa*）

polycephalus *pol-ee-SEF-a-lus*
polycephala, polycephalum
多头的，如多头破布木（*Cordia polycephala*）

婆婆纳
Veronica polita

polychromus *pol-ee-KROW-mus*
polychroma, polychromum
具许多颜色的，如多色大戟（*Euphorbia polychroma*）

polygaloides *pol-ee-gal-OY-deez*
像远志（*Polygala*）的，如远志骨子菊（*Osteospermum polygaloide*）

polygonoides *pol-ee-gon-OY-deez*
像萹蓄（*Polygonum*）的，如萹蓄状莲子草（*Alternanthera polygonot*）

polylepis *pol-ee-LEP-is*
polylepis, polylepe
具许多鳞片的，如泡鳞轴鳞蕨（*Dryopteris polylepis*）

polymorphus *pol-ee-MOR-fus*
polymorpha, polymorphum
多形态的，如多形槭（*Acer polymorphum*）

polypetalus *pol-ee-PET-uh-lus*
polypetala, polypetalum
多花瓣的，离瓣的，如驴蹄草（*Caltha polypetala*）

polyphyllus *pol-ee-FIL-us*
polyphylla, polyphyllum
多叶的，如七叶一枝花（*Paris polyphylla*）

polypodioides *pol-ee-pod-ee-OY-deez*
像多足蕨（*Polypodium*）的，如多足丘泽蕨（*Blechnum polypodioid*）

polyrhizus *pol-ee-RY-zus*
polyrhiza, polyrhizum
polyrrhizus
polyrrhiza, polyrrhizum
多根的，如碱韭（*Allium polyrrhizum*）

polysepalus *pol-ee-SEP-a-lus*
polysepala, polysepalum
多萼片的，如多萼萍蓬草（*Nuphar polysepala*）

polystachyus *pol-ee-STAK-ee-us*
polystachya, polystachyum
多圆锥花序的，如异色沙洲鸢尾（*Ixia polystachya*）

polystichoides *pol-ee-stik-OY-deez*
像耳蕨（*Polystichum*）的，如耳羽岩蕨（*Woodsia polystichoides*）

polytrichus *pol-ee-TRY-kus*
polytricha, polytrichum
多毛的，如多毛百里香（*Thymus politrichus*）

pomeridianus *pom-er-id-ee-AHN-us*
pomeridiana, pomeridanium
下午开花的，如午后日唱花（*Carpanthea pomeridiana*）

pomiferus *pom-IH-fer-us*
pomifera, pomiferum
结苹果的，如橙桑（*Maclura pomifera*）

pomponius *pomp-OH-nee-us*
pomponia, pomponium
簇状或绒球状的，如绒球百合（*Lilium pomponium*）

ponderosus *pon-der-OH-sus*
ponderosa, ponderosum
重的，如西黄松（*Pinus ponderosa*）

ponticus *PON-tih-kus*
pontica, ponticum
与小亚细亚蓬托斯有关的，如蓬托斯瑞香（*Daphne pontica*）

populifolius *pop-yoo-lih-FOH-lee-us*
populifolia, populifolium
叶像杨树（*Populus*）的，如白杨叶岩蔷薇（*Cistus populifolius*）

populneus *pop-ULL-nee-us*
populnea, populneum
与杨树（*Populus*）有关的，如杨叶酒瓶树（*Brachychiton populneus*）

porophyllus *po-ro-FIL-us*
porophylla, porophyllum
叶表面有孔的，如孔叶虎耳草（*Saxifraga porophylla*）

porphyreus *por-FY-ree-us*
porphyrea, porphyreum
紫红色的，如紫红树兰（*Epidendrum porphyreum*）

porrifolius *po-ree-FOH-lee-us*
porrifolia, porrifolium
叶像南欧蒜（*Allium porrum*）的，如蒜叶婆罗门参（*Tragopogon porrifolius*）

porrigens *por-RIG-enz*
铺展的，如铺展蛾蝶花（*Schizanthus porrigens*）

portenschlagianus *port-en-shlag-ee-AH-nus*
portenschlagiana, portenschlagianum
以奥地利博物学家弗朗茨·冯·波滕克拉格－雷德梅尔（Franz von Portenschlag-Leydermayer，1772—1822）命名的，如波旦风铃草（*Campanula portenschlagiana*）

poscharskyanus *po-shar-skee-AH-nus*
poscharskyana, poscharskyanum
以德国园艺家古斯塔夫·巴夏斯凯（Gustav Poscharsky, 1832—1914）命名的，如巴夏风铃草（*Campanula poscharskyana*）

拉　丁　学　名　小　贴　士

　　这种令人惊艳的百合原产于法国南部的石灰岩峡谷，但不幸的是，它们已经越来越罕见。它们能长到1米多高，鲜红色花朵上长满了黑色斑点。不过，有些人认为它的气味比较难闻。

绒球百合
Lilium
pomponium

植物与数字

数字经常出现在描述性的植物学词汇中，经常用于列举植物花瓣、叶片、雄蕊等特定部位或颜色的数目。你会见到来自拉丁语和希腊语两种语言的数字表述，因此对两种语言都熟悉一些是很有必要的，至少从一到十。数字通常作为单词的前缀，在如下的例子中，拉丁词汇排在同义的希腊词汇之前。将源于拉丁语的数字前缀和来自希腊语的后缀混在一起并不合适，但有些词如 *-lobus* 在这两种语言中都有使用。

若要描述某一植物仅有一种颜色，使用拉丁的前缀即为 *unicolor*，而若用希腊前缀描述具单翅的，则为 *monopterus*（拉丁前缀为 "*uni-*"，希腊前缀为 "*mono-*."下同）。*Biflorus* 意为具双花的，*dispermus* 意为具两个种子的（*bi-*，*di-*）。表示三的词汇在两种语言中是相同的，*tri-*，如 *tricephalus* 意为具三头的。*Quadridentatus* 意为具四齿的，*tetrachromus* 意为具四色的（*quadri-*，*tetra-*）。*Quinquestamineus* 意为五枚雄蕊的，*pentagonus* 意为五角的（*quinque-*，*penta-*）。*Sexangularis* 意为六角的，*hexapetalus* 意为六瓣的（*sex-*，*hexa-*）。*Septemlobus* 意为具七裂片的，*heptaphyllus* 意为七叶的（*septem-*，*hepta-*）。表示八的词汇在两种语言中也是相同的，*octo-*，如 *octosepalus* 意为具八枚萼片的。*Novempunctatus* 意为具九个斑点的，*enneaphyllus* 意为九叶的（*novem-*，*ennea-*）。*Decemangulus* 意为十角的，*decapleurus* 意为具十脉的（*decem-*，*deca-*）。

常见的与数字相关的词汇包括如 *biennis*（*biennis*，*bienne*）意为二年生的，如白亚麻（*Linum bienne*）。*Unicolor* 和 *bicolor* 也常常出现在植物学名中，如阿尔泰贝母单色变种白色亚变种（*Fritillaria meleagris* var. *unicolor* subvar. *alba*）。盆栽植物迷们会很喜欢"三色"红边龙血树（*Dracaena marginata* 'Tricolor'）。*Duplex* 和 *duplicatus*（*duplica-*

双花水仙
Narcissus biflorus

Biflorus 意为双花的，如图中这种不寻常的可爱水仙花。

三色堇

Viola tricolor

三色堇是一花具三色的典型例子

Primula 'Burnard's Formosa', 一种19世纪的西洋樱草

西洋樱草是报春花这一大属中划分出的众多园艺类群之一，其名称源于希腊语poly-，意为多的，anthos，花。

ta, duplicatum) 都是成双的或重复的意思。*Multi-* 意为许多的，如 *multibracteatus* (*multibracteata, multibracteatum*) 意为具多数苞片的，*multicaulis* (*multicaulis, multicaule*) 意为多枝的，如多枝鼠尾草 (*Salvia multicaulis*)。再如沙金盏 (*Baileya multiradiata*)，其种加词 *multiradiatus* (*multiradiata, multiradiatum*) 意为许多向外辐射状的，指其黄色花序中的舌状花。*Myri-* 意为极多的，因此 *myriocarpus* (*myriocarpa, myriocarpum*) 就是具极多果实的意思，如醋栗黄瓜 (*Cucumis myriocarpus*)。三脊眼子菜 (*Potamogeton octandrus*) 是一种十分漂亮的水生植物，其种加词 *octandrus* (*octandra, octandrum*) 意为具八枚雄蕊的。

为了打造一个五彩缤纷的花园，园丁们应该多找那些名字中带有 *myrianthus* (*myriantha, myrianthum*) 的植物，意为多花的，如繁花韭 (*Allium myrianthum*)。这种美丽的植物在每个球状的花序上都有百余个小巧的乳白色花朵。再如单核钝叶栒子 (*Cotoneaster hebephyllus* var. *monopyrenus*) 也是一个与数字有关的植物名。*Hebephyllus* (*hebephylla, hebephyllum*) 意为具绒毛的叶子，*monopyrenus* (*monopyrena, monopyrenum*) 意为具单核的。九叶酢浆草 (*Oxalis enneaphylla*) 长得并不起眼，*enneaphyllus* (*enneaphylla, enneaphyllum*) 意为具九片叶的，形容该多年生高山草本植物独特分离的叶片。

potamophilus *pot-am-OH-fil-us*
potamophila, potomaphilum
喜爱河川的，如河川秋海棠（*Begonia potamophila*）

potaninii *po-tan-IN-ee-eye*
以俄罗斯植物采集家格里戈里·尼古拉耶维奇·波大林
（Grigory Nikolaevich Potanin，1835—1920）命名的，如甘肃
木蓝（*Indigofera potaninii*）

potatorum *poh-tuh-TOR-um*
与喝酒或者酿造有关的，如棱叶龙舌兰（*Agave potatorum*）

拉 丁 学 名 小 贴 士

"*Pratensis*"意为生长在草地中的。草原老鹳
草（*Geranium pratense*）的习性很自由、不受拘
束，是最适合种植在更加贴近自然的环境中的，
它能长到 75 厘米高。

草原老鹳草
Geranium pratense

---

pottsii *POT-see-eye*
以 19 世纪英国园艺师兼植物采集家约翰·波茨（John Potts）或
C.H. 波茨（C.H. Potts）命名的，如波氏雄黄兰（*Crocosmia pottsii*）

powellii *pow-EL-ee-eye*
以美国探险家约翰·威斯利·鲍威尔（John Wesley Powell，
1834—1902）命名的，如鲍氏文殊兰（*Crinum × powellii*）

praealtus *pray-AL-tus*
praealta, praealtum
很高的，如高紫菀（*Aster praealtus*）

praecox *pray-koks*
很早的，早季的，如早春旌节花（*Stachyurus praecox*）

praemorsus *pray-MOR-sus*
praemorsa, praemorsum
尖端似被咬过的，如缺刻佛塔树（*Banksia praemorsa*）

praeruptorum *pray-rup-TOR-um*
在崎岖地面生长的，如前胡（*Peucedanum praeruptorum*）

praestans *PRAY-stanz*
著名的，如艳丽郁金香（*Tulipa praestans*）

praetextus *pray-TEX-tus*
praetexta, praetextum
具镶边的，如镶边文心兰（*Oncidium praetextum*）

prasinus *pra-SEE-nus*
prasina, prasinum
葱色的，如浅绿石斛兰（*Dendrobium prasinum*）

pratensis *pray-TEN-sis*
pratensis, pratense
来自草地的，如草原老鹳草（*Geranium pratense*）

prattii *PRAT-tee-eye*
以 19 世纪英国动物学家安特卫普·E. 普拉特（Antwerp E.
Pratt）命名的，如川西银莲花（*Anemone prattii*）

pravissimus *prav-ISS-ih-mus*
pravissima, pravissimum
极弯的，如极弯相思（*Acacia pravissima*）

primula *PRIM-yew-luh*
最早开花的，报春花，如樱草蔷薇（*Rosa primula*）

primuliflorus *prim-yoo-LIF-flor-us*
primuliflora, primuliflorum
花像报春花（*Primula*）的，如报春花杜鹃（*Rhododendron
primuliflorum*）

primulifolius *prim-yoo-lih-FOH-lee-us*
primulifolia primulifolium
叶像报春花（*Primula*）的，如报春花叶风铃草（*Campanula primulifolia*）

primulinus *prim-yoo-LEE-nus*
primulina, primulinum
primuloides *prim-yoo-LOY-deez*
像报春花（*Primula*）的，如报春兜兰（*Paphiopedilum primulinum*）

princeps *PRIN-keps*
最突出的，如高超疆矢车菊（*Centaurea princeps*）

pringlei *PRING-lee-eye*
以美国植物学家兼植物采集家塞勒斯·根西·普林格尔（Cyrus Guernesey Pringle，1838—1911）命名的，如普氏美国薄荷（*Monarda pringlei*）

prismaticus *priz-MAT-ih-kus*
prismatica, prismaticum
棱柱形的，如丝苇（*Rhipsalis prismatica*）

proboscideus *pro-bosk-ee-DEE-us*
proboscidea, proboscideum
形状像鼻子的，如鼠尾芋（*Arisarum proboscideum*）

procerus *PRO-ker-us*
procera, procerum
高的，如壮丽冷杉（*Abies procera*）

procumbens *pro-KUM-benz*
俯卧的，如匍枝白珠（*Gaultheria procumbens*）

procurrens *pro-KUR-enz*
在地下蔓延的，如铺展老鹳草（*Geranium procurrens*）

prodigiosus *pro-dij-ee-OH-sus*
prodigiosa, prodigiosum
奇妙的，巨大的，惊人的，如奇异铁兰（*Tillandsia prodigiosa*）

productus *pro-DUK-tus*
producta, productum
延长的，如毛叶闭鞘姜（*Costus productus*）

prolifer *PRO-leef-er*
proliferus *pro-LIH-fer-us*
prolifera, proliferum
依靠侧枝繁殖的，如枝殖报春（*Primula prolifer*）

prolificus *pro-LIF-ih-kus*
prolifica, prolificum
多果实的，如子持白莲（*Echeveria prolifica*）

propinquus *prop-IN-kwus*
propinqua, propinquum
有关的，亲近的，如乌苏里狐尾藻（*Myriophyllum propinquum*）

prostratus *prost-RAH-tus*
prostrata, prostratum
平卧地面的，如平卧婆婆纳（*Veronica prostrata*）

protistus *pro-TISS-tus*
protista, protistum
第一个，如翘首杜鹃（*Rhododendron protistum*）

provincialis *pro-vin-ki-ah-lis*
provincialis, provinciale
与法国普罗旺斯有关的，如普罗旺斯无心菜（*Arenaria provincialis*）

pruinatus *proo-in-AH-tus*
pruinata, pruinatum
pruinosus *proo-in-NOH-sus*
pruinosa, pruinosum
像霜一样闪亮的，具白粉的，如霜亮枸子（*Cotoneaster pruinosus*）

prunelloides *proo-nel-LOY-deez*
像夏枯草（*Prunella*）的，如夏枯草状单冠菊（*Haplopappus prunelloides*）

prunifolius *proo-ni-FOH-lee-us*
prunifolia, prunifolium
像李（*Prunus*）叶的，如楸子（*Malus prunifolia*）

przewalskianus *prez-WAL-skee-ah-nus*
przewalskiana, przewalskianum
przewalskii *prez-WAL-skee*
以 19 世纪俄罗斯博物学家尼古拉·普热瓦利斯基（Nicolai Przewalski）命名的，如掌叶橐吾（*Ligularia przewalskii*）

pseud-
用于复合词中表示"假的"

pseudacorus *soo-DA-ko-rus*
假菖蒲（*Acorus*）或白菖蒲的，如黄菖蒲（*Iris pseudacorus*）

pseudocamellia *soo-doh-kuh-MEE-lee-uh*
假山茶的，如娑罗紫茎（*Stewartia pseudocamellia*）

pseudochrysanthus *soo-doh-kris-AN-thus*
pseudochrysantha, pseudochrysanthum
像同一属中种加词为"chrysanthus"的种的，如像牛皮杜鹃（*Rhododendron chrysanthum*），意为假阿里山杜鹃（*Rhododendron pseudochrysanthum*）

pseudodictamnus *soo-do-dik-TAM-nus*
假白鲜（*Dictamnus*）的，如宽萼苏（*Ballota pseudodictamnus*）

pseudonarcissus *soo-doh-nar-SIS-us*
假水仙（*Narcissus*）的，如黄水仙（*N. pseudonarcissus*）
像红口水仙（*poeticus*）

psilostemon *sigh-loh-STEE-mon*
雄蕊光滑的，如光茎老鹳草（*Geranium psilostemon*）

psittacinus *sit-uh-SIGN-us*
psittacina, psittacinum
psittacorum *sit-a-KOR-um*
像鹦鹉的，与鹦鹉有关的，如鹦鹉状丽穗凤梨（*Vriesea psittacinum*）

ptarmica *TAR-mik-uh*
ptarmica, ptarmicum
古希腊语中一种导致打喷嚏的植物，如珠蓍（*Achillea ptarmica*）

拉 丁 学 名 小 贴 士

朱顶红属植物（*Hippeastrum*）的暗色花芽暗示着将开之花的颜色。而种加词 "*psittacinum*" 意为像鹦鹉的，这告诉园丁们它的花朵很可能艳丽多彩，而不是苍白浅淡。

艳丽朱顶红
Hippeastrum psittacinum

---

pteridoides *ter-id-OY-deez*
像凤尾蕨（*Pteris*）的，如凤尾蕨状马桑（*Coriaria pteridioides*）

pteroneurus *ter-OH-new-rus*
pteroneura, pteroneurum
具翅脉的，如破魔之弓（*Euphorbia pteroneura*）

pubens *PEW-benz*
pubescens *pew-BESS-enz*
柔毛的，如柔毛报春（*Primula × pubescens*）

pubigerus *pub-EE-ger-us*
pubigera, pubigerum
生有软毛的，如密脉鹅掌柴（*Schefflera pubigera*）

pudicus *pud-IH-kus*
pudica, pudicum
害羞的，如含羞草（*Mimosa pudica*）

pugioniformis *pug-ee-oh-nee-FOR-mis*
pugioniformis, pugioniforme
形状像短剑的，如细长寒菀（*Celmisia pugioniformis*）

pulchellus *pul-KELL-us*
pulchella, pulchellum
pulcher *PUL-ker*
pulchra, pulchrum
漂亮的，美丽的，如美丽钟南香（*Correa pulchella*）

pulcherrimus *pul-KAIR-ih-mus*
pulcherrima, pulcherrimum
很美丽的，如艳丽漏斗鸢尾（*Dierama pulcherrimum*）

pulegioides *pul-eg-ee-OY-deez*
像唇萼薄荷（*Mentha pulegium*）的，如宽叶百里香（*Thymus pulegioides*）

pulegium *pul-ee-GEE-um*
薄荷油的拉丁名，被认为可以防治跳蚤，如唇萼薄荷（*Mentha pulegium*）

pullus *PULL-us*
pulla, pullum
深色的，如暗花风铃草（*Campanula pulla*）

pulverulentus *pul-ver-oo-LEN-tus*
pulverulenta, pulverulentum
似被粉尘覆盖的，如粉被灯台报春（*Primula pulverulenta*）

pulvinatus *pul-vin-AH-tus*
pulvinata, pulvinatum
像垫子的，如锦晃星（*Echeveria pulvinata*）

肺草属

早期的草药医生通常遵循着以形补形（Doctrine of Signatures）的观点，也就是说植物体上哪些部位形似人体的部位，它们就可以用来治疗相对应部位的疾病。例如，小米草属（*Euphrasia*）植物的花形似人眼，就被用来治疗眼疾，其英文俗名"eyebright"就是明目草的意思。再如石芥花属（*Dentaria*）植物的根状茎上有齿状的鳞片（拉丁词 *dens* 意为牙齿），因此被用于缓解牙痛，亦得名齿鳞草（toothwort）。

同理，在这些草药医生看来，肺草属植物（*Pulmonaria*）独特的叶形与肺部相似，叶上的白色斑点暗示着疾病，指引他们用这种植物做药物来治疗呼吸系统疾病。*Pulmo* 在拉丁语中意为肺，甜肺草（*Pulmonaria saccharata*）之所以叫这个名字，是因为带白斑的叶片如同被撒上糖粉一般。（saccharatus, saccharata, saccharatum 意为甜的，或如同被撒糖的。）

除了解剖结构上的联系，肺草属植物还有许多其他俗名。其中许多与圣经内容有关，如与伯利恒、耶路撒冷等地名或是与约瑟夫和玛利亚、亚当夏娃等人物有关。因为有些种类可

对于肺草来说，同一植株上开出蓝色和粉色的花朵使人们想到了男孩女孩（boys and girls）这样的俗名。

以开出蓝粉两种颜色的花，这也难免让人想到了像男孩女孩、士兵和妻子、士兵和水手这样的名字。甚至还有像斑点狗这样的没那么有诗意的俗名。

肺草属植物隶属于紫草科，并已培育出了大量园艺品种。其中有几种纯色花的品种和一些二色花的品种。它们都喜欢凉爽潮湿的避荫环境，如果种下不管可以很快地蔓延开来。这使其成为一类很好的地被植物，但清理掉多余的植株会有一些麻烦。蜜蜂也很喜欢肺草的花蜜。

叶片上醒目的白色斑点是本属大多数种类常见的识别特征。

pumilio *poo-MIL-ee-oh*
小的，矮的，如银矮岩风铃（*Edraianthus pumilio*）

pumilus *POO-mil-us*
pumila, pumilum
矮小的，如小金莲花（*Trollius pumilus*）

punctatus *punk-TAH-tus*
punctata, punctatum
具斑点的，如春黄菊（*Anthemis punctata*）

pungens *PUN-genz*
具锐尖的，如锐尖披碱草（*Elymus pungens*）

puniceus *pun-IK-ee-us*
punicea, puniceum
红紫色的，如鹦喙花（*Clianthus puniceus*）

purpurascens *pur-pur-ASS-kenz*
变紫的，如岩白菜（*Bergenia purpurascens*）

purpuratus *pur-pur-AH-tus*
purpurata, purpuratum
使成紫色的，如水竹（*Phyllostachys purpurata*）

purpureus *pur-PUR-ee-us*
purpurea, purpureum
紫色的，如毛地黄（*Digitalis purpurea*）

purpusii *pur-PUSS-ee-eye*
以德国植物采集家卡尔·普尔普斯（Carl Purpus, 1851—1941）或他的兄弟约瑟夫·普尔普斯（Joseph Purpus, 1860—1932）命名的，如普氏忍冬（*Lonicera × purpusii*）

pusillus *pus-ILL-us*
pusilla, pusillum
非常小的，如矮小雪铃花（*Soldanella pusilla*）

pustulatus *pus-tew-LAH-tus*
pustulata, pustulatum
似起泡的，如泡叶纳金花（*Lachenalia pustulata*）

pycnacanthus *pik-na-KAN-thus*
pycnacantha, pycnacanthum
具密集刺的，如菠萝拳（*Coryphantha pycnacantha*）

pycnanthus *pik-NAN-thus*
pycnantha, pycnanthum
具密集花的，如密花槭（*Acer pycnanthum*）

pygmaeus *pig-MAY-us*
pygmaea, pygmaeum
矮的，矮小的，如侏儒飞蓬（*Erigeron pygmaeus*）

pyramidalis *peer-uh-mid-AH-lis*
pyramidalis, pyramidale
形状像金字塔的，如锥状春慵花（*Ornithogalum pyramidale*）

pyrenaeus *py-ren-AY-us*
pyrenaea, pyrenaeum
pyrenaicus *py-ren-AY-ih-kus*
pyrenaica, pyrenaicum
与比利牛斯有关的，如比利牛斯贝母（*Fritillaria pyrenaica*）

pyrifolius *py-rih-FOH-lee-us*
pyrifolia, pyrifolium
像梨（*Pyrus*）叶的，如梨叶柳（*Salix pyrifolia*）

pyriformis *py-rih-FOR-mis*
pyriformis, pyriforme
梨形的，如梨形蔷薇（*Rosa pyriformis*）

拉 丁 学 名 小 贴 士

　　这是一种很可爱的耐寒兰花，一般生长在白垩丘陵地及草地，但也可以种植在假山或者高山温室内。它是位于英国南部海边的怀特岛的郡花。种加词"*pyramidalis*"指的是它有金字塔形的花序。

倒距兰
Anacamptis pyramidalis

Q

quadr-
用于复合词中表示"四"

quadrangularis *kwad-ran-gew-LAH-ris*
quadrangularis, quadrangulare
quadrangulatus *kwad-ran-gew-LAH-tus*
quadrangulata, quadrangulatum
具四棱角的，如大果西番莲（*Passiflora quadrangularis*）

quadratus *kwad-RAH-tus*
quadrata, quadratum
四个的，如方帚灯草（*Restio quadratus*）

quadriauritus *kwad-ree-AWR-ry-tus*
quadriaurita, quadriauritum
具四只耳的，如粗蕨草（*Pteris quadriaurita*）

quadrifidus *kwad-RIF-ee-dus*
quadrifida, quadrifidum
切成四份的，四裂的，如四裂网刷树（*Calothamnus quadrifidus*）

quadrifolius *kwod-rih-FOH-lee-us*
quadrifolia, quadrifolium
具四片叶子的，如蘋（*Marsilea quadrifolia*）

quadrivalvis *kwad-rih-VAL-vis*
quadrivalvis, quadrivalve
四瓣的，如四瓣烟草（*Nicotiana quadrivalvis*）

quamash *KWA-mash*
美洲原住民对百合科植物"Cammasic"的称呼，尤指*C. quamesh*

quamoclit *KWAM-oh-klit*
旧属名，可能指的是菜莲，如茑萝（*Ipomoea quamoclit*）

quercifolius *kwer-se-FOH-lee-us*
quercifolia, quercifolium
像栎（*Quercus*）叶的，如栎叶绣球（*Hydrangea quercifolia*）

quin-
用于复合词中表示"五"

quinatus *kwi-NAH-tus*
quinata, quinatum
五个的，如木通（*Akebia quinata*）

四叶重楼
Paris quadrifolia

quinoa *KEEN-oh-a*
藜麦（*Chenopodium quinoa*）的西班牙词，来自盖丘亚"*kinua*"

quinqueflorus *kwin-kway-FLOR-rus*
quinqueflora, quinqueflorum
五朵花的，如吊钟花（*Enkianthus quinqueflorus*）

quinquefolius *kwin-kway-FOH-lee-us*
quinquefolia, quinquefolium
五片叶子的，常指小叶，如五叶地锦（*Parthenocissus quinque-folia*）

quinquevulnerus *kwin-kway-VUL-ner-us*
quinquevulnera, quinquevulnerum
五处伤痕的，如五伤指甲兰（*Aerides quinquevulnerum*）

栎属

与栎属植物（常常统称为橡树）相关的神话传说和民间迷信要比其他大多数植物类群都多许多。这些植物与罗马神话中的宙斯神朱庇特有关，并被远古的德鲁伊们守护，橡树林是他们举办宗教仪式的圣地。北欧神话中的雷神索尔将橡树与若干有关闪电的迷信故事联系在一起，如他所言，他在一场可怕的暴风雨中躲在一棵橡树下得以毫发无损。于是乎雷雨天找棵橡树避雨的迷信就流传开来了，但这并非一个合理的建议，也千万不要模仿。接着这一话题，如果捡起被雷击过的树下的橡子带回家放在窗台上，房屋和

强盛的橡树出现在许多神话传说中，更成为力量的不朽象征。

其内的居民就会免受将来的雷击。在人们的联想下，橡树的长寿也会让怀揣橡子的人幸福长寿。

橡树具有保护的能力也可以从其种名中看出来，*robur* 在拉丁文中既有橡树的意思，也有力量的含义。还有一些名字提示了一些园艺特性：红槲栎（*Quercus rubra*）和猩红栎（*Q. coccinea*）以其秋天落叶的绚丽颜色命名。（*Ruber, rubra, rubrum* 意为红色，*coccineus, coccinea, coccineum* 意为猩红色。）而常绿的冬青栎（*Quercus ilex*）因其像枸骨叶冬青（*Ilex aquifolium*）而得名，但反过来也是正确的，*ilex* 也被罗马人用来称呼橡树。

还有其他几种植物的名称与橡树相关，例如栎叶绣球（*Hydrangea quercifolia*）（*quercifolius, quercifolia, quercifolium* 意为叶片像橡树的）。当植物名中带有 *quercinus, quercina* 或 *quercinum* 时，都意味着这一植物与栎树相关。*Leccinum quercinum* 是一种生长在橡树下的蘑菇。

西班牙栓皮栎
Quercus suber

几个世纪以来，橡树叶片独特的外形和橡子被用于装饰图案。

R

racemiflorus *ray-see-mih-FLOR-us*
racemiflora, racemiflorum
racemosus *ray-see-MOH-sus*
racemosa, racemosum
具总状花序的，如总状花猫薄荷（*Nepeta racemosa*）

raddianus *rad-dee-AH-nus*
raddiana, raddianum
以意大利植物学家朱塞佩·拉蒂（Giuseppe Raddi, 1770—1829）
命名的，如楔叶铁线蕨（*Adiantum raddianum*）

radiatus *rad-ee-AH-tus*
radiata, radiatum
辐射状的，如辐射松（*Pinus radiata*）

radicans *RAD-ee-kanz*
茎上生根的，如厚萼凌霄（*Campsis radicans*）

radicatus *rad-ee-KAH-tus*
radicata, radicatum
具显著的根的，如冻原罂粟（*Papaver radicatum*）

radicosus *ray-dee-KOH-sus*
radicosa, radicosum
多根的，如多根蝇子草（*Silene radicosa*）

radiosus *ray-dee-OH-sus*
radiosa, radiosum
辐射状的，如辐射尾萼兰（*Masdevallia radiosa*）

radula *RAD-yoo-luh*
来自拉丁词"*radula*"，意为刮刀，如齿叶松香草（*Silphium radula*）

ramentaceus *ra-men-TA-see-us*
ramentacea, ramentaceum
被鳞片覆盖的，如鳞叶秋海棠（*Begonia ramentacea*）

ramiflorus *ram-ee-FLOR-us*
ramiflora, ramiflorum
老枝生花的，如枝花沙红花（*Romulea ramiflora*）

ramondioides *ram-on-di-OY-deez*
像欧洲苣苔（*Ramonda*）的，如欧苣苔苣苔（*Conandron ramondioides*）

ramosissimus *ram-oh-SIS-ih-mus*
ramosissima, ramosissimum
极多分枝的，如多枝忍冬（*Lonicera ramosissima*）

ramosus *ram-OH-sus*
ramosa, ramosum
分枝的，如圆果吊兰（*Anthericum ramosum*）

ramulosus *ram-yoo-LOH-sus*
ramulosa, ramulosum
多小枝的，如多枝寒菀（*Celmisia ramulosa*）

拉 丁 学 名 小 贴 士

　　拉丁词"*radicans*"表明这种植物有容易生根的茎。这些植物中包括厚萼凌霄（*Campsis radicans*），因为有喇叭形的花，所以它又被叫作凌霄花（trumpet creeper）和蜂鸟藤（hummingbird vine）。其他名字中有"*radicans*"的植物还包括生根狗脊蕨（*Woodwardia radicans*），它巨大的叶片可长到2米高，叶的顶端还会长出带根小苗。树兰（*Epidendrum radicans*）有亮橙色或者红色的花，它的茎上可以长出幼苗，而且整条茎都可以生根，因此是最容易种植的兰花之一。毒漆藤（*Rhus radicans*）是一种具有入侵性和毒性的藤本植物，它的树液可能引起严重皮疹，因此很少被种在花园里。

厚萼凌霄
Campsis radicans

ranunculoides *ra-nun-kul-OY-deez*
像毛茛（*Ranunculus*）的，如毛茛状银莲花（*Anemone ranunculoides*）

rariflorus *rar-ee-FLOR-us*
rariflora, rariflorum
花分散的，如散花薹草（*Carex rariflora*）

re-
用于复合词中表示"向后"或"再次"

reclinatus *rek-lin-AH-tus*
reclinata, reclinatum
向后弯曲的，如折叶刺葵（*Phoenix reclinata*）

rectus *REK-tus*
recta, rectum
笔直的，如直茎避日花（*Phygelius* × *rectus*）

recurvatus *rek-er-VAH-tus*
recurvata, recurvatum
recurvus *re-KUR-vus*
recurva, recurvum
向后弯曲的，如酒瓶兰（*Beaucarnea recurvata*）

redivivus *re-div-EE-vus*
rediviva, redivivum
再生的，干枯后再次复活的，如宿根银扇草（*Lunaria rediviva*）

reductus *red-UK-tus*
reducta, reductum
矮的，如铺地花楸（*Sorbus reducta*）

reflexus *ree-FLEKS-us*
reflexa, reflexum
refractus *ray-FRAK-tus*
refracta, refractum
强烈向后弯曲的，反折的，如反折钟南香（*Correa reflexa*）

refulgens *ref-FUL-genz*
闪烁的，如闪亮叶子花（*Bougainvillea refulgens*）

regalis *re-GAH-lis*
regalis, regale
高贵的，非常有价值的，如高贵紫萁（*Osmunda regalis*）

reginae *ree-JIN-ay-ee*
与女王有关的，如鹤望兰（*Strelitzia reginae*）

reginae-olgae *ree-JIN-ay-ee OL-gy*
以希腊王后奥加尔（Queen Olga of Greece，1851—1926）命名的，如奥加尔雪滴花（*Galanthus reginae-olgae*）

regius *REE-jee-us*
regia, regium
皇家的，如胡桃（*Juglans regia*）

rehderi *REH-der-eye*
rehderianus *re-der-ee-AH-nus*
rehderiana, rehderianum
以马萨诸塞州阿诺德树木园的德裔树木学家阿尔佛雷德·雷德尔（Alfred Rehder，1863—1949）命名的，如长花铁线莲（*Clematis rehderiana*）

rehmannii *re-MAN-ee-eye*
以德国医师约瑟夫·雷曼（Joseph Rehmann，1753—1831）或波兰植物学家安东·雷曼（Anton Rehmann，1840—1917）命名的，如红马蹄莲（*Zantedeschia rehmannii*）

reichardii *ri-KAR-dee-eye*
以德国植物学家约翰·雅各布·赖夏德（Johann Jakob Reichard，1743—1782）命名的，如赖氏牻牛儿苗（*Erodium reichardii*）

reichenbachiana *rike-en-bak-ee-AH-nuh*
reichenbachii *ry-ken-BAHK-ee-eye*
以海因里希·戈特利布·路德维格·赖兴巴赫（Heinrich Gottlieb Ludwig Reichenbach，1793—1879）或海因里希·古斯塔夫·赖兴巴赫（Heinrich Gustav Reichenbach）命名的，如丽光丸（*Echinocereus reichenbachii*）

religiosus *re-lij-ee-OH-sus*
religiosa, religiosum
与宗教仪式有关的，神圣的，如佛陀在其树下悟道的菩提树（*Ficus religiosa*）

remotus *ree-MOH-tus*
remota, remotum
分散的，如疏穗薹草（*Carex remota*）

renardii *ren-AR-dee-eye*
以查尔斯·克劳德·雷纳德（Charles Claude Renard，1809—1886）命名的，如肾叶牻牛儿苗（*Geranium renardii*）

reniformis *ren-ih-FOR-mis*
reniformis, reniforme
肾状的，如肾叶秋海棠（*Begonia reniformis*）

repandus *REP-an-dus*
repanda, repandum
具波浪形边缘的，如波叶仙客来（*Cyclamen repandum*）

repens *REE-penz*
匍匐生长的，如匍生丝石竹（*Gypsophila repens*）

replicatus *rep-lee-KAH-tus*
replicata, replicatum
反叠的，向后折叠的，如卷叶小檗（*Berberis replicata*）

reptans *REP-tanz*
匍匐生长的，如匍匐筋骨草（*Ajuga reptans*）

requienii *re-kwee-EN-ee-eye*
以法国博物学家埃斯普里·瑞克恩（Esprit Requien, 1788—1851）命名的，如科西嘉薄荷（*Mentha requienii*）

resiniferus *res-in-IH-fer-us*
resinifera, resiniferum
resinosus *res-in-OH-sus*
resinosa, resinosum
产树脂的，如白角麒麟（*Euphorbia resinifera*）

reticulatus *reh-tick-yoo-LAH-tus*
reticulata, reticulatum
网状的，如网脉鸢尾（*Iris reticulata*）

retortus *re-TOR-tus*
retorta, retortum
retroflexus *ret-roh-FLEKS-us*
retroflexa, retroflexum
retrofractus *re-troh-FRAK-tus*
retrofracta, retrofractum
扭曲的或向后的，如扭叶蜡菊（*Helichrysum retortum*）

retusus *re-TOO-sus*
retusa, retusum
具圆形有缺口的尖端的，如凤华丸（*Coryphantha retusa*）

reversus *ree-VER-sus*
reversa, reversum
翻转的，如转叶蔷薇（*Rosa × reversa*）

revolutus *re-vo-LOO-tus*
revoluta, revolutum
向后卷的，比如叶，如苏铁（*Cycas revoluta*）

rex *reks*
国王的，具超凡品质的，如大王秋海棠（*Begonia rex*）

rhamnifolius *ram-nih-FOH-lee-us*
rhamnifolia, rhamnifolium
叶像鼠李（*Rhamnus*）的，如鼠李叶悬钩子（*Rubus rhamnifolius*）

rhamnoides *ram-NOY-deez*
像鼠李（*Rhamnus*）的，如沙棘（*Hippophae rhamnoides*）

rhizophyllus *ry-zo-FIL-us*
rhizophylla, rhizophyllum
叶上生根的，如根叶铁角蕨（*Asplenium rhizophyllum*）

rhodanthus *rho-DAN-thus*
rhodantha, rhodanthum
具玫瑰色花的，如朝日丸（*Mammillaria rhodantha*）

rhodopensis *roh-doh-PEN-sis*
rhodopensis, rhodopense
来自保加利亚洛多皮山脉的，如喉凸苣苔（*Haberlea rhodopensis*）

rhoeas *RE-as*
虞美人（*Papaver rhoeas*）的古希腊名

rhombifolius *rom-bih-FOH-lee-us*
rhombifolia, rhombifolium
菱形叶的，如具翼白粉藤（*Cissus rhombifolia*）

rhomboideus *rom-BOY-dee-us*
rhomboidea, rhomboideum
菱形的，如青涅（*Rhombophyllum rhomboideum*）

rhytidophyllus *ry-ti-do-FIL-us*
rhytidophylla, rhytidophyllum
皱叶的，如皱叶荚蒾（*Viburnum rhytidophyllum*）

richardii *rich-AR-dee-eye*
以姓或名为理查德（Richard）的许多人命名的，如尖蒲苇（*Cortaderia richardii*）是为了纪念法国植物学家阿希尔·理查德（Achille Richard，1794—1852）

虞美人
Papaver rhoeas

richardsonii *rich-ard-SON-ee-eye*

以19世纪苏格兰探险家约翰·理查森爵士（Sir John Richardson）命名的，如理查德森矾根（*Heuchera richardsonii*）

rigens *RIG-enz*
rigidus *RIG-ih-dus*
rigida, rigidum

坚硬的，如刚硬美女樱（*Verbena rigida*）

rigescens *rig-ES-enz*

稍硬的，如坚硬双距花（*Diascia rigescens*）

ringens *RIN-jenz*

张口的，张开的，如普陀南星（*Arisaema ringens*）

riparius *rip-AH-ree-us*
riparia, riparium

生长在河岸的，如河岸紫茎泽兰（*Ageratina riparia*）

紫萼路边青
Geum rivale

ritro *RIH-tro*

可能来自蓝刺头的希腊名"*rhytros*"，如硬叶蓝刺头（*Echinops ritro*）

ritteri *RIT-ter-ee*
ritterianus *rit-ter-ee-AH-nus*
ritteriana, ritterianum

以德国仙人掌采集家弗里德里希·里特（Friedrich Ritter，1898—1989）命名的，如里特管柱花（*Cleistocactus ritteri*）

rivalis *riv-AH-lis*
rivalis, rivale

在路边生长的，如紫萼路边青（*Geum rivale*）

riversleaianum *riv-ers-lee-i-AY-num*

以英国汉普郡瑞维尔苗圃（Riverslea Nursery）命名的，如瑞氏老鹳草（*Geranium × riversleaianum*）

riviniana *riv-in-ee-AH-nuh*

以德国医师兼植物学家奥古斯特·奎里纳斯·维努斯（Augustus Quirinus Rivinus, 1652—1723）命名的，如维努斯堇菜（*Viola riviniana*）

rivularis *riv-yoo-LAH-ris*
rivularis, rivulare

喜河边生境的，如河岸蓟（*Cirsium rivulare*）

robur *ROH-bur*

栎树的，如夏栎（*Quercus robur*）

robustus *roh-BUS-tus*
robusta, robustum

长得强壮的，强健的，如巨独尾草（*Eremurus robustus*）

rockii *ROK-ee-eye*

以奥地利裔美国植物猎人约瑟夫·弗朗西斯·查尔斯·洛克（Joseph Francis Charles Rock，1884—1962）命名的，如紫斑牡丹（*Paeonia rockii*）

roebelenii *roh-bel-EN-ee-eye*

以兰花采集家卡尔·罗比伦（Carl Roebelen，1855—1927）命名的，如软叶刺葵（*Phoenix roebelenii*）

romanus *roh-MAHN-us*
romana, romanum

罗马的，如罗马红门兰（*Orchis romana*）

romieuxii *rom-YOO-ee-eye*

以法国植物学家亨利·奥古斯特·罗米克斯（Henri Auguste Romieux, 1857—1937）命名的，如北非水仙（*Narcissus romieuxii*）

rosa-sinensis *RO-sa sy-NEN-sis*
中国的玫瑰，如朱槿（*Hibiscus rosa-sinensis*）

rosaceus *ro-ZAY-see-us*
rosacea, rosaceum
像玫瑰的，如紫红虎耳草（*Saxifraga rosacea*）

roseus *RO-zee-us*
rosea, roseum
玫瑰色的，如智利钟花（*Lapageria rosea*）

rosmarinifolius *rose-ma-rih-nih-FOH-lee-us*
rosmarinifolia, rosmarinifolium
叶像迷迭香（*Rosmarinus*）的，如迷迭香叶银香菊（*Santolina rosmarinifolia*）

rostratus *ro-STRAH-tus*
rostrata, rostratum
具喙的，如长喙厚朴（*Magnolia rostrata*）

rotatus *ro-TAH-tus*
rotata, rotatum
车轮状的，如独一味（*Phlomis rotata*）

rothschildianus *roths-child-ee-AH-nus*
rothschildiana, rothschildianum
以莱昂内尔·沃尔特·罗斯柴尔德（Lionel Walter Rothschild，1868—1937）或其他罗斯柴尔德家族成员命名的，如国王兜兰（*Paphiopedilum rothschildianum*）

rotundatus *roh-tun-DAH-tus*
rotundata, rotundatum
圆形的，如圆形薹草（*Carex rotundata*）

rotundifolius *ro-tun-dih-FOH-lee-us*
rotundifolia, rotundifolium
圆叶的，如圆叶木薄荷（*Prostanthera rotundifolia*）

rotundus *ro-TUN-dus*
rotunda, rotundum
圆的，如香附子（*Cyperus rotundus*）

rowleyanus *ro-lee-AH-nus*
以英国植物学家兼多肉植物专家戈登·道格拉斯·罗利（Gordon Douglas Rowley, b.1921）命名的，如翡翠珠（*Senecio rowleyanus*）

roxburghii *roks-BURGH-ee-eye*
以加尔各答植物园负责人威廉·罗克斯堡（William Roxburgh，1751—1815）命名的，如缫丝花（*Rosa roxburghii*）

roxieanum *rox-ee-AY-num*
以19世纪英国传教士洛克希·汗纳（Roxie Hanna）命名的，如卷叶杜鹃（*Rhododendron roxieanum*）

rubellus *roo-BELL-us*
rubella, rubellum
浅红色的，变红的，如淡红草胡椒（*Peperomia rubella*）

rubens *ROO-benz*
ruber *ROO-ber*
rubra, rubrum
红的，如红鸡蛋花（*Plumeria rubra*）

rubescens *roo-BES-enz*
变红的，如淡红花鼠尾草（*Salvia rubescens*）

rubiginosus *roo-bij-ih-NOH-sus*
rubiginosa, rubiginosum
锈色的，如锈叶榕（*Ficus rubiginosa*）

拉 丁 学 名 小 贴 士

圆叶鹿蹄草（*Pyrola rotundifolia*）叶片浑圆，种加词"rotundifolia"的意思就是圆叶的。这种野花在轻度荫蔽的环境中并不常见，如林下草地。它也是杜鹃花科（*Ericaceae*）的成员之一，其直立的茎上生有气味香甜的白色小花。

圆叶鹿蹄草
Pyrola rotundifolia

rubioides *roo-bee-OY-deez*
像茜草（*Rubia*）的，如茜草状车叶梅（*Bauera rubioides*）

rubri-
用于复合词中表示"红色的"

rubricaulis *roo-bri-KAW-lis*
rubricaulis, rubricaule
红色茎的，如红茎猕猴桃（*Actinidia rubricaulis*）

rubriflorus *roo-brih-FLOR-us*
rubiflora, rubiflorum
红色花的，如红花五味子（*Schisandra rubriflora*）

rudis *ROO-dis*
rudis, rude
粗糙的，生长在野地的，如倒毛蓼（*Persicaria rudis*）

rufus *ROO-fus*
rufa, rufum
红色的，如红毛樱（*Prunus rufa*）

rufinervis *roo-fi-NER-vis*
rufinervis, rufnerve
红色脉的，如红脉槭（*Acer rufinerve*）

rugosus *roo-GOH-sus*
rugosa, rugosum
皱的，如玫瑰（*Rosa rugosa*）

rupestris *rue-PES-tris*
rupestris, rupestre
生活在岩石多的地方的，如岩生鱼柳梅（*Leptospermum rupestre*）

rupicola *roo-PIH-koh-luh*
长于悬崖峭壁的，如岩生钓钟柳（*Penstemon rupicola*）

rupifragus *roo-pee-FRAG-us*
rupifraga, rupifragum
破坏岩石的，如岩罂粟（*Papaver rupifragum*）

ruscifolius *rus-kih-FOH-lee-us*
ruscifolia, ruscifolium
叶像假叶树的，如野扇花（*Sarcococca ruscifolia*）

russatus *russ-AH-tus*
russata, russatum
黄褐色的，如紫蓝杜鹃（*Rhododendron russatum*）

红脉槭
Acer rufinerve

russellianus *russ-el-ee-AH-nus*
russelliana, russellianum
以贝德福德公爵六世约翰·罗素（John Russell, 1766—1839）
命名的，他是许多植物及园艺著作的作者。如罗素丽堇兰
（*Miltonia russelliana*）

rusticanus *rus-tik-AH-nus*
rusticana, rusticanum
rusticus *RUS-tih-kus*
rustica, rusticum
与乡村有关的，如辣根（*Armoracia rusticana*）

ruta-muraria *ROO-tuh-mur-AY-ree-uh*
墙上长的铁角蕨，如卵叶铁角蕨（*Asplenium ruta-muraria*）

ruthenicus *roo-THEN-ih-kus*
ruthenica, ruthenicum
与罗塞尼亚有关的，历史上它是由俄罗斯及东欧部分地区组
成的一块区域，如罗塞尼亚贝母（*Fritillaria ruthenica*）

rutifolius *roo-tih-FOH-lee-us*
rutifolia, rutifolium
叶像芸香（*Ruta*）的，如芸香叶紫堇（*Corydalis rutifolia*）

rutilans *ROO-til-lanz*
略带红色的，如桃鬼丸（*Parodia rutilans*）

S

sabatius *sa-BAY-shee-us*
sabatia, sabatium
与意大利萨沃纳有关的，如蓝色岩旋花（*Convolvulus sabatius*）

saccatus *sak-KAH-tus*
saccata, saccatum
袋状的，囊状的，如袋花忍冬（*Lonicera saccata*）

saccharatus *sak-kar-RAH-tus*
saccharata, saccharatum
saccharinus *sak-kar-EYE-nus*
saccharina, saccharinum
芳香的或甜蜜的，如甜肺草（*Pulmonaria saccharata*）

sacciferus *sak-IH-fer-us*
saccifera, sacciferum
生有囊或袋的，如囊花掌裂兰（*Dactylorhiza saccifera*）

sachalinensis *saw-kaw-lin-YEN-sis*
sachalinensis, sachalinense
来自邻近俄罗斯海岸的库页岛的，如库页冷杉（*Abies sachalinensis*）

sagittalis *saj-ih-TAH-lis*
sagittalis, sagittale
sagittatus *saj-ih-TAH-tus*
sagittata, sagittatum
箭状的，如矢状染料木（*Genista sagittalis*）

sagittifolius *sag-it-ih-FOH-lee-us*
sagittifolia, sagittifolium
箭状叶的，如欧洲慈姑（*Sagittaria sagittifolia*）

salicarius *sa-lih-KAH-ree-us*
salicaria, salicarium
像柳（*Salix*）的，如千屈菜（*Lythrum salicaria*）

salicariifolius *sa-lih-kar-ih-FOH-lee-us*
salicariifolia, salicariifolium
salicifolius *sah-lis-ih-FOH-lee-us*
salicifolia, salicifolium
像柳（*Salix*）叶的，如柳叶玉兰（*Magnolia salicifolia*）

salicinus *sah-lih-SEE-nus*
salicina, salicinum
像柳（*Salix*）的，如李（*Prunus salicina*）

salicornioides *sal-eye-korn-ee-OY-deez*
像盐角草（*Salicornia*）的，如猿恋苇（*Hatiora salicornioides*）

salignus *sal-LIG-nus*
saligna, salignum
像柳（*Salix*）的，如柳状罗汉松（*Podocarpus salignus*）

salinus *sal-LY-nus*
salina, salinum
生于盐碱地的，如碱生薹草（*Carex salina*）

拉 丁 学 名 小 贴 士

　　这种多年生水生草本植物的叶片与它的种加词 "*sagittifolia*" 一样，形状像箭矢。在中国，它可食用的茎是一种美味，一般在春节期间食用。此外，它们的中文名意为 "仁慈的蘑菇"。

欧洲慈姑
Sagittaria sagittifolia

约瑟夫·胡克爵士

（1817—1911）

约瑟夫·道尔顿·胡克（Joseph Dalton Hooker）是 19 世纪英国最著名的植物学家和植物采集家之一。由他引入的来自喜马拉雅山区的杜鹃花，影响了世界各地的许多著名花园的发展。约瑟夫·胡克出生在萨福克郡，但当约瑟夫的父亲威廉·杰克逊·胡克（William Jackson Hooker）被任命为格拉斯哥大学植物学教授后，胡克一家人北迁苏格兰。约瑟夫在格拉斯哥大学学习药学，但还继续发展他对植物的兴趣爱好。

1839 年约瑟夫·胡克加入了英国政府的南极探险队，登上詹姆斯·克拉克·罗斯（James Clark Ross）船长的"伊里布斯"号，担任助理

医生和植物学家。为期四年的探险，考察队的主要任务是确定磁南极的位置，而胡克也需要识别并采集具有经济价值的当地植物。"伊里布斯"号曾到过马德拉群岛、好望角、塔斯马尼亚岛、新西兰、澳大利亚、福克兰群岛以及南美洲的最南端等地。经历了狂风和冰山这类险象环生，这次旅行为胡克今后的植物学探险打下了很好的基础。

回到英国后，胡克于 1847 年再度出发，这次是前往印度采集植物。起初是在大吉岭，勇敢的胡克坐在一头大象上探索了索恩谷，一路上遇到吃人的老虎和鳄鱼。但昆虫似乎才是最折磨胡克的生物，引起了他极大的不适，尤其是"有些讨厌的蜱虫，有小手指盖那么大"。他这样写道，"对于水蛭这类的吸血生物我现在已经毫不在意了，但蜱虫和臭虫格外让我反感，甚至写出这些单词的时候都会让我全身起鸡皮疙瘩。"

在印度的几年里，胡克到过许多地方，行船恒河、穿越喜马拉雅山脉等。他又一次想跨过边界到锡金考察，但他的同伴阿奇博尔德·坎贝尔（Archibald Campbell）医生被当地政府关押了起来，这在某种程度上还引起了国际纠纷。胡克向殖民地总督洛德·达尔豪西（Lord Dalhousie）求助，达尔豪西随即向边境地区派遣了一个团的兵力计划入侵。最终一场战争还是避免了，锡金从此成了印度的附属

如许多 19 世纪的植物学家一样，胡克与查尔斯·达尔文关系密切，也是他进化论的坚定支持者。

国，因此也成了大英帝国的一部分。为纪念坎贝尔，胡克以他的名字命名了滇藏玉兰（*Magnolia campbellii*）。

以大英帝国探险家的风格，胡克探险时常常会带着 50 多名当地人，包括重要的向导和卫兵。他给邱园送回了数量庞大的新引种的植物，其中最重要的发现当属各种杜鹃花，如不丹杜鹃（*Rhododendron griffithianum* var. *aucklandii*）、泡泡叶杜鹃（*R. edgeworthii*）。他以詹姆斯·弗格森·卡斯卡特（James Ferguson Cathcart）的名字命名了柔毛蒿枝七（*Cathcartia villosa*），卡斯卡特是他在印度遇到的一位英国公务员。现在，该种已被更名为柔毛绿绒蒿（*Meconopsis villosa*），至今仍然是很多花园当中的耀眼明星。卡斯卡特提供了一些画作的草稿，这些都成了画家沃尔特·胡德·菲奇（Walter Hood Fitch）后来为胡克 1855 年出版的《喜马拉雅植物图志》所绘插图的基础。他在印度这些年来还参与了《喜马拉雅山日志》（*Himalayan Journeys*）、《印度植物志》（*Flora Indica*）、《锡金 - 喜马拉雅地区的杜鹃花》（*The Rhododendrons of Sikkim-Himalaya*）等多部著作的编纂。

回到英国后，胡克坐上了邱园园长这一显赫的职位，而且一坐就是 20 年。这有些类似一种王朝交接：此前他的父亲曾担任此职，而他自己的女婿威廉·提瑟顿 - 代尔（William Thiselton-Dyer，娶了胡克的女儿哈里特）爵士又接替了他的位置。胡克是查尔斯·达尔文的挚友，也正是他鼓励达尔文出版了那本里程

长药杜鹃（*Rhododendron dalhousiae*）由胡克在印度采集，以印度总督洛德·达尔豪西的妻子命名。它可以开出乳白色到浅黄色的花，胡克对其大加赞赏，称其为"可想象的最美好的事物"和"全属中最高贵的物种"。

碑式的著作《物种起源》（*On the Origin of Species*）。胡克继续旅行，于 19 世纪 70 年代到访美国，出版各地的植物志书，包括《南极植物志》（*Flora Antarctica*）、《新西兰植物志》（*Flora Novae-Zelandiae*）、《塔斯马尼亚植物志》（*Flora Tasmaniae*）等。他还和著名植物学家乔治·边沁（George Bentham，1800—1884）合作出版了《植物属志》（*Genera Plantarum*）和《大英植物手册》（*Handbook of the British Flora*），后者成了学习植物学的圣经，二人的名字被合称为"边沁和胡克"（Bentham and Hooker）。经过漫长辉煌的职业生涯，胡克以 94 岁高龄去世。

"在邱园他们父子二人的名望和影响力无人能及，对邱园上下都是一种激励。"

乔治·泰勒（George Taylor，1956—1971）爵士，邱园园长

saluenensis *sal-WEN-en-sis*
saluenensis, saluenense
来自中国怒江的，如怒江红山茶（*Camellia saluenensis*）

salviifolius *sal-vee-FOH-lee-us*
salviifolia, salviifolium
叶像鼠尾草的，如鼠尾草叶岩蔷薇（*Cistus salviifolius*）

sambucifolius *sam-boo-kih-FOH-lee-us*
sambucifolia, sambucifolium
叶像接骨木（*Sambucus*）的，如西南鬼灯檠（*Rodgersia sambucifolia*）

sambucinus *sam-byoo-ki-nus*
sambucina, sambucinum
像接骨木（*Sambucus*）的，如山蔷薇（*Rosa sambucina*）

samius *SAM-ee-us*
samia, samium
与希腊萨摩斯岛有关的，如黄花糙苏（*Phlomis samia*）

sanctus *SANK-tus*
sancta, sanctum
神圣的，如罗勒杜鹃（*Rhododendron sanctum*）

sanderi *SAN-der-eye*
sanderianus *san-der-ee-AH-nus*
sanderiana, sanderianum
以出生于德国的英国植物采集家、苗圃主兼兰花专家亨利·弗雷德里克·康拉德·桑德（Henry Frederick Conrad Sander, 1847—1920）命名的，如富贵竹（*Dracaena sanderiana*）

sanguineus *san-GWIN-ee-us*
sanguinea, sanguineum
血红的，如血红老鹳草（*Geranium sanguineum*）

sapidus *sap-EE-dus*
sapida, sapidum
美味的，如美味胡刷椰（*Rhopalostylis sapida*）

saponarius *sap-oh-NAIR-ee-us*
saponaria, saponarium
肥皂质的，如无患子（*Sapindus saponaria*）

sarcocaulis *sar-koh-KAW-lis*
sarcocaulis, sarcocaule
具肉质茎的，如青龙树（*Crassula sarcocaulis*）

sarcodes *sark-OH-deez*
像肉的，如肉花杜鹃（*Rhododendron sarcodes*）

sardensis *saw-DEN-sis*
sardensis, sardense
土耳其萨迪斯的，如萨迪斯雪百合（*Chionodoxa sardensis*）

sargentianus *sar-jen-tee-AH-nus*
sargentiana, sargentianum
sargentii *sar-JEN-tee-eye*
以美国哈佛大学的树木学家及阿诺德植物园主任查尔斯·斯普拉格·萨金特（Charles Sprague Sargent，1841—1927）命名的，如晚绣花楸（*Sorbus sargentiana*）

sarmaticus *sar-MAT-ih-kus*
sarmatica, sarmaticum
来自古地名萨尔玛提亚（今波兰、俄罗斯的部分地区）的，如草叶风铃草（*Campanula sarmatica*）

sarmentosus *sar-men-TOH-sus*
sarmentosa, sarmentosum
具匍匐茎的，如匍茎点地梅（*Androsace sarmentosa*）

sarniensis *sarn-ee-EN-sis*
sarniensis, sarniense
来自格恩西群岛的萨尼亚岛的，如娜丽花（*Nerine sarniensis*）

sasanqua *suh-SAN-kwuh*
来自茶梅（*Camellia sasanqua*）的日本名

sativus *sa-TEE-vus*
sativa, sativum
耕种的，栽培的，如欧洲栗（*Castanea sativa*）

saundersii *son-DER-see-eye*
纪念各个著名的"桑德斯"，例如查尔斯·桑德斯（Charles Saunders，1857—1935）爵士，如白马城（*Pachypodium saundersii*）

saxatilis *saks-A-til-is*
saxatilis, saxatile
生于多岩石生境的，如岩生庭芥（*Aurinia saxatilis*）

saxicola *saks-IH-koh-luh*
生于多岩石生境的，如石生刺柏（*Juniperus saxicola*）

saxifraga *saks-ee-FRAH-gah*
破碎岩石的，如膜萼花（*Petrorhagia saxifaga*）

saxorum *saks-OR-um*
岩石的，如岩海角苣苔（*Streptocarpus saxorum*）

saxosus *saks-OH-sus*
saxosa, saxosum
生于多岩石生境的，如岩生龙胆（*Gentiana saxosa*）

拉 丁 学 名 小 贴 士

    Sativus 意为耕种的或栽培的，它是数种有烹饪价值和药用价值的植物学名的组成部分。人类栽培番红花（*Crocus sativus*）是为了得到它深红色的柱头，将其干燥之后即为价格不菲的高级香料藏红花。大麻（*Cannabis sativa*）这种一年生草本植物除了臭名昭著的毒品用途之外，还可以制造富含蛋白质的鸟食。大多菜农会享受采摘豌豆（*Pisum sativum*）以及给它去皮的乐趣，事实上，早在公元前 7800 年，人类就已经采集野生的豌豆植株了，随着时间的发展不断被培育筛选成如今我们所知道的豌豆。此外，很少有厨师能在没有大蒜（*Allium sativum*）的情况下做菜，而水稻（*Oryza sativa*）就是我们吃的米饭。

豌豆
Pisum sativum

scaber *SKAB-er*
scabra, scabrum
粗糙的，如智利悬果藤（*Eccremocarpus scaber*）

scabiosus *skab-ee-OH-sus*
scabiosa, scabiosum
粗糙的，或者与疥癣有关的，如山萝卜菊（*Centaurea scabiosa*）

scabiosifolius *skab-ee-oh-sih-FOH-lee-us*
scabiosifolia, scabiosifolium
叶像蓝盆花（*Scabiosa*）的，如裂叶鼠尾草（*Salvia scabiosifolia*）

scalaris *skal-AH-ris*
scalaris, scalare
像阶梯的，如梯叶花楸（*Sorbus scalaris*）

scandens *SKAN-denz*
攀登的，如电灯花（*Cobaea scandens*）

scaposus *ska-POH-sus*
scaposa, scaposum
花茎无叶的，如花莛乌头（*Aconitum scaposum*）

scariosus *skar-ee-OH-sus*
scariosa, scariosum
干膜质的，如膜苞蛇鞭菊（*Liatris scariosa*）

sceptrum *SEP-trum*
像权杖的，如王杖木地黄（*Isoplexis sceptrum*）

schafta *SHAF-tuh*
夏佛塔雪轮（*Silene schafta*）在里海方言里的名字

schidigera *ski-DEE-ger-ruh*
生有刺或细小裂片的，如纤丝兰（*Yucca schidigera*）

schillingii *shil-LING-ee-eye*
以英国花卉栽培者托尼·席林（Tony Schilling，b. 1935）命名的，如席林大戟（*Euphorbia schillingii*）

schizopetalus *ski-zo-pe-TAY-lus*
schizopetala, schizopetalum
花瓣深裂的，如吊灯扶桑（*Hibiscus schizopetalus*）

schizophyllus *skits-oh-FIL-us*
schizophylla, schizophyllum
叶片深裂的，如克利椰子（*Syagrus schizophylla*）

schmidtianus *shmit-ee-AH-nus*
schmidtiana, schmidtianum
schmidtii *SHMIT-ee-eye*
纪念多位名为施密特的杰出植物学家的，如朝雾草（*Artemisia schmidtiana*）

schoenoprasum *skee-no-PRAY-zum*
北葱（*Allium schoenoprasum*）的绰号，在希腊语中意为"灯心草状韭葱"

schottii *SHOT-ee-eye*
纪念多位名为肖特的博物学家的，比如阿瑟·卡尔·维克多·肖特（Arthur Carl Victor Schott，1814—1875），如肖特丝兰（*Yucca schottii*）

schubertii *shoo-BER-tee-eye*
以德国博物学家戈特希尔夫·冯·舒伯特（Gotthilf von Schubert，1780—1860）命名的，如舒伯特葱（*Allium schubertii*）

schumannii *shoo-MAHN-ee-eye*
以德国植物学家卡尔·莫里茨·舒曼（Karl Moritz Schumann，1851—1904）博士命名的，如蒴梗花（*Abelia schumannii*）

胡蒜
Allium scorodoprasum

scillaris *sil-AHR-is*
scillaris, scillare
像蓝瑰花（*Scilla*）的，如蓝瑰谷鸢尾（*Ixia scillaris*）

scillifolius *sil-ih-FOH-lee-us*
scillifolia, scillifolium
叶像蓝瑰花（*Scilla*）的，如绵枣象牙参（*Roscoea scillifolia*）

scilloides *sil-OY-deez*
像蓝瑰花（*Scilla*）的，如蚁播花（*Puschkinia scilloides*）

scilloniensis *sil-oh-nee-EN-sis*
scilloniensis, scilloniense
来自英格兰锡利群岛的，如锡利揽叶菊（*Olearia × scilloniensis*）

sclarea *SKLAR-ee-uh*
来自"clarus"，清楚的，如南欧丹参（*Salvia sclarea*）

sclerophyllus *skler-oh-FIL-us*
sclerophylla, sclerophyllum
硬叶的，如苦槠（*Castanopsis sclerophylla*）

scolopendrius *skol-oh-PEND-ree-us*
scolopendria, scolopendrium
源于丛叶铁角蕨（*Asplenium scolopendrium*）的希腊词，因为它的叶背像千足虫或蜈蚣，而蜈蚣的希腊词为"*skolopendra*"

scolymus *SKOL-ih-mus*
来源于一种可食用的蓟或菊芋的希腊词，如菜蓟（*Cynara scolymus*）

scoparius *sko-PAIR-ee-us*
scoparia, scoparium
帚状的，如金雀儿（*Cytisus scoparius*）

scopulorum *sko-puh-LOR-um*
生长在悬崖峭壁的，如悬崖蓟（*Cirsium scopulorum*）

scorodoprasum *skor-oh-doh-PRAY-zum*
一种介于韭和大蒜之间的植物的名字，如胡蒜（*Allium scorodoprasum*）

scorpioides *skor-pee-OY-deez*
像蝎子尾巴的，如沼泽勿忘草（*Myosotis scorpioides*）

scorzonerifolius *skor-zon-er-ih-FOH-lee-us*
scorzonerifolia, scorzonerifolium
叶像鸦葱（*Scorzonera*）的，如鸦葱叶葱（*Allium scorzonerifolium*）

scoticus *SKOT-ih-kus*
scotica, scoticum
与苏格兰有关的，如苏格兰报春花（*Primula scotica*）

scouleri *SKOOL-er-ee*
以苏格兰植物学家约翰·斯库勒（John Scouler，1804—1871）博士命名的，如斯考勒氏金丝桃（*Hypericum scouleri*）

scutatus *skut-AH-tus*
scutata, scutatum
scutellaris *skew-tel-AH-ris*
scutellaris, scutellare
scutellatus *skew-tel-LAH-tus*
scutellata, scutellatum
盾状或浅盘状的，如法国酸模（*Rumex scutatus*）

secundatus *see-kun-DAH-tus*
secundata, secundatum
secundiflorus *sek-und-ee-FLOR-us*
secundiflora, secundiflorum
secundus *se-KUN-dus*
secunda, secundum
花或叶仅生长在茎一侧的，如八宝掌（*Echeveria secunda*）

seemannianus *see-mahn-ee-AH-nus*
seemanniana, seemannianum
seemannii *see-MAN-ee-eye*
以德国植物采集家贝特霍尔德·卡尔·西曼（Berthold Carl Seemann, 1825—1871）命名的，如西曼绣球（*Hydrangea seemannii*）

segetalis *seg-UH-ta-lis*
segetalis, segetale
segetum *seg-EE-tum*
生长在麦田的，如麦田大戟（*Euphorbia segetalis*）

selaginoides *sel-ag-ee-NOY-deez*
像卷柏（*Selaginella*）的，如密叶杉（*Athrotaxis selaginoides*）

selloanus *sel-lo-AH-nus*
selloana, selloanum
以 19 世纪德国探险家兼植物采集家弗里德里希·赛洛 [Friedrich Sellow（Sello）] 命名的，如蒲苇（*Cortaderia selloana*）

semperflorens *sem-per-FLOR-enz*
四季开花的，如四季银桦（*Grevillea* × *semperflorens*）

sempervirens *sem-per-VY-renz*
常绿的，如贯月忍冬（*Lonicera sempervirens*）

sempervivoides *sem-per-vi-VOY-deez*
像长生草的（*Sempervivum*），如长生点地梅（*Androsace sempervivoides*）

senegalensis *sen-eh-gal-EN-sis*
senegalensis, senegalense
来自非洲塞内加尔的，如塞内加尔蓼（*Persicaria senegalensis*）

拉 丁 学 名 小 贴 士

锦熟黄杨（*Buxus sempervirens*）小、密且常绿的叶片使其成为低矮绿篱的完美选择，传统上将它种在草坪或小巧花园的边缘。灌木修剪对它也适用，而未经修剪的锦熟黄杨能长成小乔木。它的种加词"*sempervirens*"意为常绿的。

锦熟黄杨
Buxus sempervirens

senescens *sen-ESS-enz*
变老的，白色或灰色的，如山韭（*Allium senescens*）

senilis *SEE-nil-is*
senilis, senile
具白色毛的，如子孙球（*Rebutia senilis*）

sensibilis *sen-si-BIL-is*
sensibilis, sensibile
sensitivus *sen-si-TEE-vus*
sensitiva, sensitivum
对光线或触碰敏感的，如球子蕨（*Onoclea sensibilis*）

sepium *SEP-ee-um*
沿着绿篱生长的，如旋花（*Calystegia sepium*）

长生草属

长生草属（*Sempervivum*）隶属于景天科（*Crassulaceae*）。在拉丁文中，*semper* 意为恒久，*vivus* 意为生命。因此在其繁多的俗名中总能找到长寿的字眼，另一个常用的俗名则是母鸡和小鸡，母鸡指的是植株主体，小鸡就指伸出的芽体。

长生草（*Sempervivum tectorum*）是本属中最常见的种类之一，其种加词 *tectorum* 意为屋顶的——相传屋顶瓦片上长有长生草的房子可以防雷击。然而，据说如果它们被陌生人从屋顶上拿了下来则会带来厄运，甚至死亡。这些古代传说都可以追溯到北欧神话中的雷神索尔，也就是罗马神话中的朱庇特，因此长生草还有诸如朱庇特的胡子、朱庇特的眼睛等英文俗名。后来，人们发现了长生草具有抗炎的功效。除了被用来缓解蚊虫叮咬，还被用于治疗从失眠到视力减退等几乎所有疾病。卷绢（*S. arachnoideum*）又称蛛网长生草，*arachnoideus, arachnoidea, arachnoideum* 意为像蜘蛛网的。

本属植物的物种和栽培品种数目繁多，包括耐寒和半耐寒的常绿多肉植物。它们星形的花朵生于从闪亮的叶丛中伸出的花序。它们很适合于诸如岩石园、墙缝、屋顶瓦片之间等干

卷绢（*Sempervivum arachnoideum*）具有类似蜘蛛网的外观。

旱环境，并且可以在阳光充足的地方长得很好。如果需要改善土壤排水，可以加入一些粗砂。

长生草（*Sempervivum tectorum*）笔直紧密的红色小花。

sept-
用于复合词中表示"七"

septemfidus *sep-TEM-fee-dus*
septemfida, septemfidum
分成七部分的，如西亚龙胆（*Gentiana septemfida*）

septemlobus *sep-tem-LOH-bus*
septemloba, septemlobum
具七枚裂片的，如七指报春（*Primula septemloba*）

septentrionalis *sep-ten-tree-oh-NAH-lis*
septentrionalis, septentrionale
来自北方的，如北龙荟兰（*Beschorneria septentrionalis*）

sericanthus *ser-ee-KAN-thus*
sericantha, sericanthum
花像丝绸一样的，如绢毛山梅花（*Philadelphus sericanthus*）

sericeus *ser-IK-ee-us*
sericea, sericeum
丝绸般的，绢质的，绢毛的，如绢毛蔷薇（*Rosa sericea*）

serotinus *se-roh-TEE-nus*
serotina, serotinum
在一季晚期开花或者结果的，如晚鸢尾（*Iris serotina*）

serpens *SUR-penz*
爬行的，如五翅莓（*Agapetes serpens*）

serpyllifolius *ser-pil-ly-FOH-lee-us*
serpyllifolia, serpyllifolium
叶像亚洲百里香（*Thymus serpyllum*）的，如无心菜（*Arenaria serpyllifolia*）

serpyllum *ser-PIE-lum*
来源于一种百里香的希腊名，如亚洲百里香（*Thymus serpyllum*）

serratifolius *sair-rat-ih-FOH-lee-us*
serratifolia, serratifolium
叶具锯齿或成锯齿状的，如石楠（*Photinia serratifolia*）

serratus *sair-AH-tus*
serrata, serratum
叶缘有锯齿的，如榉树（*Zelkova serrata*）

serrulatus *ser-yoo-LAH-tus*
serrulata, serrulatum,
叶缘有小锯齿的，如齿缘吊钟花（*Enkianthus serrulatus*）

长距彗星兰
Angraecum sesquipedale

sesquipedalis *ses-kwee-ped-AH-lis*
sesquipedalis, sesquipedale
18英寸长的，如长距彗星兰（*Angraecum sesquipedale*）

sessili-
用于复合词中表示"无柄的"

sessiliflorus *sess-il-ee-FLOR-us*
sessiliflora, sessililforum
花无柄的，如无柄丽白花（*Libertia sessiliflora*）

sessilifolius *ses-ee-lee-FOH-lee-us*
sessilifolia, sessilifolium
叶无柄的，如无柄垂铃儿（*Uvularia sessilifolia*）

sessilis *SES-sil-is*
sessilis, sessile
无茎的，如红延龄草（*Trillium sessile*）

setaceus *se-TAY-see-us*
setacea, setaceum
刚毛状的，如刚毛狼尾草（*Pennisetum setaceum*）

setchuenensis *sech-yoo-en-EN-sis*
setchuenensis, setchuenense
来自中国四川省的，如四川溲疏（*Deutzia setchuenensis*）

seti-
用于复合词中表示"有刚毛的"

setiferus *set-IH-fer-us*
setifera, setiferum
具刚毛的,如黑鳞刺耳蕨(*Polystichum setiferum*)

setifolius *set-ee-FOH-lee-us*
setifolia, setifolium
叶具刚毛的,如毛叶山黧豆(*Lathyrus setifolius*)

setiger *set-EE-ger*
setigerus *set-EE-ger-us*
setigera, setigerum
具刚毛的,如刚毛龙胆(*Gentiana setigera*)

拉 丁 学 名 小 贴 士

草原玫瑰(*Rosa setigera*)是一种开粉花的攀缘植物,其种加词"setigera"指的是分散于茎各处的刚毛状刺。它原产墨西哥,既可以长成铺地植物亦可长成攀缘植物,单朵开放的花与犬蔷薇(*Rosa canina*)的花相似。

草原玫瑰
Rosa setigera

---

setispinus *set-i-SPIN-us*
setispina, setispinum
具刚毛状刺的,如龙王球(*Thelocactus setispinus*)

setosus *set-OH-sus*
setosa, setosum
多刚毛的,如山鸢尾(*Iris setosa*)

setulosus *set-yoo-LOH-sus*
setulosa, setulosum
多小刚毛的,如小刚毛鼠尾草(*Salvia setulosa*)

sex-
用于复合词中表示"六"

sexangularis *seks-an-gew-LAH-ris*
sexangularis, sexangulare
具六角的,如六棱景天(*Sedum sexangulare*)

sexstylosus *seks-sty-LOH-sus*
sexstylosa, sexstylosum
具六枚花柱的,如长叶花皮树(*Hoheria sexstylosa*)

sherriffii *sher-RIF-ee-eye*
以苏格兰植物采集家乔治·谢里夫(George Sherriff,1898—1967)命名的,如红钟杜鹃(*Rhododendron sherriffii*)

shirasawanus *shir-ah-sa-WAH-nus*
shirasawana, shirasawanum
以日本植物学家霍米白泽 [Homi(Miho)Shirasawa,1868—1947] 命名的,如白泽槭(*Acer shirasawanum*)

sibiricus *sy-BEER-ih-kus*
sibirica, sibiricum
与西伯利亚有关的,如西伯利亚鸢尾(*Iris sibirica*)

sichuanensis *sy-CHOW-en-sis*
sichuanensis, sichuanense
与中国四川省有关的,如四川栒子(*Cotoneaster sichuanensis*)

siculus *SIK-yoo-lus*
sicula, siculum
来自意大利西西里岛的,如西西里蜜蒜(*Nectaroscordum siculum*)

sideroxylon *sy-der-oh-ZY-lon*
来自铁橄榄属的,如红铁木桉(*Eucalyptus sideroxylon*)

sieberi *sy-BER-ee*
以出生于布拉格的植物学家兼植物采集家弗朗兹·西贝尔(Franz Sieber,1789—1844)命名的,如西柏番红花(*Crocus sieberi*)

sieboldianus *see-bold-ee-AH-nus*
sieboldiana, sieboldianum
sieboldii *see-bold-ee-eye*
以在日本采集植物的德国医生菲利普·冯·西博尔德（Philipp von Siebold，1796—1866）命名的，如天女花（*Magnolia sieboldii*）

signatus *sig-NAH-tus*
signata, signatum
显眼的，如西南虎耳草（*Saxifraga signata*）

sikkimensis *sik-im-EN-sis*
sikkimensis, sikkimense
来自锡金的，如黄苞大戟（*Euphorbia sikkimensis*）

siliceus *sil-ee-SE-us*
silicea, siliceum
在沙地生长的，如沙地黄耆（*Astragalus siliceus*）

siliquastrum *sil-ee-KWAS-trum*
罗马语中对结豆荚的植物的称呼，如南欧紫荆（*Cercis siliquas-trum*）

silvaticus *sil-VAT-ih-kus*
silvatica, silvaticum
silvestris *sil-VES-tris*
silvestris, silvestre
生长在林地的，如林耳蕨（*Polystichum silvaticum*）

similis *SIM-il-is*
similis, simile
相似的，相像的，如细毡毛忍冬（*Lonicera similis*）

simplex *SIM-plecks*
单一的，没有分枝的，如单穗升麻（*Actaea simplex*）

simplicifolius *sim-plik-ih-FOH-lee-us*
simplicifolia, simplicifolium
单叶的，如单叶落新妇（*Astilbe simplicifolia*）

simulans *sim-YOO-lanz*
相像的，如奥比波斯百合（*Calochortus simulans*）

sinensis *sy-NEN-sis*
sinensis, sinense
来自中国的，如蜡瓣花（*Corylopsis sinensis*）

sinicus *SIN-ih-kus*
sinica, sinicum
与中国有关的，如唐棣（*Amelanchier sinica*）

sinuatus *sin-yoo-AH-tus*
sinuata, sinuatum
具波状边缘的，如美人襟（*Salpiglossis sinuata*）

紫藤
Wisteria sinensis

siphiliticus *sigh-fy-LY-tih-kus*
siphilitica, siphiliticum
与梅毒有关的，根被印第安人用于治疗梅毒，如大山梗菜（*Lobelia siphilitica*）

sitchensis *sit-KEN-sis*
sitchensis, sitchense
与阿拉斯加州锡特卡有关的，如锡特卡花楸（*Sorbus sitchensis*）

skinneri *SKIN-ner-ee*
以苏格兰植物采集家乔治·乌雷·纳金斯（George Ure Skin-ner，1804—1867）命名的，如哥丽兰（*Cattleya skinneri*）

smilacinus *smil-las-SY-nus*
smilacina, smilacinum
与菝葜（*Smilax*）有关的，如山东万寿竹（*Disporum smilacinum*）

smithianus *SMITH-ee-ah-nus*
smithiana, smithianum
smithii *SMITH-ee-eye*
纪念数位名为史密斯的人，其中包括詹姆斯·爱德华·史密斯（James Edward Smith，1759—1828）爵士，如史氏千里光（*Senecio smithii*）

soboliferus *soh-boh-LIH-fer-us*
sobolifera, soboliferum
具匍匐根茎的，如线裂老鹳草（*Geranium soboliferum*）

socialis *so-KEE-ah-lis*
socialis, sociale
形成联盟的，社会的，合群的，如雪妖精（*Crassula socialis*）

solidus *SOL-id-us*
solida, solidum
结实的，稠密的，如山延胡索（*Corydalis solida*）

somaliensis *soh-mal-ee-EN-sis*
somaliensis, somaliense
来自非洲索马里的，如毛蓝耳草（*Cyanotis somaliensis*）

somniferus *som-NIH-fer-us*
somnifera, somniferum
诱导睡眠的，如罂粟（*Papaver somniferum*）

sonchifolius *son-chi-FOH-lee-us*
sonchifolia, sonchifolium
叶像苦苣菜（*Sonchus*）的的，如苣叶新妇花（*Francoa sonchifolia*）

sorbifolius *sor-bih-FOH-lee-us*
sorbifolia, sorbifolium
叶像花楸（*Sorbus*）的，如文冠果（*Xanthoceras sorbifolium*）

sordidus *SOR-deh-dus*
sordida, sordidum
看上去很脏的，如污柳（*Salix × sordida*）

soulangeanus *soo-lan-jee-AH-nus*
soulangeana, soulangeanum
纪念法国外交家兼农业研究中心（现为法国农业部）部长艾蒂安·叟朗－博丁（Étienne Soulange-Bodin，1774—1846）的，他培育了二乔玉兰（*Magnolia × soulangeana*）

spachianus *spak-ee-AH-nus*
spachiana, spachianum
以法国植物学家爱德华·斯帕奇（Édouard Spach，1801—1879）命名的，如斯帕奇染料木（*Genista × spachiana*）

sparsiflorus *spar-see-FLOR-us*
sparsiflora, sparsiflorum
具稀疏或分散的花的，如梨刀羽扇豆（*Lupinus sparsiflorus*）

spathaceus *spath-ay-SEE-us*
spathacea, spathaceum
具佛焰苞的，像佛焰苞的，如大苞鼠尾草（*Salvia spathacea*）

spathulatus *spath-yoo-LAH-tus*
spathulata, spathulatum
匙形的，有宽而平的末端的，如匙叶莲花掌（*Aeonium spathulatum*）

speciosus *spee-see-OH-sus*
speciosa, speciosum
显眼的，如吊钟茶藨子（*Ribes speciosum*）

spectabilis *speck-TAH-bih-lis*
spectabilis, spectabile
惊人的，显眼的，如长药八宝（*Sedum spectabile*）

sphaericus *SFAY-rih-kus*
sphaerica, sphaericum
球状的，如球状乳突球（*Mammillaria sphaericus*）

sphaerocarpos *sfay-ro-KAR-pus*
sphaerocarpa, sphaerocarpum
圆球状果的，如茂累苜蓿（*Medicago sphaerocarpos*）

sphaerocephalon *sfay-ro-SEF-uh-lon*
sphaerocephalus *sfay-ro-SEF-uh-lus*
sphaerocephala, sphaerocephalum
具圆球状头状花序的，如圆头大花葱（*Allium sphaerocephalon*）

spicant *SPIK-ant*
起源不明的词，可能是"spica"（一簇）德语化后得到的，如硬乌毛蕨（*Blechnum spicant*）

spicatus *spi-KAH-tus*
spicata, spicatum
穗状花序具耳的，如留兰香（*Mentha spicata*）

罂粟
Papaver somniferum

spiciformis *spik-ee-FOR-mis*
spiciformis, spiciforme
长矛状的，如长序南蛇藤（*Celastrus spiciformis*）

spicigerus *spik-EE-ger-us*
spicigera, spicigerum
具穗状花序的，如墨西哥忍冬（*Justicia spicigera*）

spiculifolius *spik-yoo-lih-FOH-lee-us*
spiculifolia, spiculifolium
像小穗的，如穗叶欧石南（*Erica spiculifolia*）

spinescens *spy-NES-enz*
spinifex *SPIN-ee-feks*
spinosus *spy-NOH-sus*
spinosa, spinosum
具刺的，如刺老鼠簕（*Acanthus spinosus*）

spinosissimus *spin-oh-SIS-ih-mus*
spinosissima, spinosissimum
极多刺的，如密刺蔷薇（*Rosa spinosissima*）

spinulosus *spin-yoo-LOH-sus*
spinulosa, spinulosum
具小刺的，如小刺狗脊（*Woodwardia spinulosa*）

spiralis *spir-AH-lis*
spiralis, spirale
螺旋的，如澳洲铁（*Macrozamia spiralis*）

splendens *SPLEN-denz*
splendidus *splen-DEE-dus*
splendida, splendidum
灿烂的，如一串红倒挂金钟（*Fuchsia splendens*）

sprengeri *SPRENG-er-ee*
以德国植物学家及花卉栽培者卡尔·路德维格·斯普林格（Carl Ludwig Sprenger，1846—1917）命名的，他培育并引进了大量植物，如斯普林格郁金香（*Tulipa sprengeri*）

spurius *SPEW-eee-us*
spuria, spurium
虚伪的，欺骗的，如琴瓣鸢尾（*Iris spuria*）

squalidus *SKWA-lee-dus*
squalida, squalidum
外表脏的，肮脏的，如污花异柱菊（*Leptinella squalida*）

squamatus *SKWA-ma-tus*
squamata, squamatum
具小的像鳞片的叶子或苞片的，如高山柏（*Juniperus squamata*）

伯内特蔷薇
Rosa spinosissima var. *luteola*

squamosus *skwa-MOH-sus*
squamosa, squamosum
多鳞片的，如番荔枝（*Annona squamosa*）

squarrosus *skwa-ROH-sus*
squarrosa, squarrosum
末端开展或弯曲的，如粗糙蚌壳蕨（*Dicksonia squarrosa*）

stachyoides *stah-kee-OY-deez*
像水苏（Stachys）的，如水苏状醉鱼草（*Buddleja stachyoides*）

stamineus *stam-IN-ee-us*
staminea, stamineum
具显著的雄蕊的，如鹿莓越橘（*Vaccinium stamineum*）

standishii *stan-DEE-shee-eye*
以英国苗圃主约翰·斯坦迪什（John Standish，1814—1875）命名的，他整理了由罗伯特.福琼（Robert Fortune）所采集的植物，如苦糖果（*Lonicera standishii*）

stans *stanz*
笔直的，竖直的，如日本铁线莲（*Clematis stans*）

stapeliiformis *sta-pel-ee-ih-FOR-mis*
stapeliiformis, stapeliiforme
像犀角（*Stapelia*）的，如薄云吊灯花（*Ceropegia stapeliiformis*）

stellaris *stell-AH-ris*
stellaris, stellare
stellatus *stell-AH-tus*
stellata, stellatum
星状的，如星花玉兰（*Magnolia stellata*）

steno-
用于复合词中表示"窄的"

stenocarpus *sten-oh-KAR-pus*
stenocarpa, stenocarpum
具狭窄果实的，如细果苔草（*Carex stenocarpa*）

stenopetalus *sten-oh-PET-al-lus*
stenopetala, stenopetalum
具狭窄花瓣的，如窄瓣染料木（*Genista stenopetala*）

stenophyllus *sten-oh-FIL-us*
stenophylla, stenophyllum
狭叶的，如狭叶小檗（*Berberis* × *stenophylla*）

stenostachyus *sten-oh-STAK-ee-us*
stenostachya, stenostachyum
具狭窄穗状花序的，如金沙江醉鱼草（*Buddleja stenostachya*）

sterilis *STER-ee-lis*
sterilis, sterile
不结实的，不育的，如草莓委陵菜（*Potentilla sterilis*）

sternianus *stern-ee-AH-nus*
sterniana, sternianum
sternii *STERN-ee-eye*
以英国园艺家弗雷德里克·克劳德·斯特恩（Frederick Claude Stern，1884—1967）爵士命名的，他对白垩土园艺有特别的兴趣，如施氏枸子（*Cotoneaster sternianus*）

stipulaceus *stip-yoo-LAY-see-us*
stipulacea, stipulaceum
stipularis *stip-yoo-LAH-ris*
stipularis, stipulare
stipulatus *stip-yoo-LAH-tus*
stipulata, stipulatum
具托叶的，如托叶酢酱草（*Oxalis stipularis*）

stoechas *STOW-kas*
起源于意为排列着的"stoichas"，是法国薰衣草（*Lavandula stoechas*）的希腊名

stoloniferus *sto-lon-IH-fer-us*
stolonifera, stoloniferum
具生根的匍匐茎的，如虎耳草（*Saxifraga stolonifera*）

strepto-
用于复合词中表示"扭曲的"

streptophyllus *strep-toh-FIL-us*
streptophylla, streptophyllum
具扭曲叶的，如扭叶假叶树（*Ruscus streptophyllum*）

striatus *stree-AH-tus*
striata, striatum
具条纹的，如白及（*Bletilla striata*）

strictus *STRIK-tus*
stricta, strictum
竖立的，垂直的，如径直钓钟柳（*Penstemon strictus*）

strigosus *strig-OH-sus*
strigosa, strigosum
具硬刚毛的，如硬毛覆盆子（*Rubus strigosus*）

striolatus *stree-oh-LAH-tus*
striolata, striolatum
具细条纹或线的，如细纹石斛（*Dendrobium striolatum*）

星丛郁金香
Tulipa clusiana var. *stellate*

海角苣苔属

前缀 *strepto-* 常用于合成词中用来表示扭曲的含义，因此 *streptopetalus* (*streptopetala, streptopetalum*) 用来描述植物有扭曲的花瓣；*streptophyllus* (*streptophylla, streptophyllum*) 意为具扭曲的叶片；*streptosepalus* (*streptosepala, streptosepalum*) 意为具扭曲的萼片。海角苣苔，这种四季开放的可爱小花有扭成螺旋形的果实，由此得名 *Streptocarpus*，即具扭曲果实的，*streptos* 来源于希腊语，意为扭曲的，*karpos* 意为果实。

此类植物开出大量花朵，花期长，且花色也十分多样。

仅仅只有一片叶子的海角苣苔。

海角苣苔属隶属于苦苣苔科 (*Gesneriaceae*)，起源于非洲南部和东部，其自然生境为潮湿的林地。这类植物喜光，但并不适合大太阳的直射。在较寒冷的地区，这些多年生花卉比较娇弱，适合作为室内盆栽

或种在无霜温室中。有些种类具有莲座状的基生叶，但也有一些种如红花海角苣苔 (*Streptocarpus dunnii*) 和大叶海角苣苔 (*S. wendlandii*)，终其一生也只长出一片巨大的叶子，非常神奇。前者由一位来自南非开普敦的 E. 邓恩先生 (E. Dunn) 于 19 世纪末发现于德兰士瓦省 (Transvaal)，于是就以他命名；*Wendlandii* 是纪念德国著名的植物学家家族，文德兰家族，该家族几代以来都管理着汉诺威市海伦荷萨花园 (Herrenhausen Gardens)。此外还有一些种如蓝花海角苣苔 (*S. cyaneus*)、四季海角苣苔 (*S. floribunda*)、林生海角苣苔 (*S. silvaticus*) 等。(*Cyaneus, cyanea, cyaneum* 意为靛蓝色；*floribundus, floribunda, floribundum* 意为无固定花期的；*silvaticus, silvatica, silvaticum* 意为生于林下的。)

其他名字中带有"*strepto-*"的植物还有扭柄花属 (*Streptopus*)，隶属于百合科，*pous* 是希腊语中"足"的意思。再如扭管花属 (*Streptosolen*) 的名字源于其扭曲的花冠管 (*solen* 意为管)。

strobiliferus *stroh-bil-IH-fer-us*
strobilifera, strobiliferum
产球果的，如球果树兰（*Epidendrum strobiliferum*）

strobus *STROH-bus*
来自希腊词"*strobos*"，意为有旋转趋势的，可与球果的希腊词"*strobilos*"相比较；或来自拉丁词"*strobus*"，指普林尼记载过的一种产香的乔木；如北美乔松（*Pinus strobus*）

strumosus *stroo-MOH-sus*
strumosa, strumosum
像垫子一样膨胀的，如龙面花（*Nemesia strumosa*）

struthiopteris *struth-ee-OP-ter-is*
像鸵鸟翅膀的，如荚果蕨（*Matteuccia struthiopteris*）

拉 丁 学 名 小 贴 士

　　北美乔松（*Pinus strobus*）的种加词指的是这种庞大的常绿树结出的大球果。它原产美国东北部，又名北方白松（northern white pine）、柔松（soft pine），在英国有时会被叫作威姆士松树（Weymouth pine）。

北美乔松
Pinus strobus

---

stygianus *sty-jee-AH-nuh*
stygiana, stygianum
深色的，如暗花大戟（*Euphorbia stygiana*）

stylosus *sty-LOH-sus*
stylosa, stylosum
具显著花柱的，如芭蕾舞伶（*Rosa stylosa*）

styracifluus *sty-rak-IF-lu-us*
styraciflua, styracifluum
产树胶的，起源于安息香的希腊名"*styrax*"，如北美枫香（*Liquidambar styraciflua*）

suaveolens *swah-vee-OH-lenz*
甜香的，如大花木曼陀罗（*Brugmansia suaveolens*）

suavis *SWAH-vis*
suavis, suave
甜的，有香甜气味的，如甜香车叶草（*Asperula suavis*）

sub-
用于复合词中有一系列含义，包括"几乎、部分的、稍微、低于"等

subacaulis *sub-a-KAW-lis*
subacaulis, subacaule
几乎无茎的，如稜茎石竹（*Dianthus subacaulis*）

subalpinus *sub-al-PY-nus*
subalpina, subalpinum
在高山的稍低海拔地区生长的（亚高山的），如亚高山荚蒾（*Viburnum subalpinum*）

subcaulescens *sub-kawl-ESS-enz*
茎细小的，如细茎老鹳草（*Geranium subcaulescens*）

subcordatus *sub-kor-DAH-tus*
subcordata, subcordatum
稍微呈心形的，如心叶桤木（*Alnus subcordata*）

suberosus *sub-er-OH-sus*
suberosa, suberosum
具木栓质皮的，如栓皮鸦葱（*Scorzonera suberosa*）

subhirtellus *sub-hir-TELL-us*
subhirtella, subhirtellum
稍多毛的，如日本早樱（*Prunus* × *subhirtella*）

submersus *sub-MER-sus*
submersa, submersum
水下的，如细金鱼藻（*Ceratophyllum submersum*）

subsessilis *sub-SES-sil-is*
subsessilis, subsessile
近无柄的，如短柄荆芥（*Nepeta subsessilis*）

subterraneus *sub-ter-RAY-nee-us*
subterranea, subterraneum
地下的，如地下锦绣玉（*Parodia subterranea*）

subtomentosus *sub-toh-men-TOH-sus*
subtomentosa, subtomentosum
稍具绒毛的，如香金光菊（*Rudbeckia subtomentosa*）

subulatus *sub-yoo-LAH-tus*
subulata, subulatum
锥形的或钻形的，如钻叶天蓝绣球（*Phlox subulata*）

subvillosus *sub-vil-OH-sus*
subvillosa, subvillosum
具少量柔毛的，如微毛四季秋海棠（*Begonia subvillosa*）

succulentus *suk-yoo-LEN-tus*
succulenta, succulentum
肉质的，如艳酢酱草（*Oxalis succulenta*）

suffrutescens *suf-roo-TESS-enz*
suffruticosus *suf-roo-tee-KOH-sus*
suffruticosa, suffruticosum
亚灌木的，如牡丹（*Paeonia suffruticosa*）

sulcatus *sul-KAH-tus*
sulcata, sulcatum
具皱纹的，如皱叶悬钩子（*Rubus sulcatus*）

sulphureus *sul-FER-ee-us*
sulphurea, sulphureum
硫磺色的，如淡黄花百合（*Lilium sulphureum*）

suntensis *sun-TEN-sis*
suntensis, suntense
以英格兰苏塞克斯的桑泰克园命名的，如大风铃花（*Abutilon ×
suntense*）

superbiens *soo-PER-bee-enz*
superbus *soo-PER-bus*
superba, superbum
华丽的，如超级鼠尾草（*Salvia × superba*）

supinus *sup-EE-nus*
supina, supinum
俯卧的，如匍匐马鞭草（*Verbena supina*）

surculosus *sur-ku-LOH-sus*
surculosa, surculosum
生有吸盘的，如吸枝龙血树（*Dracaena surculosa*）

牡丹
Paeonia suffruticosa

suspensus *sus-PEN-sus*
suspensa, suspensum
悬挂的，如连翘（*Forsythia suspensa*）

sutchuenensis *sech-yoo-en-EN-sis*
sutchuenensis, sutchuenense
来自中国四川省的，如蜀侧金盏花（*Adonis sutchuenensis*）

sutherlandii *suth-er-LAN-dee-eye*
以发现了苏氏秋海棠（*Begonia sutherlandii*）的皮特·萨瑟兰
（Peter Sutherland，1822—1900）博士命名的

sylvaticus *sil-VAT-ih-kus*
sylvatica, sylvaticum
sylvester *sil-VESS-ter*
sylvestris *sil-VESS-tris*
sylvestris, sylvestre
sylvicola *sil-VIH-koh-luh*
在林地生长的，如欧洲赤松（*Pinus sylvestris*）

syriacus *seer-ee-AH-kus*
syriaca, syriacum
与叙利亚有关的，如西亚马利筋（*Asclepias syriaca*）

szechuanicus *se-CHWAN-ih-kus*
szechuanica, szechuanicum
与中国四川有关的，如川杨（*Populus szechuanica*）

植物与动物

如果要问哪个植物的名字跟动物有关，多数人第一个映入脑海的应该就是犬蔷薇（*Rosa canina*）了，这种野生蔷薇常常爬满乡野的篱墙。*Caninus, canina, caninum* 指与狗相关的，因此稍显鄙陋。另一方面，爱猫的人们会想起荆芥（*Nepeta cataria*），也就是猫薄荷，*cataria* 指与猫相关的。然而这些仅仅只是与动物界相关的植物名的一小部分，事实上这类名字堪比整个诺亚方舟，小到最不起眼的昆虫，如芒毛苣苔（*Aeschynanthus myrmecophilus*），*myrmecophilus*（*myrmecophila, myrmecophilum*）意为蚂蚁喜欢的，大到地球上最大的生物之一，如象腿丝兰

（*Yucca elephantipes*）。

对于大部分此类植物名而言，俗名和拉丁名之间的联系和相似之处并不总是一目了然、符合逻辑。就以阿尔泰贝母（*Fritillaria meleagris*）为例，这种可爱的小花原产于英国本土草甸。由于它下垂的花序酷似蛇形，因此它也得名蛇头贝母，但种加词却是形容花瓣上的装饰图案的，*meleagris*（*meleagris, meleagre*）意为如珍珠鸡一样的斑点。有些动物词汇用于描述与众不同的标记：例如，*pardalinus*（*pardalina, pardalinum*）意为像豹一样的斑点，如豹斑唐菖蒲（*Gladiolus pardalinus*）；*zebrinus*（*zebrina, zebrinum*）意为斑马纹的，形容"斑纹"芒（*Miscanthus sinensis* 'Zebrinus'）的叶片。

还有些很有趣的例子，如拉丁词 *colubrinus*（*colubrina, colubrinum*）意为蛇形的，如大果柯拉豆（*Anadenanthera colubrina*），而 *columbarius*（*columbaria, columbarium*）意为像鸽子的，如飞鸽蓝盆花（*Scabiosa columbaria*）。翠雀属（*Delphinium*）的属名源自希腊语海豚，源于其花型与海豚有些类似。要想搞清复活节朱顶红（*Hippeastrum puniceum*，异名 *Amaryllis equestris*）与马之间的关系可能不大容易，*equestris*（*equestris, equestre*）意为与马或骑马者有关的，而 *Hip-*

犬蔷薇
Rosa canina

这种简洁可爱的蔷薇花在灌木篱墙
上很常见。

复活节朱顶红
Hippeastrum puniceum

许多园丁可能都会问为何这个属的名称与马有关。

是一种草本植物，*dracocephalus, dracocephala, dracocephalum* 意为龙头。名字中带有 *dracunculus* 的植物看起来就不那么令人畏惧了，因为该词仅指小龙，如龙木芋（*Dracunculus vulgaris*）。

peastrum 源于希腊语 *hippeos*，骑马者，*astron* 意为明星。*Puniceus*（*punicea, puniceum*）的含义更加直截了当，意为紫红色的。如兰花和蚕豆这样的植物也有与马有关的名字，例如马蹄蜂兰（*Ophrys ferrum-equinum*）以及马尾蚕豆（*Vicia faba* var. *equina*），*equinus, equina, equinum* 意为马。

有些与动物相关的名字可能是种警示，箭叶橙（*Citrus hystrix*）的枝干上长有长达 4 厘米的尖刺，*hystrix* 意为粗硬的或豪猪似的。类似地，粉刺石竹（*Dianthus erinaceus*）以刺猬命名，因其叶片长成了密集多刺的一小堆。神话传说的生物也常见于植物名中，一些种类以龙命名，最著名的当属龙血树（*Dracaena draco*），原产于加那利群岛，*draco* 意为龙。

百里香叶青兰（*Dracocephalum thymiflorum*）

阿尔泰贝母
Fritillaria meleagris

Meleagris 形容花瓣上类似珍珠鸡的斑点。

199

T

tabularis *tab-yoo-LAH-ris*
tabularis, tabulare
tabuliformis *tab-yoo-lee-FORM-is*
tabuliformis, tabuliforme
平的，如平叶丘泽蕨（*Blechnum tabulare*）

tagliabuanus *tag-lee-ah-boo-AH-nus*
tagliabuana, tagliabuanum
纪念19世纪意大利园艺家阿尔贝托（Alberto）及塔利亚布·卡洛（Carlo Tagliabue）的，如杂种凌霄（*Campsis* × *tagliabuana*）

taiwanensis *tai-wan-EN-sis*
taiwanensis, taiwanense
来自台湾的，如台湾扁柏（*Chamaecyparis taiwanensis*）

takesimanus *tak-ess-ih-MAH-nus*
takesimana, takesimanum
与独岛有关的，如紫斑风铃草（*Campanula takesimana*）

taliensis *tal-ee-EN-sis*
taliensis, taliense
来自中国云南大理地区的，如大理山梗菜（*Lobelia taliensis*）

紫杉叶核果杉
Prumnopitys taxifolia

tanacetifolius *tan-uh-kee-tih-FOH-lee-us*
tanacetifolia, tanacetifolium
叶像菊蒿（*Tanacetum*）的，如菊蒿叶沙铃花（*Phacelia tanacetifolia*）

tangelo *TAN-jel-oh*
柑橘（*Citrus reticula*）和柚子（*C. maxima*）的杂交种，如桔柚（*Citrus* × *tangelo*）

tanguticus *tan-GOO-tih-kus*
tangutica, tanguticum
与西藏唐古特地区有关的，如唐古特瑞香（*Daphne tangutica*）

tardiflorus *tar-dee-FLOR-us*
tardiflora, tardiflorum
在一季较晚的时候开花的，如晚花栒子（*Cotoneaster tardiflorus*）

tardus *TAR-dus*
tarda, tardum
晚的，如晚花郁金香（*Tulipa tarda*）

tasmanicus *tas-MAN-ih-kus*
tasmanica, tasmanicum
与澳大利亚塔斯马尼亚岛有关的，如塔斯马亚麻（*Dianella tasmanica*）

tataricus *tat-TAR-ih-kus*
tatarica, tataricum
与历史上的鞑靼地区（现为克里米亚半岛）有关的，如新疆忍冬（*Lonicera tatarica*）

tatsienensis *tat-see-en-EN-sis*
tatsienensis, tatsienense
来自中国康定的，如康定翠雀花（*Delphinium tatsienense*）

tauricus *TAW-ih-kus*
taurica, tauricum
与鞑靼地区（现为克里米亚半岛）有关的，如金花滇紫草（*Onosma taurica*）

taxifolius *taks-ih-FOH-lee-us*
taxifolia, taxifolium
叶像红豆杉（*Taxus*）的，如紫杉叶核果杉（*Prumnopitys taxifolia*）

tazetta *taz-ET-tuh*
小杯状的，如欧洲水仙（*Narcissus tazetta*）

tectorum *tek-TOR-um*
长在屋顶上的，如长生草（*Sempervivum tectorum*）

temulentus *tem-yoo-LEN-tus*
temulenta, temulentum
酒醉的，如毒麦（*Lolium temulentum*）

tenax *TEN-aks*
坚韧的，纠缠的，如麻兰（*Phormium tenax*）

tenebrosus *teh-neh-BROH-sus*
tenebrosa, tenebrosum
与阴暗或黑暗环境有关的，如暗花龙须兰（*Catasetum tenebrosum*）

tenellus *ten-ELL-us*
tenella, tenellum
柔和的，柔软的，如矮扁桃（*Prunus tenella*）

tener *TEN-er*
tenera, tenerum
细长的，柔软的，如脆铁线蕨（*Adiantum tenerum*）

tentaculatus *ten-tak-yoo-LAH-tus*
tentaculata, tentaculatum
具触须的，如毛盖猪笼草（*Nepenthes tentaculata*）

tenuicaulis *ten-yoo-ee-KAW-lis*
tenuicaulis, tenuicaule
具细长茎的，如纤茎大丽花（*Dahlia tenuicaulis*）

tenuis *TEN-yoo-is*
tenuis, tenue
细长的，瘦的，如小柴胡（*Bupleurum tenue*）

tenuiflorus *ten-yoo-ee-FLOR-us*
tenuiflora, tenuiflorum
花纤薄的，如纤花蓝壶花（*Muscari tenuiflorum*）

tenuifolius *ten-yoo-ih-FOH-lee-us*
tenuifolia, tenuifolium
叶纤薄的，如薄叶海桐（*Pittosporum tenuifolium*）

tenuissimus *ten-yoo-ISS-ih-mus*
tenuissima, tenuissimum
很细的，如细茎针茅（*Stipa tenuissima*）

tequilana *te-kee-lee-AH-nuh*
与墨西哥哈利斯科特拉基有关的，如特基拉龙舌兰（*Agave tequilana*）

terebinthifolius *ter-ee-binth-ih-FOH-lee-us*
terebinthifolia, terebinthifolium
叶具有松脂香的，如巴西胡椒木（*Schinus terebinthifolius*）

teres *TER-es*
圆柱形的，如凤蝶兰（*Vanda teres*）

terminalis *term-in-AH-lis*
terminalis, terminale
长在末端的，如顶花皮木（*Erica terminalis*）

ternatus *ter-NAH-tus*
ternata, ternatum
分成三簇的，如墨西哥橘（*Choisya ternata*）

terrestris *ter-RES-tris*
terrestris, terrestre
来自土地的，生长在地里的，如土生珍珠菜（*Lysimachia terrestris*）

tessellatus *tess-ell-AH-tus*
tessellata, tessellatum
多变的，如箬竹（*Indocalamus tessellatus*）

testaceus *test-AY-see-us*
testacea, testaceum
砖色的，如砖红百合（*Lilium × testaceum*）

拉 丁 学 名 小 贴 士

细叶芍药，这种可爱的植物有纤细优雅的叶子，早在 17 世纪 50 年代就已被林奈描述。它原产于俄罗斯，最宜将其种植在潮湿且排水良好的林地。

细叶芍药
Paeonia tenuifolia

testicularis *tes-tik-yoo-LAY-ris*
testicularis, testiculare
睾丸状的，双丸状的，如银铃（*Argyroderma testiculare*）

testudinarius *tes-tuh-din-AIR-ee-us*
testudinaria, testudinarium
龟甲状的，如乌龟榴莲（*Durio testudinarius*）

tetra-
用于复合词中表示"四"

tetragonus *tet-ra-GON-us*
tetragona, tetragonum
具四角的，如睡莲（*Nymphaea tetragona*）

tetrandrus *tet-RAN-drus*
tetrandra, tetrandrum
具四枚花药的，如四蕊怪柳（*Tamarix tetrandra*）

tetraphyllus *tet-ruh-FIL-us*
tetraphylla, tetraphyllum
具四片叶子的，如豆瓣绿（*Peperomia tetraphylla*）

tetrapterus *tet-rap-TER-us*
tetraptera, tetrapterum
具四只翅的，如四翅苦参（*Sophora tetraptera*）

texanus *tek-SAH-nus*
texana, texanum
texensis *tek-SEN-sis*
texensis, texense
生长或来自得克萨斯州的，如凌波（*Echinocactus texensis*）

textilis *teks-TIL-is*
textilis, textile
与编织有关的，如青皮竹（*Bambusa textilis*）

thalictroides *thal-ik-TROY-deez*
像唐松草（*Thalictrum*）的，如芸香唐松草（*Anemonella thalictroides*）

thibetanus *ti-bet-AH-nus*
thibetana, thibetanum
thibeticus *ti-BET-ih-kus*
thibetica, thibeticum
与西藏有关的，如西藏悬钩子（*Rubus thibetanus*）

thomsonii *tom-SON-ee-eye*
以 19 世纪苏格兰博物学家兼印度加尔各答植物园负责人托马斯·汤姆森（Tomas Tomson）博士命名的，如龙吐珠（*Clerodendrum thomsoniae*）

拉丁学名小贴士

这是一幅桑博格菊（*Chrysanthemum thunbergii*）的插画，由瑞典医生兼植物学家卡尔·皮特·桑博格（见 72 页）在 17 世纪 70 年代的南非植物采集探险过程中在好望角采集的。山牵牛属（*Thunbergia*）就是为了纪念他而命名的，属下包括有色彩艳丽且颇受欢迎的攀缘植物翼叶山牵牛（*Thunbergia alata*），其种加词"*alata*"意为有翅的。在其原生地热带非洲，它是多年生植物，但在较冷之地仅为一年生植物。桑博格之后去了日本，并采集到许多植物，其中包括日本小檗（*Berberis thunbergii*）。日本小檗又名桑博格伏牛花，植株为暗紫色，正如它的种加词"*atropurpurea*"所示，少量日本小檗会让树篱更加多姿多彩。另一种桑博格从日本引进的植物是美丽雅致的浙贝母（*Fritillaria thunbergii*）。

桑博格菊
Chrysanthemum thunbergii

thunbergii *thun-BERG-ee-eye*
以瑞典植物学家卡尔·皮特·桑博格（Carl Peter Tunberg，1743—1828）命名的，如珍珠绣线菊（*Spiraea thunbergii*）

thymifolius *ty-mih-FOH-lee-us*
thymifolia, thymifolium
叶像百里香（*Thymus*）的，如百里香叶千屈菜（*Lythrum thymifolium*）

thymoides *ty-MOY-deez*
像百里香（*Thymus*）的，如百里香苞蓼（*Eriogonum thymoides*）

thyrsiflorus *thur-see-FLOR-us*
thyrsiflora, thyrsiflorum
具团伞花序状的聚伞圆锥花序，即聚伞花序的分枝为团伞花序，如聚伞美洲茶（*Ceanothus thyrsiflorus*）

thyrsoideus *thurs-OY-dee-us*
thyrsoidea, thyrsoideum
thyrsoides *thurs-OY-deez*
像聚伞圆锥花序的，如锥花春慵花（*Ornithogalum thyrsoides*）

tiarelloides *tee-uh-rell-OY-deez*
像黄水枝（*Tiarella*）的，如肾唝草（*Heucherella tiarelloides*）

tibeticus *ti-BET-ih-kus*
tibetica, tibeticum
与西藏有关的，如藏象牙参（*Roscoea tibetica*）

tigrinus *tig-REE-nus*
tigrina, tigrinum
像亚洲虎条纹的，或像美洲虎的斑点的，如虎腭花（*Faucaria tigrina*）

tinctorius *tink-TOR-ee-us*
tinctoria, tinctorium
用于染色的，如染料木（*Genista tinctoria*）

tingitanus *ting-ee-TAH-nus*
tingitana, tingitanum
与丹吉尔有关的，如丹吉尔山黧豆（*Lathyrus tingitanus*）

titanus *ti-AH-nus*
titana, titanum
巨大的，如巨魔芋（*Amorphophallus titanum*）

tobira *TOH-bir-uh*
来自日本名，如海桐（*Pittosporum tobira*）

tomentosus *toh-men-TOH-sus*
tomentosa, tomentosum
多绒毛的，如毛泡桐（*Paulownia tomentosa*）

tommasinianus *toh-mas-see-nee-AH-nus*
tommasiniana, tommasinianum
以19世纪意大利植物学家穆齐奥·朱塞佩·斯皮里托·德·托马西尼（Muzio Giuseppe Spirito de' Tommasini）命名的，如托马辛钟花（*Campanula tommasiniana*）

torreyanus *tor-ree-AH-nus*
torreyana, torreyanum
以美国植物学家约翰·托里（John Torrey，1796—1873）博士命名的，如托里松（*Pinus torreyana*）

tortifolius *tor-tih-FOH-lee-us*
tortifolia, tortifolium
叶扭曲的，如扭叶水仙（*Narcissus tortifolius*）

tortilis *TOR-til-is*
tortilis, tortile
扭曲的，如叠伞金合欢（*Acacia tortilis*）

tortuosus *tor-tew-OH-sus*
tortuosa, tortuosum
很扭曲的，如曲序南星（*Arisaema tortuosum*）

tortus *TOR-tus*
torta, tortum
扭曲的，如扭花尾萼兰（*Masdevallia torta*）

totara *toh-TAR-uh*
来自这种树的毛利名，如新西兰罗汉松（*Podocarpus totara*）

tournefortii *toor-ne-FOR-tee-eye*
以首次定义"属"的法国植物学家约瑟夫·皮顿·德·图尔纳弗（Joseph Pitton de Tournefort，1656—1708）命名的，如图氏番红花（*Crocus tournefortii*）

townsendii *town-SEN-dee-eye*
以美国植物学家大卫·汤森（David Townsend，1787—1856）命名的，如米草（*Spartina* × *townsendii*）

toxicarius *toks-ih-KAH-ree-us*
toxicaria, toxicarium
有毒的，如见血封喉（*Antiaris toxicaria*）

trachyspermus *trak-ee-SPER-mus*
trachysperma, trachyspermum
具粗糙种子的，如糙籽守宫木（*Sauropus trachyspermus*）

tragophylla *tra-go-FIL-uh*
字面上的意思是山羊叶，如盘叶忍冬（*Lonicera tragophylla*）

transcaucasicus *tranz-kaw-KAS-ih-kus*
transcaucasica, transcaucasicum
与土耳其高加索有关的，如外高加索雪滴花（*Galanthus transcaucasicus*）

transitorius *tranz-ee-TAW-ree-us*
transitoria, transitorum
短命的，如花叶海棠（*Malus transitoria*）

transsilvanicus *tranz-il-VAN-ih-kus*
transsilvanica, transsilvanicum
transsylvanicus
transsylvanica, transsylvanicum
与罗马尼亚有关的，如罗马尼亚獐耳细辛（*Hepatica transsil-vanica*）

trapeziformis *tra-pez-ih-FOR-mis*
trapeziformis, trapeziforme
具四个不等边的，如梯叶铁线蕨（*Adiantum trapeziforme*）

traversii *trav-ERZ-ee-eye*
以新西兰律师兼植物采集家威廉·特拉弗斯（William Travers, 1819—1903）命名的，如特拉弗斯寒菀（*Celmisia traversii*）

tremulus *TREM-yoo-lus*
tremula, tremulum
颤抖的，战栗的，如欧洲山杨（*Populus tremula*）

铁角蕨
Asplenium trichomanes

tri-
用于复合词中表示"三"

triacanthos *try-a-KAN-thos*
具三刺的，如美国皂荚（*Gleditsia triacanthos*）

triandrus *TRY-an-drus*
triandra, triandrum
具三枚雄蕊的，如西班牙水仙（*Narcissus triandrus*）

triangularis *try-an-gew-LAH-ris*
triangularis, triangulare
triangulatus *try-an-gew-LAIR-tus*
triangulata, triangulatum
具三角形的，如三角叶酢浆草（*Oxalis triangularis*）

tricho-
用于复合词中表示"多毛的"

trichocarpus *try-ko-KAR-pus*
trichocarpa, trichocarpum
具多毛果实的，如毛漆树（*Rhus trichocarpa*）

trichomanes *try-KOH-man-ees*
与蕨的希腊名有关的，如铁角蕨（*Asplenium trichomanes*）

trichophyllus *try-koh-FIL-us*
tricophylla, tricophyllum
具多毛叶的，如梅花藻（*Ranunculus trichophyllus*）

trichotomus *try-KOH-toh-mus*
trichotoma, trichotomum
具三分枝毛的，如海州常山（*Clerodendrum trichotomum*）

tricolor *TRY-kull-lur*
三色的，如三色旱金莲（*Tropaeolum tricolor*）

tricuspidatus *try-kusp-ee-DAH-tus*
tricuspidata, tricuspidatum
具三点的，如地锦（*Parthenocissus tricuspidata*）

trifasciata *try-fask-ee-AH-tuh*
三组或三束的，如虎尾兰（*Sansevieria trifasciata*）

trifdus *TRY-fee-dus*
trifda, trifdum
三裂的，如三裂薹草（*Carex trifida*）

triflorus *TRY-flor-us*
triflora, triflorum
三花的，如三花槭（*Acer triflorum*）

拉 丁 学 名 小 贴 士

即使这种水生植物与众不同的花还未开放，通过它柔软光滑的三片叶子也能轻易将其从池塘中认出来。而其他种加词为"*trifoliata*"的植物还包括枳（*Poncirus trifoliata*）。

睡菜
Menyanthes trifoliata

trifoliatus *try-foh-lee-AH-tus*
trifoliata, trifoliatum
trifolius *try-FOH-lee-us*
trifolia, trifolium
三叶的，如星草梅（*Gillenia trifoliata*）

trifurcatus *try-fur-KAH-tus*
trifurcata, trifurcatum
三叉的，如三叉蒿（*Artemisia trifurcata*）

trigonophyllus *try-gon-oh-FIL-us*
trigonophylla, trigonophyllum
具三角形叶的，如三角叶相思（*Acacia trigonophylla*）

trilobatus *try-lo-BAH-tus*
trilobata, trilobatum
trilobus *try-LO-bus*
triloba, trilobum
具三裂片的，如长嘴马兜铃（*Aristolochia trilobata*）

trimestris *try-MES-tris*
trimestris, trimestre
与三个月有关的，如三月花葵（*Lavatera trimestris*）

trinervis *try-NER-vis*
trinervis, trinerve
三脉的，如三脉贝母兰（*Coelogyne trinervis*）

tripartitus *try-par-TEE-tus*
tripartita, tripartitum
三部分的，如三裂刺芹（*Eryngium × tripartitum*）

tripetalus *try-PET-uh-lus*
tripetala, tripetalum
三枚花瓣的，如紫玉肖鸢尾（*Moraea tripetala*）

triphyllus *try-FIL-us*
triphylla, triphyllum
三叶的，如三叶钓钟柳（*Penstemon triphyllus*）

triplinervis *trip-lin-ner-vis*
triplinervis, triplinerve
三脉的，如三脉香青（*Anaphalis triplinervis*）

tripteris *TRIPT-er-is*
tripterus *TRIPT-er-us*
triptera, tripterum
具三翅的，如三叶金鸡菊（*Coreopsis tripteris*）

tristis *TRIS-tis*
tristis, triste
暗淡的，阴郁的，如灰白唐菖蒲（*Gladiolus tristis*）

triternatus *try-tern-AH-tus*
triternata, triternatum
三回三出的，如三回叶黄堇（*Corydalis triternata*）

trivialis *tri-vee-AH-lis*
trivialis, triviale
普通的，常见的，平常的，如普通悬钩子（*Rubus trivialis*）

truncatus *trunk-AH-tus*
truncata, truncatum
截形的，如绿玉扇（*Haworthia truncata*）

tsariensis *sar-ee-EN-sis*
tsariensis, tsariense
来自中国扎日的，如白钟杜鹃（*Rhododendron tsariense*）

tschonoskii *chon-OSK-ee-eye*
以日本植物学家及植物采集家须川·野木（Sugawa Tschonoski，1841—1925）命名的，如野木海棠（*Malus tschonoskii*）

tsussimensis *tsoos-sim-EN-sis*
tsussimensis, tsussimense
来自介于于日本和韩国之间的对马岛的，如对马耳蕨（*Polystichum tsussimense*）

tuberculatus *too-ber-kew-LAH-tus*
tuberculata, tuberculatum
tuberculosus *too-ber-kew-LOH-sus*
tuberculosa, tuberculosum
被结块覆盖的，如覆叶春黄菊（*Anthemis tuberculata*）

tuberosus *too-ber-OH-sus*
tuberosa, tuberosum
块茎状的，如晚香玉（*Polianthes tuberosa*）

普通早熟禾
Poa trivialis

tubiferus *too-BIH-fer-us*
tubifera, tubiferum
tubulosus *too-bul-OH-sus*
tubulosa, tubulosum
管状的，如管花铁线莲（*Clematis tubulosa*）

tubiflorus *too-bih-FLOR-us*
tubiflora, tubiflorum
花管状的，如管花鼠尾草（*Salvia tubiflora*）

tulipiferus *too-lip-IH-fer-us*
tulipifera, tulipiferum
花像郁金香的，如北美鹅掌楸（*Liriodendron tulipifera*）

tuolumnensis *too-ah-lum-NEN-sis*
tuolumnensis, tuolumnense
来自加利福尼亚图奥勒米县的，如图奥勒米猪牙花（*Erythronium tuolumnense*）

tupa *TOO-pa*
图帕半边莲（*Lobelia tupa*）的土名

turbinatus *turb-in-AH-tus*
turbinata, turbinatum
陀螺状的，如日本七叶树（*Aesculus turbinata*）

turczaninowii *tur-zan-in-NOV-ee-eye*
以俄罗斯植物学家尼古拉·S. 土扎尼娄（Nicholai S. Turczaninov, 1796—1863）命名的，如鹅耳枥（*Carpinus turczaninowii*）

turkestanicus *tur-kay-STAN-ih-kus*
turkestanica, turkestanicum
与土耳其斯坦有关的，如土耳其郁金香（*Tulipa turkestanica*）

tweedyi *TWEE-dee-eye*
以19世纪美国地质学家弗兰克·特维迪（Frank Tweedy）命名的，如特维迪露薇花（*Lewisia tweedyi*）

typhinus *ty-FEE-nus*
typhina, typhinum
像香蒲（*Thypha*）的，如火炬树（*Rhus typhina*）

旱金莲属

旱金莲属（*Tropaeolum*）植物大都是一年生的攀援植物，具有色彩鲜艳的花朵。林奈以希腊词 *tropaion* 为其命名，意为战利品。很可能是他在乡间花园看到旱金莲的如盾牌般的圆形大叶子以及艳丽的如头盔似的花朵，经过他代表性的诗意想象，就把旱金莲同经典的胜利场面联系在了一起。类似地，旱金莲的花语代表了爱国主义。

若干种类可供选用，它们的花色具有从红到黄到橙色再到中间的各种过渡，还有些可以在同一植株上开出多种花色。旱金莲十分容易种植，发芽迅速且自交结实良好，因此特别适合让孩子们去种。除了很强的观赏性以外，它们还可食用。其花和叶片具有辛辣味，可以拌成沙拉。其种子有时可以腌制，类似酸豆使用，也可以被晒干磨碎替代黑胡椒使用。块茎旱金莲（*Tropaeolum tuberosum*）的块茎也可以食用。

本属既有一年生草本又有多年生的种类。从其拉丁学名中可以看出一些端倪。例如，加

这幅水彩画展示了旱金莲属植物标志性的花形。光照充足下植物才会开出更多的花。

纳利旱金莲（*T. peregrinum*）(syn. *T. canariense*)，它们十分不耐寒，在寒冷地区最好作为一年生植物种植。(*Peregrinus, peregrina, peregrinum* 意为外国的，*canariensis, canariensis, canariense* 意为来自西属加纳利群岛的。)

豆瓣菜（*Nasturtium officinale*）实为一种十字花科（Brassicaceae）水生草本植物（*officinalis, officinalis, officinale* 表明其为可供出售的有用的植物）。其属名源自拉丁语 *nasi tortium*，意为扭曲的鼻子，暗指它强烈的气味。豆瓣菜最好种植在流动的水体中，但有些园丁声称已经成功地在大的静水容器中种植成功。

叶用蔬菜豆瓣菜
Nasturtium officinale

其俗名西洋菜，表明其可作为叶用蔬菜。

U

ulicinus *yoo-lih-SEE-nus*
ulicina, ulicinum
像荆豆（*Ulex*）的，如荆豆状荣桦（*Hakea ulicina*）

uliginosus *ew-li-gi-NOH-sus*
uliginosa, uliginosum
来自沼泽及湿地的，如天蓝鼠尾草（*Salvia uliginosa*）

ulmaria *ul-MAR-ee-uh*
像榆的，如旋果蚊子草（*Filipendula ulmaria*）

ulmifolius *ul-mih-FOH-lee-us*
ulmifolia, ulmifolium
叶像榆（*Ulmus*）的，如榆叶黑莓（*Rubus ulmifolius*）

umbellatus *um-bell-AH-tus*
umbellata, umbellatum
伞形花序的，如花蔺（*Butomus umbellatus*）

umbrosus *um-BROH-sus*
umbrosa, umbrosum
生长在阴凉处的，如糙苏（*Phlomis umbrosa*）

uncinatus *un-sin-NA-tus*
uncinata, uncinatum
具钩状末端的，如钩草（*Uncinia uncinata*）

undatus *un-DAH-tus*
undata, undatum
undulatus *un-dew-LAH-tus*
undulata, undulatum
波浪形的，如波叶玉簪（*Hosta undulata*）

unedo *YOO-nee-doe*
可食用但是味道可疑的，来源于"我吃了一个"（*unum edo*），如草莓树（*Arbutus unedo*）

unguicularis *un-gwee-kew-LAH-ris*
unguicularis, unguiculare
unguiculatus *un-gwee-kew-LAH-tus*
unguiculata, unguiculatum
具爪的，如爪形鸢尾（*Iris unguicularis*）

uni-
用于复合词中表示"一"

unicolor *YOO-nee-ko-lor*
单色的，如单色纳金花（*Lachenalia unicolor*）

uniflorus *yoo-nee-FLOR-us*
uniflora, uniflorum
单花的，如单花蝇子草（*Silene uniflora*）

unifolius *yoo-nih-FOH-lee-us*
unifolia, unifolium
单叶的，如单叶葱（*Allium unifolium*）

拉 丁 学 名 小 贴 士

　　波状耳叶报春（*Primula auricula* var. *undulata*）是耳叶报春的一个很老的变种，种加词 *undulata* 指的是叶的波状边缘。为了展现花最美的一面，比较讲究的种植者会构建一面耳叶报春墙，墙顶会有遮雨篷以免雨水毁掉这些珍贵的花。

波状耳叶报春
Primula auricula var. *undulata*

unilateralis *yoo-ne-LAT-uh-ra-lis*
unilateralis, unilaterale
单侧的，如单侧钓钟柳（*Penstemon unilateralis*）

uplandicus *up-LAN-ih-kus*
uplandica, uplandicum
与瑞典乌普兰有关的，如山地聚合草（*Symphytum × uplandicum*）

urbanus *ur-BAH-nus*
urbana, urbanum
urbicus *UR-bih-kus*
urbica, urbicum
urbius *UR-bee-us*
urbia, urbium
来自城镇的，如欧亚路边青（*Geum urbanum*）

urceolatus *ur-kee-oh-LAH-tus*
urceolata, urceolatum
形状像坛的，如银河叶（*Galax urceolata*）

urens *UR-enz*
刺人的，燃烧的，如欧荨麻（*Urtica urens*）

urophyllus *ur-oh-FIL-us*
urophylla, urophyllum
叶具尾尖的，如尾叶铁线莲（*Clematis urophylla*）

ursinus *ur-SEE-nus*
ursina, ursinum
像熊的，如熊谷荞麦（*Eriogonum ursinum*）

urticifolius *ur-tik-ih-FOH-lee-us*
urticifolia, urticifolium
叶像荨麻（*Urtica*）的，如荨麻叶藿香（*Agastache urticifolia*）

uruguayensis *ur-uh-gway-EN-sis*
uruguayensis, uruguayense
来自南美乌拉圭的，如乌拉圭裸萼球（*Gymnocalycium uru-guayense*）

urumiensis *ur-um-ee-EN-sis*
urumiensis urumiense
来自伊朗乌尔米耶的，如伊朗郁金香（*Tulipa urumiensis*）

urvilleanus *ur-VIL-ah-nus*
urvilleana, urvilleanum
以法国植物学家及探险家 J.S.C. 迪蒙·迪尔维尔（J.S.C. Dumont d'Urville，1790—1842）命名的，如艳紫蒂牡花（*Tibouchina urvilleana*）

ussuriensis *oo-soo-ree-EN-sis*
ussuriensis, ussuriense
来自亚洲乌苏里江的，如楸子梨（*Pyrus ussuriensis*）

醋栗
Ribes uva-crispa

utahensis *yoo-tah-EN-sis*
utahensis, utahense
来自美国犹他州的，如青瓷炉（*Agave utahensis*）

utilis *YOO-tih-lis*
utilis, utile
有用的，如糙皮桦（*Betula utilis*）

utriculatus *uh-trik-yoo-LAH-tus*
utriculata, utriculatum
像膀胱的，如木庭荠（*Alyssoides utriculata*）

uva-crispa *OO-vuh-KRIS-puh*
卷曲的葡萄，如醋栗（*Ribes uva-crispa*）

uvaria *oo-VAR-ee-uh*
像一串葡萄的，如火把莲（*Kniphofia uvaria*）

uva-ursi *OO-va UR-see*
结葡萄的，如熊果（*Arctostaphylos uva-ursi*）

安德烈·米修

（1746—1802）

弗朗索瓦·米修

（1770—1855）

安德烈·米修（André Michaux）是法国植物学家和探险家，他是最早在美洲采集植物的人之一。米修出生于法国凡尔赛附近的萨托里，米修的父亲是一个温和的农民，教给他很多农业知识以及植物栽培经验。安德烈在小时候就有了拉丁文和希腊语的基础。二十多岁时，他结婚成家，但不幸的是他的妻子在生下他们的儿子弗朗索瓦（François）后就去世了。经历了丧妻之痛的马修把儿子托付给亲属照料，前往巴黎学习植物学并立志周游世界采集新的植物标本。他的第一站是前往波斯（今伊朗）和中东地区，一去便是三年。回到法国后，他被官方任命为国王植物学家。正是由于有了这样的身份，他才能被派往北美洲，担任植物考察队的队长。此次考察的目标就是为了寻找生长迅速的新树种来补充本国的森林资源。因为大量木材被用于建造战船，所以连年的战争已经让国家的森林消耗殆尽。

1785年，马修和他年幼的儿子一同到达纽约。在美国的这些年无论是对事业还是对个人都是很有帮助的。他的园艺专长使其得以在新泽西的哈肯萨克市建立起一座占地30英亩的苗圃，用于培育运回法国的植物活体种苗。他结识了威廉·巴特拉姆（见98页），二人互相分享植物学知识和种子，结下了深厚的友谊。米修还拜访了费城的本杰明·富兰克林（Benjamin Franklin）以及芒特弗农的乔治·华盛顿（George Washington）。在搬到南方后，米修在南卡罗来纳州的查尔斯顿建起来一个更大的花园和苗圃，占地100多英亩。他会见了托马斯·杰弗逊（Thomas Jefferson）总统，同他探讨了筹划一次探险考察的可能性，以连通从密西西比河到太平洋的路线，这便是后来由刘易斯和克拉克（见54页）于1804年成功实施的那次探险之旅。

米修在美期间进行了多次植物采集，鉴定了大量植物。他在萨凡纳河沿岸发现了杖草叶岩扇（*Shortia galacifolia*），在卡罗来纳州山中发现了椭圆叶杜鹃

在美期间，弗朗索瓦·米修把大量植物引入法国。

> "米修从一个普通的农民努力成了一名学识渊博的学者。"

拉斐特侯爵（*The Marquis de Lafayette*）

（*Rhododendron catawbiense*），在田纳西州他发现并命名了大叶玉兰（*Magnolia macrophylla*）（syn. *M. michauxiana*，以米修命名）。他的足迹远至加拿大和巴哈马群岛。他最后一次美国之行沿着卡托巴河一路航行，探索了诺克斯维尔、纳什维尔和密西西比。

当米修身处国外时，法国的社会和政治动乱，最终爆发了大规模革命。这让他把活植物和种子运回国内的计划大受影响，也让他的个人财政状况变得糟糕，因为官方薪水停发了。1796 年，更令人头疼的事情发生了，他回国的船只失事了，许多日记和一些种子都遗失了，他的标本尽管有所损坏但还是奇迹般地保存了下来。一回到巴黎，他就被授予了各种荣誉，但薪水依旧拖欠。后来他还前往英国、西班牙、加那利群岛、毛里求斯和马达加斯加岛探险。而马达加斯加也成了他的最后一站，在那里他染上了热病，不幸去世。

马修出版了数本书籍，包括 1801 年《美洲栎属植物史》（*Histoire des Chênes de l'Amérique*）和 1803 年《北美植物志》（*Flora Boreali-Americana*）。他的儿子弗朗索瓦也是一名植物学家，他最出名的是三卷本著作《北美森林树木志》（*Histoire des Arbres Forestiers de l'Amérique Septentrionale，1810—1813*）。米修的标本迄今仍保存在巴黎，包含超过 2 000 种植物。这些种中以他名字命名的植物有卡罗莱纳百合（*Lilium michauxii*）、假漆树（*Rhus michauxii*）、沼生栎（*Quercus michauxii*）等。

"灿烂"山茶
Camellia 'Panache'

安德烈·米修不仅把大量的植物从美国引回了法国，同时也将许多欧洲的植物带到了美国。山茶属植物（*Camellia*）是他最喜欢的引入植物。其他还包括合欢（*Albizia julibrissin*）、紫薇（*Lagerstroemia indica*）等。在美期间，弗朗索瓦·米修将大量植物标本送回法国。

V

vacciniifolius *vak-sin-ee-FOH-lee-us*
vacciniifolia, vacciniifolium
叶像越橘（*Vaccinium*）的，如乌饭树叶蓼（*Persicaria vaccinii-folia*）

vaccinioides *vak-sin-ee-OY-deez*
像越橘的，如越橘杜鹃（*Rhododendron vaccinioides*）

vagans *VAG-anz*
分布广泛的，如漂泊欧石南（*Erica vagans*）

vaginalis *vaj-in-AH-lis*
vaginalis, vaginale
vaginatus *vaj-in-AH-tus*
vaginata, vaginatum
具鞘的，如鞘柄掌叶报春（*Primula vaginata*）

小冠花
Securigera varia（syn. *Coronilla varia*）

valdivianus *val-div-ee-AH-nus*
valdiviana, valdivianum
与智利的瓦尔迪维亚有关的，如瓦尔迪维亚茶藨子（*Ribes valdivianum*）

valentinus *val-en-TEE-nus*
valentina, valentinum
与西班牙的巴伦西亚有关的，如巴伦西亚冠花豆（*Coronilla valentina*）

variabilis *var-ee-AH-bih-lis*
variabilis, variabile
varians *var-ee-anz*
variatus *var-ee-AH-tus*
variata, variatum
多变的，如多变泽兰（*Eupatorium variabile*）

varicosus *var-ee-KOH-sus*
varicosa, varicosum
具膨胀脉络的，如肿胀文心兰（*Oncidium varicosum*）

variegatus *var-ee-GAH-tus*
variegata, variegatum
斑驳的，如菲白竹（*Pleioblastus variegatus*）

varius *VAH-ree-us*
varia, varium
多变的，如多变拂子茅（*Calamagrostis varia*）

vaseyi *VAS-ee-eye*
以美国植物采集家乔治·理查德·瓦瑟（George Richard Vasey, 1822—1893）命名的，如瓦氏杜鹃（*Rhododendron vaseyi*）

vedrariensis *ved-rar-ee-EN-sis*
vedrariensis, vedrariense
来自法国韦尔里埃·勒·比伊松及维尔莫兰-安德里厄与斯艾苗圃，如韦氏铁线莲（*Clematis* × *vedrariensis*）

vegetus *veg-AH-tus*
vegeta, vegetum
强壮的，如强榆（*Ulmus* × *vegeta*）

veitchianus *veet-chee-AH-nus*
veitchiana, veitchianum
veitchii *veet-chee-EYE*
以埃克赛特及切尔西的苗圃主、维奇（Veitch）家族的成员命名的，如川赤芍（*Paeonia veitchii*）

越桔属

越桔属植物的种数相当可观，并且与之相关的俗名也十分容易混淆。蓝莓（Vaccinium corymbosum）原产于美洲，现已广为栽培（corymbosus, corymbosa, corymbosum 指植物的伞房花序或平顶的团伞花序）。常被称为美国蓝莓的种是蓝果越桔（V. cyanococcus），种加词义为蓝色果实。俗称加拿大蓝莓的种为桃金娘叶越桔（V. myrtilloides）（myrtilloides 意为像桃金娘的）。黑果越桔（V. myrtillus）又称欧洲越桔。

还有一些种类诸如美味越桔（V. deliciosum）（deliciosus, deliciosa, deliciosum 意为美味的）。可以依据浆果的颜色来区别不同的种类，越桔属植物中有白色或浅绿色果实的类群，还有桔红色或紫色果实的类群。前者果实中有许多小的种子，而后者种子更大且少得多。本属的俗名多得眼花缭乱，但有一种你一定非常了解，那就是大果越桔（V. macrocarpon），也就是蔓越莓！

越桔属隶属于杜鹃花科（Ericaceae），是一类落叶或常绿耐寒灌木或小乔木，适合种在向阳或半阴的地点，喜欢潮湿且排水通畅的偏酸性的有机质丰富的土壤。落叶的种类在秋天的颜色非常漂亮，但它们主要用途还是食用。得益于其果实中富含的抗氧化剂成分，人们认为"蓝莓们"是极好的保健食品。其他在语言上与越桔

匍地蓝莓
Vaccinium crassifolium

相关的植物还有如越桔冬青（*Ilex vaccinioides*）（意为像越桔的）和越桔叶栎（*Quercus vaccinifolia*）（意为叶形似越桔的）。

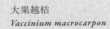

大果越桔
Vaccinium macrocarpon

又称蔓越莓，事实上它的果实要比同科其他种类小一些。

velutinus *vel-oo-TEE-nus*
velutina, velutinum
像天鹅绒的，如朝天蕉（*Musa velutina*）

venenosus *ven-ee-NOH-sus*
venenosa, venenosum
剧毒的，如剧毒水牛角（*Caralluma venenosa*）

venosus *ven-OH-sus*
venosa, venosum
多脉的，如柳叶野豌豆（*Vicia venosa*）

ventricosus *ven-tree-KOH-sus*
ventricosa, ventricosum
单侧肿胀的，似腹部的，如粗柄象腿蕉（*Ensete ventricosum*）

venustus *ven-NUSS-tus*
venusta, venustum
美丽的，如秀丽玉簪（*Hosta venusta*）

verbascifolius *ver-bask-ih-FOH-lee-us*
verbascifolia, verbascifolium
叶像毛蕊花（*Verbascum*）的，如毛蕊花叶寒菀（*Celmisia verbascifolia*）

verecundus *ver-ay-KUN-dus*
verecunda, verecundum
谦逊的，如谦逊鲸鱼花（*Columnea verecunda*）

veris *VER-is*
与春季有关的，春季开花的，如黄花九轮草（*Primula veris*）

vernalis *ver-NAH-lis*
vernalis, vernale
与春季有关的，春季开花的，如春白头翁（*Pulsatilla vernalis*）

vernicifluus *ver-nik-IF-loo-us*
verniciflua, vernicifluum
产漆的，如产漆盐肤木（*Rhus verniciflua*）

vernicosus *vern-ih-KOH-sus*
vernicosa, vernicosum
涂漆的，如喜比（*Hebe vernicosa*）

vernus *VER-nus*
verna, vernum
与春季有关的，如雪片莲（*Leucojum vernum*）

verrucosus *ver-oo-KOH-sus*
verrucosa, verrucosum
覆盖着疣状突起的，如疣斑蜘蛛兰（*Brassia verrucosa*）

金松
Sciadopitys verticillata

verruculosus *ver-oo-ko-LOH-sus*
verruculosa, verruculosum
具小疣突的，如疣枝小檗（*Berberis verruculosa*）

versicolor *VER-suh-kuh-lor*
具不同色的，如双色酢酱草（*Oxalis versicolor*）

verticillatus *ver-ti-si-LAH-tus*
verticillata, verticillatum
轮生的，如金松（*Sciadopitys verticillata*）

verus *VER-us*
vera, verum
真实的，标准的，有规律的，如库拉索芦荟（*Aloe vera*）

vescus *VES-kus*
vesca, vescum
弱的，如野草莓（*Fragaria vesca*）

vesicarius *ves-ee-KAH-ree-us*
vesicaria, vesicarium
像膀胱的，具小囊的，如芝麻菜（*Eruca vesicaria*）

vesiculosus *ves-ee-kew-LOH-sus*
vesiculosa, vesiculosum

vespertinus *ves-per-TEE-nus*
vespertina, vespertinum
与夜晚有关的，夜晚开花的，如夜花肖鸢尾（*Moraea vespertina*）

vestitus *vesa-TEE-tus*
vestita, vestitum
覆盖的，穿着的，如茸毛花楸（*Sorbus vestita*）

vexans *VEKS-anz*
令人烦恼的，一些情境下意为麻烦的，如血腥花楸（*Sorbus vexans*）

vialii *vy-AL-ee-eye*
以保罗·维亚尔（Paul Vial，1855—1917）命名的，如高穗花报春（*Primula vialii*）

vialis *vee-AH-lis*
vialis, viale
来自路边的，如金腰箭舅（*Calyptocarpus vialis*）

viburnifolius *vy-burn-ih-FOH-lee-us*
viburnifolia, viburnifolium
叶像荚蒾（*Viburnum*）的，如岛醋栗（*Ribes viburnifolium*）

viburnoides *vy-burn-OY-deez*
像荚蒾的，如冠盖藤（*Pileostegia viburnoides*）

victoriae *vik-TOR-ee-ay*
victoriae-reginae *vik-TOR-ee-ay ree-JEE-nay*
以英国君主维多利亚女王（Queen Victoria，1819—1901）命名的，如鬼脚掌（*Agave victoriae-reginae*）

vigilis *VIJ-il-is*
vigilans *VIJ-il-anz*
警惕的，如警觉双距花（*Diascia vigilis*）

villosus *vil-OH-sus*
villosa, villosum
具柔毛的，如毛叶石楠（*Photinia villosa*）

vilmorinianus *vil-mor-in-ee-AH-nus*
vilmoriniana, vilmorinianum
vilmorinii *vil-mor-IN-ee-eye*
以法国苗圃主莫利斯·德·威尔莫（Maurice de Vilmorin，1849—1918）命名的，如木帚枸子（*Cotoneaster vilmorinianus*）

拉 丁 学 名 小 贴 士

多色郁金香是经培育后花瓣具多种颜色的经典案例，比如图中这种多色郁金香"*Tulipa* 'Versicolor'"。当然，纯色郁金香与杂色郁金香的品种数目几乎相同，比如花瓣有绿色条纹的绿纹郁金香"*Viridiflora* tulips"。

"多色"郁金香
Tulipa 'Versicolor'

viminalis *vim-in-AH-lis*
viminalis, viminale
vimineus *vim-IN-ee-us*
viminea, vimineum
具有长而纤细嫩枝的，如蒿柳（*Salix viminalis*）

viniferus *vih-NIH-fer-us*
vinifera, viniferum
制造葡萄酒的，如葡萄（*Vitis vinifera*）

violaceus *vy-oh-LAH-see-us*
violacea, violaceum
紫色的，如紫一叶豆（*Hardenbergia violacea*）

violescens *vy-oh-LESS-enz*
变为紫色的，如渐紫刚竹（*Phyllostachys violescens*）

virens *VEER-enz*
绿色的，如绿身钓钟柳（*Penstemon virens*）

virescens *veer-ES-enz*
变绿色的，如海滨苹果（*Carpobrotus virescens*）

virgatus *vir-GA-tus*
virgata, virgatum
枝繁叶茂的，如柳枝稷（*Panicum virgatum*）

virginalis *vir-jin-AH-lis*
virginalis, virginale
virgineus *vir-JIN-ee-us*
virginea, virgineum
白色的，无暇的，如郁香兰（*Anguloa virginalis*）

virginianus *vir-jin-ee-AH-nus*
virginiana, virginianum
virginicus *vir-JIN-ih-kus*
virginica, virginicum
virgineus *vir-JIN-ee-us*
virginea, virgineum
与弗吉尼亚州有关的，如弗吉尼亚金缕梅（*Hamamelis virginiana*）

viridi-
用于复合词中表示绿色的

viridescens *vir-ih-DESS-enz*
变绿的，如巨鹫玉（*Ferocactus viridescens*）

viridiflorus *vir-id-uh-FLOR-us*
viridiflora, viridiflorum
绿花的，如爆竹百合（*Lachenalia viridiflora*）

北美稠李
Prunus virginiana

viridis *VEER-ih-dis*
viridis, viride
绿色的，如绿色延龄草（*Trillium viride*）

viridissimus *vir-id-ISS-ih-mus*
viridissima, viridissimum
深绿色的，如金钟花（*Forsythia viridissima*）

viridistriatus *vi-rid-ee-stry-AH-tus*
viridistriata, viridistriatum
具绿色条纹的，如菲黄竹（*Pleioblastus viridistriatus*）

viridulus *vir-ID-yoo-lus*
viridula, viridulum
淡绿色的，如绿花油点草（*Tricyrtis viridula*）

viscidus *VIS-kid-us*
viscida, viscidum
黏的，湿黏的，如血见愁（*Teucrium viscidum*）

viscosus *vis-KOH-sus*
viscosa, viscosum
黏的，湿黏的，如黏杜鹃（*Rhododendron viscosum*）

vitaceus *vee-TAY-see-us*
vitacea, vitaceum
像葡萄（*Vitis*）的，如葡萄状地锦（*Parthenocissus vitacea*）

vitellinus *vy-tel-LY-nus*
vitellina, vitellinum
蛋黄色的，如蛋黄围柱兰（*Encyclia vitellina*）

viticella *vy-tee-CHELL-uh*
小藤本植物，如葡萄叶铁线莲（*Clematis viticella*）

vitifolius *vy-tih-FOH-lee-us*
vitifolia, vitifolium
叶像葡萄（*Vitis*）的，如葡萄叶苘麻（*Abutilon vitifolium*）

vitis-idaea *VY-tiss-id-uh-EE-uh*
来自伊达山的藤，如越橘（*Vaccinium vitis-idaea*）

vittatus *vy-TAH-tus*
vittata, vittatum
具纵向条纹的，如美丽水塔花（*Billbergia vittata*）

vivax *VY-vaks*
长寿的，如乌哺鸡竹（*Phyllostachys vivax*）

viviparus *vy-VIP-ar-us*
vivipara, viviparum
产小苗的，自传的，如珠芽蓼（*Persicaria vivipara*）

volubilis *vol-OO-bil-is*
volubilis, volubile
缠绕的，如蔓乌头（*Aconitum volubile*）

vomitorius *vom-ih-TOR-ee-us*
vomitoria, vomitorium
催吐的，如代茶冬青（*Ilex vomitoria*）

vulgaris *vul-GAH-ris*
vulgaris, vulgare
vulgatus *vul-GAIT-us*
vulgata, vulgatum
普通的，如欧耧斗菜（*Aquilegia vulgaris*）

卵黄章鱼兰
Prosthechea vitellina (syn. *Epidendrum vitellinum*)

W

wagnerii *wag-ner-EE-eye*
wagneriana *wag-ner-ee-AH-nuh*
wagnerianus *wag-ner-ee-AH-nus*
以美国植物学家沃伦·华格纳（Warren Wagner, 1920—2000）命名的，如棕榈（*Trachycarpus wagnerianus*）

wahlenbergii *wah-len-BERG-gee-eye*
以瑞典博物学家格奥尔格·沃尔伯格（Georg Wahlenberg, 1780—1851）命名的，如云间地杨梅（*Luzula wahlenbergii*）

walkerae *WAL-ker-ah*
walkeri *WAL-ker-ee*
纪念多个名为沃克的人，其中包括美国动物学家欧内斯特·皮尔斯伯里·沃克（Ernest Pillsbury Walker，1891—1969），如沃克芥晖草（*Chylismia walkeri*）

wallerianus *wall-er-ee-AH-nus*
walleriana, wallerianum
以英国传教士贺拉·斯沃勒（Horace Waller, 1833—1896）命名的，如苏丹凤仙花（*Impatiens walleriana*）

wallichianus *wal-ik-ee-AH-nus*
wallichiana, wallichianum
以丹麦植物学家纳萨尼尔·沃利克（Nathaniel Wallich，1786—1854）博士命名的，如乔松（*Pinus wallichiana*）

walteri *WAL-ter-ee*
以18世纪美国植物学家托马斯·沃特（Tomas Walter）命名的，如毛梾（*Cornus walteri*）

wardii *WAR-dee-eye*
以英国植物学家及植物采集者弗兰克·金登-沃德（Frank Kingdon-Ward, 1885—1958）命名的，如苍白象牙参（*Roscoea wardii*）

warscewiczii *vark-zeh-wik-ZEE-eye*
以波兰花采集家约瑟夫·沃斯（Joseph Warszewicz，1812—1866）命名的，如沃氏艳斑岩桐（*Kohleria warscewiczii*）

watereri *wat-er-EER-eye*
以英国那非（knaphill）的沃氏托儿所（Waterers Nurseries）命名的，如沃氏金链花（Waterers Nurseries）

webbianus *web-bee-AH-nus*
webbiana, webbianum
以英国植物学家及旅行家菲利普·巴克·韦伯（Philip Barker Webb, 1793—1854）命名的，如藏边蔷薇（*Rosa webbiana*）

weyerianus *wey-er-ee-AH-nus*
weyeriana, weyerianum
以20世纪培育了速生醉鱼草（*Buddleja* × *weyeriana*）的园艺家威廉·万·德·韦耶（William van de Weyer）命名的

wheeleri *WHEE-ler-ee*
以美国测量员乔治·蒙塔古·惠勒（George Montague Wheeler，1842—1905）命名的，如猥丝兰（*Dasylirion wheeleri*）

wherryi *WHER-ee-eye*
以美国植物学家及地质学家埃德加·西奥多·威利博士（Edgar Teodore Wherry，1885—1982）命名的，如惠利氏黄水枝（*Tiarella wherryi*）

whipplei *WHIP-lee-eye*
以美国测量师埃米尔·威克斯·惠普尔（Amiel Weeks Whipple，1818—1863）中尉命名的，如西丝兰（*Yucca whipplei*）

wichurana *whi-choo-re-AH-nuh*
以德国植物学家马克斯·恩格斯·维丘拉（Max Ernst Wichura，1817—1866）命名的，如光叶蔷薇（*Rosa wichurana*）

wightii *WIGHT-ee-eye*
以植物学家及马德拉斯植物园负责人罗伯特·怀特（Robert Wight, 1796—1872）命名的，如宏钟杜鹃（*Rhododendron wightii*）

宏钟杜鹃
Rhododendron wightii

wildpretii *wild-PRET-ee-eye*

以19世纪瑞士植物学家赫尔曼·约瑟夫·怀德瑞特（Hermann Josef Wildpret）命名的，如野蓝蓟（*Echium wildpretii*）

wilkesianus *wilk-see-AH-nus*
wilkesiana, wilkesianum

以美国海军军官及探险家查尔斯·威尔克斯（Charles Wilkes，1798—1877）命名的，如红桑（*Acalypha wilkesiana*）

williamsii *wil-yams-EE-eye*

以多个名为威廉姆斯的杰出植物学家及园艺家命名的，其中包括19世纪英国植物采集家约翰·查尔斯·威廉姆斯（John Charles Williams），如威廉姆斯杂交山茶（*Camellia × williamsii*）

willmottianus *wil-mot-ee-AH-nus*
willmottiana, willmottianum
willmottiae *wil-MOT-ee-eye*

以英国沃利园艺家艾伦·维尔莫特（Ellen Willmott，1858—1934）命名的，如小叶蔷薇（*Rosa willmottiae*）

wilsoniae *wil-SON-ee-ay*
wilsonii *wil-SON-ee-eye*

以英国植物猎人欧内斯特·亨利·威尔逊（Ernest henry Wilson，1876—1930）博士命名的，如陕西绣线菊（*Spiraea wilsonii*），种加词 wilsoniae 用以纪念他的妻子海伦

wintonensis *win-ton-EN-sis*
wintonensis, wintonense

来自温彻斯特的；特别用于汉普郡的希利尔托儿所，如半日花胶蔷树杂交植物（*Halimiocistus × wintonensis*）

wisleyensis *wis-lee-EN-sis*
wisleyensis, wisleyense

以皇家园艺学会位于英国萨里郡的威斯利花园命名的，如威斯利白珠树（*Gaultheria × wisleyensis*）

wittrockianus *wit-rok-ee-AH-nus*
wittrockiana, wittrockianum

以瑞典植物学家法伊特·布雷歇尔·维特罗克（Veit Brecher Wittrock，1839—1914）教授命名的，如大花三色堇（*Viola × wittrockiana*）

woodsii *WOODS-ee-eye*

以19世纪英国植物学家及蔷薇专家约瑟夫·伍兹（Joseph Woods）命名的，如伍兹氏玫瑰（*Rosa woodsii*）

woodwardii *wood-WARD-ee-eye*

以英国植物学家托马斯·詹金森·伍德沃（Tomas Jenkinson Woodward，约1742—1820）命名的，如岷山报春（*Primula woodwardii*）

woronowii *wor-on-OV-ee-eye*

以俄国植物学家及植物采集家格奥尔格·奥尔格（Georg Woronow，1874—1931）命名的，如绿雪滴花（*Galanthus woronowii*）

拉丁学名小贴士

约翰·威廉斯通过杂交怒江红山茶（*Camellia saluenensis*）与山茶（*C. japonica*）培育出一系列山茶品种，这些品种坚韧易栽培，花朵格外美丽，花色从白色至粉色及玫瑰紫色一应俱全，逐渐成为部分园艺家的最爱。

威廉姆斯杂交山茶
Camellia × williamsii

wrightii *RITE-ee-eye*

以19世纪美国植物学家及植物采集家查尔斯·莱特（Charles Wright）命名的，如浙皖荚蒾（*Viburnum wrightii*）

wulfenianus *wulf-en-ee-AH-nus*
wulfeniana, wulfenianum
wulfenii *wulf-EN-ee-eye*

以奥地利植物学家及自然学家弗兰兹·克萨维尔·冯·伍尔芬男爵（Franz Xaver, Freiherr von Wulfen，1728—1805）命名的，如伍尔芬点地梅（*Androsace wulfeniana*）

X

xanth-
用于复合词中表示"黄色的"

xanthinus *zan-TEE-nus*
xanthina, xanthinum
黄色的，如黄刺玫（*Rosa xanthina*）

xanthocarpus *zan-tho-KAR-pus*
xanthocarpa, xanthocarpum
黄色果实的，如黄果悬钩子（*Rubus xanthocarpus*）

xantholeucus *zan-THO-luh-cus*
xantholeuca, xantholeucum
黄白色的，如黄花折叶兰（*Sobralia xantholeuca*）

黄刺玫
Rosa xanthina

Y

yakushimanus *ya-koo-shim-MAH-nus*
yakushimana, yakushimanum
与日本屋久岛有关的，如屋久岛杜鹃（*Rhododendron yakushimanum*）

yedoensis *YED-oh-en-sis*
yedoensis, yedoense
yesoensis
yesoensis, yesoense
yezoensis
yezoensis, yezoense
来自日本东京，如东京樱花（*Prunus × yedoensis*）

yuccifolius *yuk-kih-FOH-lee-us*
yuccifolia, yuccifolium
叶像剑兰的，如剑兰叶刺芹（*Eryngium yuccifolium*）

yuccoides *yuk-KOY-deez*
像丝兰的，如丝兰状龙荟兰（*Beschorneria yuccoides*）

yunnanensis *yoo-nan-EN-sis*
yunnanensis, yunnanense
来自中国云南的，如云南拟单性木兰（*Magnolia yunnanensis*）

Z

zabelianus *zah-bel-ee-AH-nus*
zabeliana, zabelianum
以19世纪德国树木学家赫尔曼·扎贝尔（Hermann Zabel）命名的，如扎贝尔小檗（*Berberis zabeliana*）

zambesiacus *zam-bes-ee-AH-kus*
zambesiaca, zambesiacum
与非洲的赞比西河有关的，如赞比西凤梨百合（*Eucomis zambesiaca*）

zebrinus *zeb-REE-nus*
zebrina, zebrinum
具斑马纹的，如吊竹梅（*Tradescantia zebrina*）

zeyheri *ZAY-AIR-eye*
以德国植物学家及植物采集家卡尔·路德维希·菲利普·泽亦尔（Karl Ludwig Philipp Zeyher，1799—1859）命名的，如欧洲山梅花（*Philadelphus zeyheri*）

zeylanicus *zey-LAN-ih-kus*
zeylanica, zeylanicum
来自锡兰，如海水仙（*Pancratium zeylanicum*）

zibethinus *zy-beth-EE-nus*
zibethina, zibethinum
闻着有腐烂味道的，像麝猫的，如榴莲（*Durio zibethinus*）

zonalis *zo-NAH-lis*
zonalis, zonale
zonatus *zo-NAH-tus*
zonata, zonatum
具条带的，常有颜色，如虎纹小凤梨（*Cryptanthus zonatus*）

拉 丁 学 名 小 贴 士

Zeylanicus 意为与锡兰（今斯里兰卡）有关的。文殊兰属（*Crinum*）是一种美丽的宿根植物，它们生于全世界温带至热带地区，包括巴西、非洲部分地区、印度、中国以及塞舌尔地区。产自较冷地区的种类比较柔弱，其喇叭状花朵上具有醒目的红白条纹。名称中与锡兰有关的植物还有以"雨花"著名的多年生球茎草本植物海水仙（*Pancratium zeylanicum*）和观赏树木锡兰肉桂（*Cinnamomum zeylanicum*）。

锡兰文殊兰
Crinum zeylanicum

术语表

花药/Anther

雄蕊中含有花粉的部分。

芒/ Awns

某些禾本科植物苞片上附着的硬毛。

腋/ Axil

位于叶和茎之间的点，芽从此处长出。

钩状毛/ Barb

有钩的或很锋利的刚毛。

髯毛/ Beard

长出的毛，比如鸢尾花瓣上长的毛。

苞片/ Bract

生长在花或花序基部的特化的叶，有时
具鲜艳的色彩。

花萼/ Calyx

一朵花的外层部分，由萼片组成，有保
护芽的作用。

花冠/ Corolla

一朵花所有花瓣的总和。

伞房花序/ Corymb

由许多花排列在一个平面上的花序。

穗/ Ear

禾草类植物结实的部分。

蓇葖果/ Follicle

一种仅具单室的干果，自一侧开裂，释
放种子。

叶状体/Frond

蕨类或棕榈类植物的羽状叶。

龙骨/Keel

像船龙骨的结构，通常出现在花瓣上。

裂片/ Lobe

一圈凸起的结构，通常位于叶片、花
瓣、苞片或托叶上。

节/ Node

茎的节点处，叶从此处长出。

卵状的/ Ovate

常形容叶片、苞片或花瓣形状像卵的，
基部宽阔。

掌状的/ Palmate

形状像张开的手掌。

花梗/ Pedicel

支撑一朵花的小茎。

花序梗/ Peduncle

支撑整个花序的茎。

果皮/ Pericarp

果实的外壁。

羽状的/ Pinnate

小叶成对相对排列的式样。

雌蕊/ Pistil

花的雌性部分。

总状花序/ Raceme

最新开的花位于顶部的花序。

鳞片/ Scale

若干重叠的片状结构中的一个，有时指
鳞茎的一层。

花葶/ Scape

无叶的花茎。

萼片/ Sepal

保护花芽的叶状结构。

佛焰苞/ Spathe

围绕着穗状花序的一枚大苞片，在天
南星科（Araceae）植物中尤为常见。

距/ Spur

树的短侧枝，或花的管状附属物，常
含有花蜜。

雄蕊/ Stamen

花的雄性器官。

柱头/ Stigma

花雌性部分的顶点，此处接收花粉。

托叶/ Stipule

叶柄基部的叶状附属物。

花柱/ Style

雌花中连接子房与柱头的部位。

伞形花序/ Umbel

所有花梗从同一点长出的花序。

翅/ Wing

一种横向结构或凸出部位。

参 考 文 献

Brickell, C. (Editor). *The Royal Horticultural Society A–Z Encyclopedia of Garden Plants*. London: Dorling Kindersley, 2008.

Burke, Anna L. (Editor). *The Language of Flowers*. London: Hugh Evelyn, 1973.

Brickell, C. (Editor). *International Code of Nomenclature for Cultivated Plants*. Leuven: ISHS, 2009.

Cubey, J. (Editor). *RHS Plant Finder 2011-2012*. London: Royal Horticultural Society, 2011.

Fara, Patricia. *Botany and Empire: The Story of Carl Linnaeus and Joseph Banks*. London: Icon Books, 2004.

Fry, Carolyn. *The Plant Hunters*. London: Andre Deutsch, 2009.

Gledhill, D. *The Names of Plants*. Cambridge University Press, 2008.

Hay, Roy (Editor). *Reader's Digest Encyclopedia of Garden Plants and Flowers*. London: Reader's Digest, 1985.

Hillier, J. and A. Coombes (Editors). *The Hillier Manual of Trees and Shrubs*. Newton Abbot: David & Charles, 2007.

Johnson, A.T. and H.A. Smith. *Plant Names Simplified*. Ipswich: Old Pond Publishing, 2008.

Neal, Bill. *Gardener's Latin*. New York: Workman Publishing, 1993.

Page, Martin (foreword). *Name That Plant An Illustrated Guide to Plant and Botanical Latin Names*. Cambridge: Worth Press, 2008.

Payne, Michelle. *Marianne North, A Very Intrepid Painter*. London: Kew Publishing, 2011.

Smith, A.W.. *A Gardener's Handbook of Plant Names: Their Meaning and Origins*. New York: Dover Publications, 1997.

Stearn, William T. *Botanical Latin*. Portland: Timber Press, 2004.

Stearn, William T. *Stearn's Dictionary of Plant Names for Gardeners: A Handbook on the Origin and Meaning of the Botanical Names of Some Cultivated Plants*. London: Cassell, 1996.

Wells, Diana. *100 Flowers and How They Got Their Names*. New York: Workman Publishing, 1997.

Websites

Arnold Arboretum, Harvard University
www.arboretum.harvard.edu

Backyard Gardener
www.backyardgardener.com

Chelsea Physic Garden, London
www.chelseaphysicgarden.co.uk

Dave's Garden
www.davesgarden.com

Explorers' Garden
www.explorersgarden.com

Hortus Botanicus, Amsterdam
www.dehortus.nl

International Plant Names Index
www.ipni.org

Plants Database, US Department of Agriculture
www.plants.usda.gov

Plant Explorers
www.plantexplorers.com

Royal Botanic Gardens, Kew
www.kew.org

Royal Horticultural Society
www.rhs.org.uk

图 片 来 源

14	© RHS, Lindley Library	76	© RHS, Lindley Library	142	© RHS, Lindley Library
16	© RHS, Lindley Library	77	© RHS, Lindley Library	144	© RHS, Lindley Library
17	© RHS, Lindley Library	79	© RHS, Lindley Library	145	© RHS, Lindley Library
19	© RHS, Lindley Library	80	© RHS, Lindley Library	146	© RHS, Lindley Library
20	© RHS, Lindley Library	83	© RHS, Lindley Library	148	© RHS, Lindley Library
24	© RHS, Lindley Library	85	© RHS, Lindley Library	150	© RHS, Lindley Library
29	© RHS, Lindley Library	86	© RHS, Lindley Library	151	© RHS, Lindley Library
30	© RHS, Lindley Library	87	© RHS, Lindley Library	153	© RHS, Lindley Library
31	© RHS, Lindley Library	87	© RHS, Lindley Library	154	© RHS, Lindley Library
32	© RHS, Lindley Library	90	© RHS, Lindley Library	154	© RHS, Lindley Library
33	© RHS, Lindley Library	91	© Emma Shepherd	165	© RHS, Lindley Library
33	© RHS, Lindley Library	92	© RHS, Lindley Library	167	© RHS, Lindley Library
34	© RHS, Lindley Library	93	© RHS, Lindley Library	167	© RHS, Lindley Library
35	© RHS, Lindley Library	94	© RHS, Lindley Library	168	© RHS, Lindley Library
36	© RHS, Lindley Library	95	© RHS, Lindley Library	170	© RHS, Lindley Library
39	© RHS, Lindley Library	95	© RHS, Lindley Library	171	© RHS, Lindley Library
40	© Natural History Museum | SPL	96	© RHS, Lindley Library	171	© RHS, Lindley Library
41	© RHS, Lindley Library	97	© RHS, Lindley Library	172	© RHS, Lindley Library
43	© RHS, Lindley Library	100	© RHS, Lindley Library	173	© RHS, Lindley Library
47	© RHS, Lindley Library	102	© RHS, Lindley Library	175	© RHS, Lindley Library
48	© RHS, Lindley Library	106	© RHS, Lindley Library	190	© RHS, Lindley Library
49	© RHS, Lindley Library	109	© RHS, Lindley Library	192	© RHS, Lindley Library
50	© RHS, Lindley Library	112	© RHS, Lindley Library	193	© RHS, Lindley Library
51	© RHS, Lindley Library	114	© RHS, Lindley Library	194	© RHS, Lindley Library
53	© RHS, Lindley Library	115	© RHS, Lindley Library	196	© RHS, Lindley Library
56	© RHS, Lindley Library	116	© RHS, Lindley Library	199	© RHS, Lindley Library
57	© RHS, Lindley Library	118	© RHS, Lindley Library	199	© RHS, Lindley Library
59	© RHS, Lindley Library	119	© RHS, Lindley Library	202	© RHS, Lindley Library
63	© RHS, Lindley Library	121	© RHS, Lindley Library	207	© RHS, Lindley Library
64	© RHS, Lindley Library	122	© RHS, Lindley Library	208	© RHS, Lindley Library
65	© RHS, Lindley Library	125	© RHS, Lindley Library	209	© RHS, Lindley Library
66	© RHS, Lindley Library	128	© RHS, Lindley Library	213	© RHS, Lindley Library
67	© RHS, Lindley Library	129	© RHS, Lindley Library	215	© RHS, Lindley Library
69	© RHS, Lindley Library	131	© RHS, Lindley Library	216	© RHS, Lindley Library
70	© RHS, Lindley Library	136	© RHS, Lindley Library	219	© RHS, Lindley Library
72	© RHS, Lindley Library	137	© RHS, Lindley Library	220	© Dorling Kindersley
73	© RHS, Lindley Library	138	© RHS, Lindley Library	221	© RHS, Lindley Library
74	© RHS, Lindley Library	139	© RHS, Lindley Library		
76	© RHS, Lindley Library	140	© RHS, Lindley Library		

图书在版编目（CIP）数据

园艺植物的拉丁名 /（英）洛兰·哈里森
（Lorraine Harrison）著；何毅，杨容译 . —重庆：
重庆大学出版社，2018.12
书名原文：Latin for Gardeners
ISBN 978-7-5689-1169-6

Ⅰ.①园… Ⅱ.①洛… ②何… ③杨… Ⅲ.①植物学
–名词术语–汉语、拉丁语 Ⅳ.①Q94

中国版本图书馆CIP数据核字（2018）第132765号

园艺植物的拉丁名

Yuanyi Zhiwu de Ladingming

[英]洛兰·哈里森　著

何毅　杨容　译

刘全儒　审订

责任编辑　王思楠
责任校对　刘志刚
封面设计　周安迪
内文制作　常　亭

重庆大学出版社出版发行

出版人　易树平

社址　（401331）重庆市沙坪坝区大学城西路 21 号

网址　http://www.cqup.com.cn

印刷　深圳当纳利印刷有限公司

开本：720mm×980mm　1/16　印张：14.25　字数：310千
2018年12月第1版　2018年12月第1次印刷
ISBN 978-7-5689-1169-6　定价：98.00元

RHS Latin for Gardeners
by Lorraine Harrison

First published in Great Britain in 2012 by Mitchell Beazley,
an imprint of Octopus Publishing Group Ltd,
Endeavour House, 189 Shaftesbury Avenue, London WC2H 8JY
www.octopusbooks.co.uk

An Hachette UK Company
www.hachette.co.uk

Published in association with the Royal Horticultural Society

版贸核渝字〔2016〕第243号